教育部高等学校材料类专业教学指导委员会规划教材

涂料工程基础实验

TULIAO GONGCHENG JICHU SHIYAN

温绍国 王继虎 陈凯敏 等 编著

化学工业出版社

·北京·

内容简介

　　《涂料工程基础实验》是针对高等院校涂料工程专业编写的专业实验教材。全书内容包括：实验室安全与环保、涂料用树脂合成、涂料用树脂本征化学性能测定、涂料用颜填料改性及其性能测定、涂料用乳液性能测定、涂料的制备、涂料的本征综合性能测定、基材前处理及漆膜制备、漆膜性能测定、功能涂料性能测试、涂料现代剖析技术和涂料剖析综合大型实验，形成了从树脂性能、涂料组成、配方设计、涂料配制、涂膜制备到性能检测等方面的由源头到最终性能考评的全流程实验体系。

　　《涂料工程基础实验》为高等院校涂料工程专业的教材，同时可供材料类专业的师生使用，并可作为涂料和涂装行业的研究人员、工程技术人员、设计工作者和管理者的参考书。

图书在版编目（CIP）数据

涂料工程基础实验 / 温绍国等编著. —北京：化
学工业出版社，2022.9（2024.6重印）
　ISBN 978-7-122-41354-3

Ⅰ.①涂…　Ⅱ.①温…　Ⅲ.①涂料–实验–高等学校
–教材　Ⅳ.①TQ630-33

中国版本图书馆 CIP 数据核字（2022）第 074435 号

责任编辑：陶艳玲　白艳云		文字编辑：师明远
责任校对：刘曦阳		装帧设计：宋沛缇

出版发行：化学工业出版社（北京市东城区青年湖南街 13 号　邮政编码 100011）
印　　装：北京天宇星印刷厂
787mm×1092mm　1/16　印张 17½　字数 461 千字　2024 年 6 月北京第 1 版第 3 次印刷

购书咨询：010-64518888　　　　　　　　　售后服务：010-64518899
网　　址：http://www.cip.com.cn

凡购买本书，如有缺损质量问题，本社销售中心负责调换。

Foreword
序　言

As an Emeritus Professor of Polymers and Coatings at the Coatings Research Institute of the Eastern Michigan University (USA)，it is my distinct honor to write this book preface for Dr. Wen with whom I have had scientific collaborations both in USA and in China.

As part of international scientific collaboration, I have taught at the Shanghai University of Engineering Science (SUES) as a Foreign Guest Professor since year 2012，along with Dr. Wen and his colleague Dr. Wang occasionally. As part of this collaboration, I have invited them as a visiting scholar and worked with them at the Eastern Michigan University. Additional for the past 20 years, I have been teaching workshops, and frequently functioning as guest lecturer in China.

It is widely accepted that coatings are a combination of art, science and technology. Both technology and art portion require practicality. It is believed that a book less oriented toward purely organic chemistry topics which are widely and readily available, a book more oriented toward practical approach to organic chemistry will expand the organic knowledge of the students. Over the years，I have noticed that enthusiasm for organic chemistry laboratory, on the part of the student, has been rather easy to generate.

This book includes topics which touch upon items of consumers, biological, engineering, as well as purely chemical interests. Experimentation is essential for coating chemist. Therefore, this book focuses on most common coating experiments. It is an interdisciplinary program combining theoretical chemical guidelines and on-hand laboratory work. Although I cannot go through details of the book, the frame of this book covers coating raw material test method, common resin synthesis, pigment/filler modification, coating properties and performance, identification tests, substrate pretreatment, different coating application, film test method/identification, etc. Practicality, identification and testing is an essential tool for QA/QC/ formulators and coating users.

At last, I wish the best for and continued success for Shanghai University of

Engineering Science (SUES) coating program.

Jamil Baghdachi, PhD
Emeritus Professor of Polymers and Coatings
Eastern Michigan University, USA

作为美国东密西根大学涂料研究所聚合物和涂料专业的荣誉教授，我很高兴为温绍国博士的这本书写序。我们在美国和中国都有很好的合作研究。

作为国际学术交流与科研合作的一部分，我自 2012 年始在上海工程技术大学担任客座教授，一直与温绍国以及他的同事王继虎在一起。其间，温博士和王博士也以访问学者身份到东密西根大学学习交流。在过去的二十年间，我也以客座讲师的身份多次到中国授课、做报告。

众所周知，涂料结合了艺术、科学和技术，各部分都要求实用。关于有机涂料理论知识的书很多，相信一本较少侧重常见的纯有机涂料理论知识，更偏重其实际应用的书，会更好地扩展学生对有机涂料的理解和认识。在过去多年的教学过程中，我发现很容易激发学生对有机化学涂料实验的热情。

这本书覆盖了涂料用户、工程应用和纯化学从业人员的兴趣和知识点。实验方法对涂料工程师非常重要。《涂料工程基础实验》一书概括了最常见的涂料相关实验。涂料具有多学科交叉性质，结合了理论化学知识和实验室实际操作环节。因为语言的关系，尽管我没有深入到具体的审稿，但书的框架包括了涂料原材料的检测方法、常用树脂的合成、颜填料的改性及表征、涂料性能的表征、基材处理、不同的施工方法、漆膜性能检测表征等。在实际工作中，对质检人员、质控人员、配方工程师和涂料用户而言，《涂料工程基础实验》是非常重要的工具书。

最后我祝愿上海工程技术大学涂料专业更上一层楼。

Jamil Baghdachi 是美国东密歇根大学（Eastern Michigan University，EMU）的杰出教授，有 20 年涂料企业工作经验，28 年高校涂料科研教学经历。他在帮助上海工程技术大学成功创办中国首家教育部"涂料工程"本科专业的过程中贡献很大。他视中国为第二故乡，积极推动中美技术人员交流互访、研究生联合培养和上海工程技术大学智能涂层材料研究所（ICM）的建设。在 EMU 工作学习的人员，如武利民、温绍国、刘寿兵、相桂勤、王继虎、明伟华、李丹、刘毅等，在涂料行业技术提升和人才培养中起到了积极作用。

前言

2018 年 3 月，上海工程技术大学获批教育部涂料工程本科新专业，成为全国首家培养涂料工程专业人才的高校，这不仅可为涂料行业企业的发展提供专业的涂料工程人才，更为我国从涂料大国走向涂料强国踏出了坚实的一步。

2012～2013 年，在中国涂料工业协会和上海工程技术大学的共同努力下，在各涂料企业的专家学者的支持下，我们出版了全国第一套涂料工程人才培养本科系列教材，包括《涂料树脂合成工艺》《涂料制造及应用》《涂料和涂装的安全与环保》《涂料生产设备》《涂料用颜料与填料》《涂料用溶剂与助剂》《涂装工艺及装备》《涂料及原材料质量评价》。这些教材为培养涂料人才提供了保障。

涂料学科建立在高分子化学、有机化学、无机化学、胶体化学、表面化学与表面物理、流变学、材料力学、腐蚀、粘接、微生物学、光学和颜色学等学科基础，知识密集度高、综合性强。目前，国内缺乏专门针对涂料工程本科专业的实验教材。上海工程技术大学积极推动教育教学改革，通过多年涂料专业实验的教学与探讨，参照了目前国家标准、行业标准、企业标准和部分国外标准的实验方法，对涂料实验内容和方法进行了多次优化和调整，融入了最新的研究成果，同时对实验进行了初步验证，最终形成了《涂料工程基础实验》教材。

本书中的每一个实验均包括了实验目的、实验原理、实验原料、仪器设备、实验步骤、结果计算、数据处理、思考题，具有内容通俗易懂、实验步骤详细、实验内容较为完善、可操作性强等特点。书中还提供了涂料剖析的步骤和方法，能够将涂料实验和大型仪器设备检测等内容有机结合。教材在编写过程中，虽然尽可能地选取有代表性的实验和内容，但是因篇幅和侧重点的考虑，有很多内容没有纳入进来，如消泡剂、分散剂、润湿剂、杀菌剂等助剂的性能考评方法等。

本书共分为十二章，其中第一章由王继虎编写；第二章由张雪珂、陈凯敏编写；第三章由王松、王继虎编写；第四章由张倩倩、陈凯敏编写；第五章由宋佳、温绍国编写；第六章由蒋思泓、温绍国编写；第七章由王浩鹏、温绍国编写；第八章由王松、王继虎编写；第九章由王浩鹏、温绍国编写；第十章由蒋思泓、温绍国编写；第十一章由王浩鹏、宋佳、温绍国编写；第十二章由王继虎、温绍国编写。全书由徐晶璐、李伟平、王静、赵子皓进行了文字和图表的修订，由温绍国、王继虎、陈凯敏做最终的校正、审核。

本书得到了上海工程技术大学教材建设项目资助。在编写过程中，借鉴了甘文君、陈金身、陈燕舞、董慧茹、王崇武、向德轩等专家在安全环保、涂料性能检测、仪器涂料设备使用等方面的内容，同时 Jamil Baghdachi、刘国杰、张高锋、刘宪文、包永忠、周树学、李运德、桂泰江等专家对本书进行了审核，并提出了宝贵的修改意见和建议，向他们表示衷心感谢！

本书主要作为涂料工程专业的教材使用，也可作为涂料行业相关企业一线工程师配方设计、性能检验的参考书，还可作为从事涂料研究的科研院所、高校研究人员的工具书。

由于编者水平有限，本书难免存在疏漏和不妥之处，恳请广大读者批评指正！

编者

2022年2月

目录

第一章

实验室安全与环保 ·· 1

第二章

涂料用树脂合成 ·· 16

第三章

涂料用树脂本征化学性能测定 ·························· 40

第四章

涂料用颜填料改性及其性能测定·· 55

第五章

涂料用乳液性能测定·· 77

第六章

涂料的制备·· 97

第七章

涂料的本征综合性能测定 ……………………………………………130

第八章

基材前处理及漆膜制备 ……………………………………………148

第九章

涂膜性能测定 ·· 173

第十章

功能涂料性能测试 ·· 206

第十一章

涂料现代剖析技术 ·· 228

第十二章

涂料剖析综合大型实验 ·· 256

参考文献 ··· 268

第十二章

第一章

实验室安全与环保

第一节 实验室管理及要求

一、实验室规范化管理

(1) 建立严格的实验室管理制度,明确责任和要求,防止操作人员违规操作。

(2) 实验人员穿戴衣帽,严禁将与实验无关的物品带入实验室,避免污染,影响实验操作;进入实验室后,实验室工作本身以外的其他一切活动都应禁止。

(3) 保持实验室环境整洁,注意操作细节,避免由于操作失误污染实验室。经常彻底地清洁实验室及其设备,避免扬尘和过分潮湿。

(4) 实验前要做好准备,充分了解可能发生的危险,准备好防范措施。要随时随地提高警惕,防止事故的发生。

(5) 在实验室中要保持安静,集中注意力,认真操作,细心观察。严格遵守设备、仪器和试剂的使用规则,安全用电。做到整洁有序,并保持桌面、仪器、水槽和地面整洁。

(6) 实验完毕,要及时清洗仪器,收拾桌面,检查记录,关好水电。

(7) 实验过程中产生的废弃物,按照"三废"处理要求进行处理。

二、实验室环境要求

(1) 对温度、湿度有严格要求的测试场所,如精密仪器室,必须配置相应设施及监控设备,并对测试时的环境条件进行记录。

(2) 当电磁干扰、噪声或振动等环境因素对检测工作有影响时,应采取专门的监控措施,并记录有关的实测参数;对有振动要求和易产生较大振动的检测项目,应有隔振防振措施。

(3) 精密仪器不得放在化学分析实验室,避免仪器受潮以及酸碱等化学品腐蚀。

(4) 实验室内产生的废水、废气及其他有害物质应有处理措施,符合环境保护要求。

(5) 实验仪器的目视管理。实验仪器应附有操作流程与注意安全内容,并将其张贴或摆放在醒目的位置。

三、实验室温湿度要求

色漆、清漆及其原材料在进行各种性能测试前,需要放置在一定的状态调节环境中进行调节。

状态调节环境指的是试样或试件在测试之前保持的环境。它是以温度和相对湿度两个参数或其中一个参数的固定值为特征,参数值在规定的时间内保持在规定的容许值内。所选定的参数值及时间长短取决于待测试样或试件的性质。

状态调节是指在实验前使试样或试件置于有关温度和湿度的规定条件下，并使它们在此状态环境中保持规定的时间。状态调节可以在实验室中进行，也可以在状态调节箱或者试验箱中进行。

标准条件：温度（23±2）℃，相对（环境）湿度（50±5）%。对于某些试验，温度的控制范围更加严格，例如在测试黏度和稠度时，推荐的温度波动范围最大为±0.5℃。

状态调节的时间应根据具体实验方法加以规定，试样和仪器相对重要部分应置于状态调节环境中，以使它们与该环境达到平衡。试样应避免日光直射，环境应保持清洁。

试板应彼此隔开，也应与状态调节箱的箱壁隔开，其间距至少为 20mm。

第二节　实验室试剂管理

一、一般试剂的贮存管理要求

（1）化学试剂应贮存在专用的库房内。实验室只存放短期工作所需的少量试剂，且应与配制的试剂溶液分橱贮放。

（2）专用的试剂柜应便于试剂分隔存放，柜内试剂应按其性质分格放置，固体试剂与液体试剂分柜存放。

（3）易污染其他试剂的试剂，应封装严密，与其他试剂分开贮存；易产生气体的试剂，封装不可太严，并应放在通风良好的地方；瓶装具有腐蚀性的试剂，应有塑料或搪瓷盘承托，以防一旦发生意外破裂，可承纳全部试剂；易潮解或受潮后变质的试剂，应贮于干燥器内；易挥发试剂应特别注意冷藏；当室温降低时，可由液体变为固体的试剂（如发烟硫酸、苯酚、冰醋酸等），应采取防瓶裂措施。

（4）试剂应有专人负责，经常检查，及时处理各种异常情况。

二、危险试剂的贮存管理

具有危险性的试剂主要是指易燃、易爆、毒害、腐蚀和放射性等五大类物质，对其贮存管理，除应满足对一般试剂的要求外，还应注意以下几点。

（1）易燃、易爆试剂应根据不同理化特性，分别贮放，室内温度宜在 30℃以下，严禁烟火、曝晒。实验柜的存放量应以不影响正常工作开展并确保安全为原则，保持在最低水平。

（2）易挥发、易燃烧液体应瓶装密封。剧毒品必须在专用保险柜内存放，严格领用管理，实行双人双锁管理。

（3）放射性物质应在设有必要屏蔽设施和测量装置的专库中存放，并建立严格的管用制度。

三、试液的贮存管理

（1）控制试液贮存期。试液不宜长期贮存，应根据试剂性质和试液浓度确定合适的存放期。所有试液均应贴上规范的标签，标签应包括名称、溶剂、浓度、配制人、配制日期及有效期。

（2）正确选择试液容器。容器耐腐蚀性应满足要求，根据试液性质和容器材质特性正确选择试液容器，防止容器溶出某些杂质污染试液。容器的密闭性应能有效防止气态杂质侵入和试液的挥发逸出。

（3）注意试液特殊要求。某些试液稳定性差，受日光照射易引起变质，应采用特殊贮存方法，如避光、冷藏、加入稳定剂等。

（4）注意试液防光、防热、防尘，避免污染和浓度变化。

（5）定期检查试液质量，如发现变色、沉淀、分解等变质、污染迹象时，应回收至废液桶，以免发生混淆误用。

涂料工程实验中所用的大多数单体和溶剂有一定的毒性。有机溶剂均是脂溶性的，对皮肤和黏膜有强烈的刺激作用。例如，常用的溶剂苯会积累在体内，对造血系统和中枢神经系统造成严重损害；甲醇可损害视神经；苯酚灼伤皮肤后可引起皮炎和皮肤坏死；苯胺及其衍生物吸入体内或被皮肤吸收可引起慢性中毒而导致贫血。

有毒物质对人体造成危害的途径有多种，它们可以通过呼吸道、消化道及皮肤进入体内。因此，实验中转移易挥发性试剂最好在通风橱中进行，实验室内应保持良好的通风；禁止在实验室内进食，离开实验室时要洗手；转移大量有毒试剂时应戴防护眼镜和手套，万一有试剂溅到皮肤上，应立即清洗掉；使用的仪器及污染的台面都应及时清洗干净。

易燃试剂，如乙醚、丙酮、乙醇、苯及二硫化碳等均不能用明火加热。用剩的试剂要及时加塞放回原处，这类易燃试剂在实验室内也不宜存放过多。

万一发生着火应冷静分析情况，选择适当的灭火方法。在实验室内可选择的灭火物质和器材有水、沙、石棉布、泡沫灭火器和干粉灭火器等。对于少量有机溶剂着火，采取移开燃烧物或用石棉布覆盖的办法最为方便有效。

可燃气体和空气的混合物，当两者的比例处于爆炸极限时，遇明火就会引起爆炸。应尽量避免可燃气体扩散到空气中。在多人同时进行实验的情况下，应保持室内良好的通风，对明火的使用要加以控制。

作为引发剂使用的过氧化物，都是容易发生分解爆炸的物质（烯类单体暴露在空气中或在日光下也会有过氧化物产生），处理和使用时要特别小心，应置于阴凉干燥处贮存，防止受热、光照和碰撞。过氧化物需要干燥时，应在较低温度下真空干燥。

第三节　实验室安全措施

一、基本安全要求

（1）实验室内必须配备通风橱、防尘罩、排气管道及消防灭火器材等安全设施，并定期进行检查，以保证随时可供使用，在需要的地方贴上相应的安全标识，如图 1.1 所示。

（2）实验室使用电、气、水、火时，应按有关规则进行操作，保证安全。

（3）高压气瓶分类妥善保管，远离火源、热源，避免曝晒及强烈振动，并对其进行固定，最好隔离放置。

（4）使用剧毒化学品时，由使用人提出申请，经批准后按规定办理领用手续。对配制好的剧毒化学品标准溶液的使用应进行跟踪，做好详细的领用记录。

（5）使用挥发性强的有机溶剂，应在通风橱或通风良好的地方进行操作，任何情况下均不得用明火直接加热有机溶剂。

（6）高氯酸蒸气易与有机物发生激烈反应，甚至产生强烈的爆炸，其加热操作应在专用的通风柜内进行。

二、实验室类突发事件应急预案

1. 实验室水电事故应急处理方案

（1）溢水事故应急处理方案　立即关闭水阀，切断溢水区域电源，组织人员清扫地面积水，转移被浸泡的物资，尽量减少损失。

标识类型	标识含义	例子
 禁止	禁止标识表示某种行为是不允许的。一个红色圆圈内有一个斜杠由左上到右下	 触电危险，禁止靠近
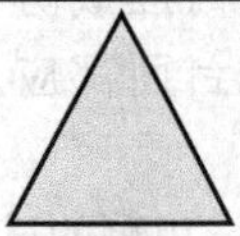 警告	警告标识是特殊伤害的标志，是一个黑色边框的三角形	 危险，烟火危险，高压危险，高度易燃
强制性	强制性标识是指特殊的行为一定要遵守，它是一个背景为蓝色的圆形	 强制佩戴安全手套
安全状态	安全状态标识指出提供的安全状态，是一个背景为绿色的正方形	 紧急逃生出口

图1.1　化学实验室常用安全标识

（2）触电事故应急处理方案　立即切断电源或拔下电源插头，若来不及切断电源，可用绝缘物挑开电线。在未切断电源之前，切不可用手去拉触电者，也不可用金属或潮湿的东西挑开电线。触电者脱离电源后，使其就地仰面躺平，禁止摇动其头部。检查触电者的呼吸和心跳情况，若呼吸停止或心脏停搏，应立即施行人工呼吸或心脏按压，并尽快联系医疗部门救治。

2. 实验室火灾爆炸事故应急处理方案

（1）发现火情，现场工作人员应力争在初起阶段就近取用消防器材果断扑灭，同时采取适当措施，如切断电源、关闭煤气阀、迅速转移危险物品等防止火势蔓延，并立即向实验室安全负责人、保卫处、设备处等报告。

（2）确定火灾发生的位置，判断火灾发生的原因，如压缩气体、液化气体、易燃液体、易燃物品、自燃物品等。

（3）明确火灾周围环境，判断是否有重大危险源分布，以及是否会引发次生灾难。依据可能发生的事故危害程度，划定危险区域，对事故现场周边区域进行隔离和人员疏导。

（4）如需要进行人员物资撤离，要按照"先人员、后物资，先重点、后一般"的原则抢救被困人员及贵重物资。

（5）根据引发火情的不同原因，明确救灾的基本方法，采取相应措施，并采用适当的消防器材进行扑救。以下简单举例。

① 木材、布料、纸张、橡胶以及塑料等固体可燃物火灾，可采用水冷却法灭火，但对珍贵图书、档案应使用二氧化碳、卤代烷、干粉灭火剂灭火。

② 易燃可燃液体、易燃气体和油脂类等化学药品火灾，使用大剂量泡沫灭火剂、干粉灭火剂将液体火灾扑灭。

③ 设备火灾，应切断电源后再灭火，因现场情况及其他原因不能断电，需要带电灭火时，应使用砂子或干粉灭火器，不能使用泡沫灭火器或水。

④ 可燃金属，如镁、钠、钾及其合金等火灾，应用特殊的灭火剂，如干砂或干粉灭火器等来灭火。

(6) 若发生大面积火灾，实验人员已无法控制，应立即发出警报，通知所有人员沿消防通道紧急疏散，同时，立即向消防部门报警，向实验室负责人报告。有人员受伤时，立即向医疗部门报告，请求支援。人员撤离到预定地点后，应立即组织清点人数，对未到人员尽快确认所在的位置。

3. 实验室化学污染事故应急处理方案

(1) 发生化学物质灼伤皮肤事故，应先用大量流动清水冲洗，再分别用低浓度（2%～5%）的弱碱（强酸引起的）、弱酸（强碱引起的）进行中和。如果大量危险气体、烟、雾或蒸气被释放，应该待在通风处或尽可能远离空气被污染的地方，如有伤者，应及时送入医院就医。

(2) 若化学物质溅入眼内，立即使用专用洗眼水龙头彻底冲洗眼睛，冲洗时，眼睛置于水龙头上方，水向上对眼睛进行冲洗，时间应不少于15min，切不可因疼痛而紧闭眼睛。处理后，再送医院治疗。

(3) 发生人员中毒事故，视中毒原因实施下述急救后，立即送医院治疗。

① 对吸入中毒者，迅速将患者搬离中毒场所至空气新鲜处，并立即松解患者衣领和腰带，以维持呼吸道畅通，并注意保暖，严密观察患者的状况，尤其是神志、呼吸和循环系统功能。

② 经皮肤中毒者，将患者立即移离中毒场所，脱去被污染的衣服，迅速用清水洗净皮肤，黏稠的毒物则宜用大量肥皂水冲洗，遇水能发生反应的腐蚀性毒物如三氯化磷等，则先用干布或棉花抹去后再用水冲洗。

③ 对误食中毒者，须立即引吐、洗胃及导泻。视情况可用0.02%～0.05%高锰酸钾溶液或5%活性炭溶液等催吐。中毒者大量饮用温开水、稀盐水或牛奶，以减少毒素的吸收。

(4) 发生危险化学品泄漏，首先在安全允许的范围内关闭泄漏源，转移泄漏源周边的易燃易爆品，并组织人员撤离。

① 报告应急指挥部、办公室应根据各类危险品的特性制定相应的应急预案。

② 因意外因素引起危险物品泄漏，或因违反有关规定排放污染物造成环境污染事故灾难的，及时向指挥部或突发公共事件处置工作领导小组办公室报告，同时设置污染区。

③ 指挥部接报告后，应立即组织有关专家、技术人员携带必要的采样分析仪器赴事故现场进行调查检验，迅速查明危险品类型，确定主要污染物质以及产生的危害程度或可能造成的危害；难以辨别或情况严重时，要立即向政府有关部门请求援助。

④ 初步查明情况后，要迅速制订消除或减轻危害的方案，并立即组织人员选择实施以下措施。

筑堤堵截：筑堤堵截泄漏液体或者引流到安全地点。

稀释与覆盖：对于气体泄漏，向有害物蒸气云喷射雾状水，加速气体向高空扩散；对于液体泄漏，可用泡沫或其他覆盖物覆盖外泄的物料，在其表面形成覆盖层，抑制其蒸发。

收容：用砂子、吸附材料、中和材料等吸收中和。

废弃：将收集的泄漏物移交有资质的单位进行处理。

⑤ 对发生有毒物质污染可能危及生命财产安全的，指挥部应立即采取相应有效措施，控制污染事故蔓延，必要时应疏散或组织人员撤离，并及时报告政府有关部门。

⑥ 危险或危害排除后，指挥部应做好善后工作，妥善处理环境污染事故。

4. 实验室压力容器泄漏事故应急处理方案

（1）压力容器、压力管道及相关设备发生泄漏时，应紧急停用，并关闭前置阀门或采用合适的材料堵住泄漏处以控制泄漏源。

（2）若易燃气体泄漏，所有堵漏行动必须采取防爆措施，确保安全。

（3）进入泄漏现场进行处理时严禁单独行动，并根据防护等级标准选择相应等级的个人安全防护措施。

（4）根据事故情况和事故发展，应急处置工作组确定事故可能波及的区域范围，将区域内人员疏散至泄漏区域的侧风向或上风向等安全地带，并根据泄漏物影响范围划定警戒区域。

5. 实验室机械伤害事故应急处理方案

（1）立即关闭机械设备，停止现场作业活动。

（2）如遇人员被机械、墙壁等设备设施卡住，可直接拨打"119"，由消防队来实施解救行动。

（3）将伤员放置在平坦的地方，实施现场紧急救护。轻伤员送医务室治疗处理后再送医院检查；重伤员和危重伤员应立即拨打"120"急救电话送医院抢救。若出现断肢、断指等，应立即用冰块等封存，与伤者一起送至医院。

（4）查看周边其他设施，防止因机械破坏造成的漏电、高空跌落、爆炸现象，防止事故进一步蔓延。

6. 实验室一般性病原微生物感染应急处理方案

（1）如果病原微生物泼溅在实验人员皮肤上，立即用75%的酒精或碘伏进行消毒，然后用清水冲洗。

（2）如果病原微生物泼溅在实验人员眼内，立即用生理盐水或洗眼液冲洗，然后用清水冲洗。

（3）如果病原微生物泼溅在实验人员的衣服、鞋帽上或实验室桌面、地面，立即选用75%的酒精、碘伏、0.2%～0.5%的过氧乙酸、500～1000mg/L的有效氯消毒液等进行消毒。

7. 实验室辐射类事故应急处理方案

（1）射线误照或照射剂量超标事故处置措施

① 立即组织现场人员撤离到安全地带，组织封锁现场。

② 迅速安排受辐照人员接受医学检查或者在指定的医疗机构进行救治。

③ 组织专业人员和卫生防护人员进入事故区，消除可能导致放射性突发事故扩大的隐患。

（2）放射源丢失、被盗事故处置措施

① 立即向公安、环境保护等部门报告。

② 组织保护现场，配合公安、环境保护等部门的调查。

三、常见易制毒易制爆化学品名录

实验室常见易制毒、易制爆危险化学品名录见附录一、附录二。

第四节 实验室环保要求

化学实验室是进行科学研究的场所，所产生的化学废弃物，大多数是有毒有害物质，甚至是剧毒或致癌物质，如果处理不当，将污染实验室的内外环境，危害人们的身体健康。实验室产生的化学废弃物一般数量少、种类多，应视特性进行分类收集、存放，集中处理。

对实验室排放的废水、废气及其他有害物质进行处理，以满足环境保护的要求。对实验室产生的"三废"采取有效措施进行处理：互不相溶的有机溶剂废液，应集中回收处理，防止发生燃烧或爆炸事故；氰化钾（钠）废液应调至偏碱性，然后加入漂白粉溶液使其分解；苯并芘、联苯胺类致癌物质，可拌入燃料，置焚烧炉中焚烧处理；汞、镉、铅、铬等重金属及砷等试剂，应尽量按需配置，避免无故废弃，污染环境；对废弃检测样品、过剩有毒试液等，应设置专门收集器皿，统一收集，集中处理。

一、废气的处理

除少量的有毒气体可以通过通风橱直接排至室外，大量的有毒气体则需通过吸收液吸收进行收集，实验室废气处理一般分物理方法和化学方法。

（1）物理处理方法

① 吸附法　在残留有废气的容器中放入适量活性炭或者新制取的木炭粉等，振荡或久置即可，如 Cl_2、NO_2 的处理。

② 溶解法　如：HCl 等废气可用水来吸收，苯、甲苯等可用酒精来吸收，溴蒸气可用四氯化碳来吸收等。

（2）化学处理方法

① 沉淀法　如：H_2S 气体通入饱和的 $CuSO_4$ 溶液中，使其转化为 CuS 沉淀。

② 碱液法　所有的酸性废气（如 CO_2、Cl_2、HF、HCl、H_2S、SO_2、NO_2 等）都可采用这种方法，一般将实验废气直接通入碱液中。

二、废渣的处理

涂料及涂膜制备过程中会产生废渣。一般的固体废弃物倒入专门的回收器存放，实验用过的滤纸、滤网和称量纸等放入固体废弃物存放器中，如果过滤的是有毒物质则要放入有害固体回收器中。

三、废液的处理

一般的有机废液倒入专门盛放有机溶剂的回收器中。有机、无机混合溶液，要先进行分离，有机层倒入有机溶剂回收器中，无机层经酸或碱中和后，再倒入废液回收器中。

酸性废液用 10% NaOH 溶液或 Na_2CO_3 小心中和，倒入盛水溶液的容器中，浓酸要先加入少量水稀释，再用碱中和后倒入废液回收器中。碱性废液用 10% HCl 溶液中和后倒入废液回收器中。

含铬废液在酸性条件下加入硫酸亚铁，将 Cr^{6+} 还原为 Cr^{3+}，然后加入硝石灰，调节废液pH 值，生成低毒的 $Cr(OH)_3$ 沉淀，分离沉淀后的清液排放，固体放入有毒废物回收器中。

乙醚倒入专门的有机溶剂回收器中，注意避免光照和高温。

伯胺或仲胺用水稀释后倒入废液回收器中，叔胺用 10% NaOH 溶液调至碱性，经石油醚萃取后，有机层倒入有机溶剂回收器中，水层倒入无机废液回收器中。伯芳胺用 H_2O 稀释，再用活性炭吸附，活性炭倒入无害有机物回收器中，溶液倒入废液回收器中。

苯、甲苯和苯肼等有毒的有机溶剂要存放在专用的芳香有毒物品存放器中。

异氰酸苯酯用过量的 5.25% 的次氯酸钠水溶液处理，再用 10 mL 水稀释后，存储在盛水溶液的容器中。

含碘甲烷（致癌物质）的废液回收在盛放毒品的容器中。

含甲醇、乙醇、醋酸之类的可溶性的溶剂，由于这些溶剂能被细菌作用而分解，用大量水稀释后即可排放。

低浓度的含酚废液可加入次氯酸钠或漂白粉，使酚氧化成邻苯二酚、邻苯二醌等，然后将此废液作为一般有机废液处理；高浓度的含酚废液可用乙酸丁酯萃取，再用少量氢氧化钠溶液反萃取，经调节 pH 值后，进行重蒸馏回收，即可使用。

烃及含氧衍生物可采用活性炭吸附，或用废纸木屑吸收后焚烧生成水和二氧化碳除去。醇、醛、酚等可用高锰酸钾氧化。在丙酮、乙醇等溶剂中，用铁盐作催化剂，升温至 50℃，H_2O_2 能氧化硫醇、硫醚和二硫化物。

第五节 实验的准备与操作

一、实验的准备

1. 预习报告

预习报告是在实验开始前，对实验内容及有关操作技术进行认真预习，写出的提纲性小结，应包括实验目的、基本原理、操作步骤、时间安排以及预习中有疑问的地方。预习报告在实验前应提交指导教师检查。

2. 实验记录

实验记录是实验工作的第一手资料，是写出实验报告的基本依据。实验数据要记在专用的记录本上。实验记录要简明扼要，大体上应包括实验日期、实验题目、原料的规格和用量、简单的操作步骤、详细的实验现象和数据。记录要求完全、准确、整洁，尽量用表格形式记录数据。实验完全结束后，应将实验记录提交指导教师检查后方可离开实验室。

3. 实验数据处理和实验报告

除了在实验前认真预习、准备，在实验中认真操作每一个步骤、每一个过程，最终得到满意的结果外，要及时处理实验数据。通过对实验过程的认识，对实验过程和结果进行讨论和建议，并回答思考题，完成实验报告，否则达不到实验的目的和要求。如果是研究开发性实验，则对实验的认真总结分析更为重要。因此，应当强调实验报告内容的完整性，实验产物产率的准确性，报告层次条理清晰。对多人合作进行的实验，应各自独立进行数据处理，分别写出实验报告。

通常涂料实验报告应当包括以下内容。

① 实验报告封面内容：实验名称、班级、姓名、学号、同实验者、实验时间、地点等。

② 实验报告内容：

实验目的：通过实验应学习和掌握的有关知识。

实验原理：实验基本理论、合成原理。

实验试剂：名称、规格、数量。

实验设备：名称、规格、数量。

实验现象记录：实验过程中发生的各种现象，如乳化、溶解、浑浊、分层、成粒、成团、起糊、变稠、变稀、增黏等现象。

实验结果：对实验过程中测试的数据进行详细整理，计算得到结果。

实验分析：理论结合实践对实验结果的成败、优劣或对操作过程进行分析，提出改进意见，撰写实验体会。

实验思考：理论结合实践回答问题，验证公式结果，举一反三回答相关问题。

二、仪器设备的使用

1. 玻璃仪器

正确使用各种玻璃仪器对于减少人员伤害事故及保证实验室的安全是非常重要的。实验室中不允许使用破损的玻璃仪器。对于不能修复的玻璃仪器，应当按照废物处理。在修复玻璃仪器前应清除其中残留的化学药品。实验室人员在使用各种玻璃器皿时，应注意以下事项。

（1）在皮塞或橡皮管上安装玻璃管时，应戴防护手套。先将玻璃管的两端用火烧光滑，并用水或油质涂在接口处作润滑剂。对黏结在一起的玻璃仪器，不要试图用力拉，以免伤手。

（2）杜瓦瓶外面应该包上一层胶带或其他保护层以防破碎时玻璃屑飞溅。玻璃蒸馏柱也应有类似的保护层。使用玻璃仪器进行高于大气压或低于大气压操作时，应该在保护挡板后进行。

（3）破碎玻璃应放入专门的垃圾桶，在放入垃圾桶前，应用水冲洗干净。

（4）在进行减压蒸馏时，应当采用适当的保护措施，如有机玻璃挡板，可以防止玻璃器皿发生爆炸或破裂而造成人员伤害。

（5）不要将加热的玻璃器皿放在过冷的台面上，以防止温度急剧变化而引起玻璃仪器破碎。

2. 旋转蒸发仪

旋转蒸发仪是实验室中常用的仪器，使用旋转蒸发仪应注意下列事项。

（1）旋转蒸发仪适用的压力一般为 $10 \sim 30 mmHg$。

（2）旋转蒸发仪各个连接部分都应用专用夹子固定。

（3）旋转蒸发仪烧瓶中的溶剂容量不能超过一半。

（4）旋转蒸发仪必须以适当的速度旋转。

3. 天平

天平要进行水平调节和零点调节。天平的托盘在每次使用后必须清洁，避免残留物污染。

4. 真空泵

真空泵是实验室中常用的仪器，一般用于过滤、蒸馏和真空干燥。常用的真空泵有三种：空气泵、油泵、循环水泵。水泵和油泵可抽到 $20 \sim 100 mmHg$，高真空油泵可抽到 $0.001 \sim 5 mmHg$。

（1）油泵前必须接冷阱。

（2）循环水泵中的水必须经常更换，以免残留的溶剂被马达火花引爆。

（3）使用完后先降温再缓慢放气，达到平衡后再关闭。

（4）油泵必须经常换油。

（5）油泵上的排气口上要接橡皮管并通到通风橱内。

5. 通风橱

通风橱的作用是保护实验室人员远离有毒有害气体，但也不能排出所有毒气。

（1）化学药品和实验仪器不得在出口处摆放。

（2）在做实验时不能关闭通风。

6. 加热

加热通常有四种方法：油浴、水浴、加热套、电炉。

（1）油浴是化学反应中最常用的加热方法，一般采用硅油，油浴加热时切忌有水滴入，以免热油飞溅伤害人体。放置时间较长的油浴应缓慢加热，使水气逐渐挥发后才可使用。已变质的油浴应及时更换。

（2）加热套常用于回流反应，加热套和烧瓶的尺寸要匹配，尽可能避免加热套被化学药品污染，以免化学品受热分解，散发有毒气体。

（3）使用水浴时要注意水浴中的水量，避免水被蒸干，达不到加热的目的。

（4）电炉用于加热水和烘层析板，使用时必须有人照看，不能用手触摸加热板。

7. 温度计

温度计一般有酒精温度计、水银温度计、石英温度计、热电偶等接触式温度计和非接触式温度计。

低温酒精温度计测量范围为$-80 \sim 50℃$；酒精温度计测量范围为$0 \sim 80℃$；水银温度计测量范围为$0 \sim 360℃$；高温石英温度计测量范围为$0 \sim 500℃$；热电偶及电子温度计可以做不同的设计用在不同的场所。实验室人员应选用合适的温度计。温度计不能当搅拌棒使用，以免折断。水银温度计破碎后要用吸管吸去大部分水银，然后用硫黄覆盖剩余的水银。

8. 加压反应

普通的玻璃器皿不适合进行压力反应，即使是在较低的压力下也有较大危险，因而禁止用普通的玻璃器皿进行压力反应。

9. 蒸馏

蒸馏用的玻璃器皿的接口和磨口要涂润滑脂，整个反应装置要用夹子紧固，同时要避免应力的产生。

（1）常压蒸馏不允许在封闭系统中进行。减压蒸馏结束时，必须先解除真空，平衡系统压力后再关闭泵。

（2）在进行蒸馏时，操作者不得擅自离开实验操作台。操作者必须了解其所蒸馏物质的潜在危害性，要制订预防意外的预案。

（3）薄壁、平底、多颈的烧瓶不得用于真空蒸馏。

（4）带真空保温夹套的蒸馏柱应进行包裹防护。

10. 升华

常压及减压升华均需在通风柜内进行。

（1）常压升华时必须防止升华产物外逸。

（2）升华时加热不能过快，根据升华的速度缓慢加热。

（3）减压升华时，必须先在常温下抽去低沸点挥发物，然后缓慢加热，控制升华速度。

11. 冷阱

冷阱主要用来保护油泵免受挥发性溶剂及腐蚀性气体的损坏。液氮和干冰是最常用的冷却剂。异丙醇、乙醇、丙酮通常和干冰混合使用。制冷剂一般会产生下列危险：低温引起皮肤冻伤；中毒（如溶剂、二氧化碳引起）；燃烧（如氧气、溶剂引起）；窒息（如氮引起）；容器因脆化或加压而损坏。制冷剂的使用注意事项有以下几点。

（1）由于固体二氧化碳（干冰）的温度很低，很易灼伤皮肤，因此，必须戴上手套或用钳子、铲子、铁勺等工具进行操作。

（2）异丙醇、乙醇及丙酮经常与干冰混合使用。一般可达到$-78℃$的低温。

（3）在减压蒸馏、真空升华时，应用两个冷阱（异丙醇和干冰的混合物或乙醇和干冰的混合物）保护油泵。

（4）在完成实验后，冷阱应放置在通风橱内，关上橱门，让其缓慢升温挥发后作为化学废物处理。

12. 气体钢瓶

在搬运气体钢瓶时必须小心谨慎。钢瓶应套上安全帽，用专用钢瓶车搬动。在实验室使用的钢瓶应固定在合适的位置。因为钢瓶内的物质经常处于高压状态。当钢瓶跌落、遇热，甚至不规范操作时都可能会发生爆炸。钢瓶中的压缩气体除易爆、易喷射外，许多气体还易燃、有毒且具有腐蚀性。因此使用钢瓶时应注意下述几点。

（1）钢瓶上原有的各种标记、刻印等一律不得除去，所有气体钢瓶必须装有调压阀。

（2）氧气钢瓶的调压阀、阀门及管路禁止涂油类或脂类。使用结束时，须加调压阀并放空管路内的残存气体以保护调压阀。

（3）钢瓶使用完，关闭出气阀后，须放上安全帽，并且安全帽必须套紧。取下安全帽后必须谨慎小心以免无意中打开钢瓶主阀。

（4）在操作有毒或腐蚀性气体时，应戴防护眼镜、面罩、手套和工作围裙。

（5）不得将钢瓶完全用空（尤其是乙炔、氢气、氧气钢瓶），必须留存一定的正压力，并且将阀门关紧，套上安全帽，以防阀门受损。空的或不再使用的钢瓶（空钢瓶应标注"空"字）应立即归还气体仓库。同时钢瓶不得放于走廊与门厅，以防紧急疏散时受阻及其他意外事件的发生。应经常检查钢瓶，特别是氢气钢瓶是否泄漏。

13. 烘箱及真空干燥箱

烘箱及真空干燥箱一般用来干燥固体样品中少量的水分和可能存在的有机溶剂。

（1）在使用时不准将两种不同的样品同时放入一个干燥箱内进行干燥，以免样品交叉污染。

（2）需干燥的样品必须用玻璃盖或有小孔的铝箔覆盖。

（3）真空烘箱加热应缓慢，加热后的真空烘箱应该冷却到室温后再解除真空。

（4）解除真空应缓慢进行，以防止样品飞溅。

14. 真空冷冻干燥机

冷冻干燥机只允许用来蒸干非挥发性样品和水溶液中的水分，不允许用冷冻干燥机除去样品中的挥发性有机物质。

（1）需冷冻干燥的溶液必须在干冰中预冷至结冰，然后才能连接到冷冻干燥机。

（2）冷冻干燥机在使用之后必须除霜，油泵应该经常换油。

（3）使用冷冻干燥机时必须首先开动制冷机，冷至-50℃后，机器自动开始启动真空系统抽真空。直至绿色指示灯亮后，方可将需干燥的样品连接到干燥机上。

（4）干燥结束后，必须首先去掉样品瓶，然后解除真空状态，再关闭主机。

15. 离心机

在固液分离时，特别是对含很小的固体颗粒的悬浮液进行分离时，离心分离是一种非常有效的途径。

（1）在使用离心机时，离心管必须对称平衡，否则需用水作平衡物以保持离心机旋转平衡。

（2）离心机启动前应盖好盖子，先在较低的速度下进行启动，然后再调至所需的离心速度。

（3）当离心操作结束时，必须等到离心机停止转动后才能打开盖子，决不能在离心机转动时打开盖子或用手触摸离心机的转动部分。

（4）玻璃离心管要求较高的质量，塑料离心管中不能放入热溶液或有机溶剂以免在离心时管子变形。

（5）离心的溶液一般控制在离心管体积的一半左右，切记不能放入过多的液体，以免在离心时液体溢出。

16. 冰箱和冰柜

实验室中的冰箱均设有防爆装置，冰箱和冰柜适用于存放挥发性溶剂、热敏感化合物、高活性物质及培养单晶的化合物等。

（1）严禁在冰箱和冰柜内存放食品。

（2）所有存放于冰箱及冰柜中的化学品均应有规范的标签。

（3）放于冰箱和冰柜内的所有容器必须密封，并定期清洗冰箱及清理不需要的样品和试剂。

17. 小工具

要正确使用各种小工具，不得随意改变其用途，例如：将螺丝刀作凿子用，将钳子作扳手用，将扳手作锤子用，以及随意在扳手手柄上加延长杆而使扳手过载。

（1）不可使用已损坏的工具。

（2）对于可能有危险的、有尖锐边棱或尖头的工具，要用合适的防护罩遮盖。

（3）携带工具时，必须用符合标准的工具，如工具袋或工具盒。

（4）不允许用衣服口袋装工具。

三、洗液的使用

洗液分为酸性洗液（重铬酸钠或重铬酸钾的硫酸液）、碱性洗液（氢氧化钠-乙醇溶液）及中性洗液（常用洗涤剂）。

（1）酸性洗液放于玻璃缸内，碱性洗液可放于塑料桶内。

（2）用碱性洗液时，玻璃仪器的磨口件应拆开后才能放入洗液缸内，以免磨口被碱液腐蚀而黏合，放入碱液前玻璃仪器要用丙酮和水预洗。

四、有机溶剂的使用

许多有机溶剂如果处理不当会引起火灾、爆炸、中毒事故。极度易燃溶剂的燃点通常低于32℃。溶剂的燃烧范围越大，危险性也越大。表1.1列出了几种常用溶剂的燃点、自燃温度、燃烧范围。

表1.1　常用溶剂的燃点、自燃温度、燃烧范围

溶剂	燃点/℃	自燃温度/℃	燃烧范围/%
丙酮	-18	538	3 ~ 13
乙醚	-45	180	1.85 ~ 48
乙醇	12	423	3.3 ~ 19
乙酸乙酯	-4.4	427	2.18 ~ 11.5
异丙醇	12	399	2.3 ~ 12.7
甲苯	4.4	536	1.4 ~ 6.7

溶剂和空气的混合物一旦燃烧，便迅速蔓延，火力之大可以在瞬间点燃易燃物体，在氧气充足（如氧气钢瓶漏气引起）的地方着火，火力更猛，可使一些不易燃物质（如实验服）燃烧。化学气体和空气的混合物燃烧会引起爆炸（如3.25g丙酮气体燃烧释放的能量相当于10 g炸药）。常见火源有如下几种。

（1）明火，如本生灯、焊枪、油灯、壁炉、点火苗、火柴。

（2）火星，如电源开关、摩擦。

（3）热源，如电热板、灯丝、电热套、烘箱、散热器、可移动加热器、香烟。

（4）静电电荷。

有些溶剂有剧毒（如苯、氯仿、二硫化碳），而有些溶剂（如二甲亚砜）会将溶质通过皮

肤传达到血液。注意：二硫化碳的自燃温度为 100℃，因此蒸汽可使其燃烧。建立安全使用有机溶液的制度包括以下几个方面。

（1）检查极易燃溶剂的储存和使用是否符合当地规定。

（2）使用和储存所需的最小数量。

（3）在没有火源和通风良好（如通风橱）的地方使用，避免达到最低爆炸标准，使用中尽量少产生气体。

（4）如有溢出或散落，根据溢出的量，移开所有火源，提醒工作人员，按响警报器，用泡沫灭火器喷洒，再用吸收剂清扫、装袋、封口，作为废溶剂处理。

第六节　恒温恒湿室的应用

一、涂料恒温恒湿室的作用

涂料涂装后，形成的漆膜需要在一定温度和湿度下养护一段时间才能进行质量检验。因此恒温恒湿室或恒温恒湿箱是不可缺少的装置。如果追溯它的历史，距今约 2200 多年，在战国晚期就出现的荫室，要算世界上最早的恒温恒湿室。天然大漆常温干燥，主要是靠具有活性的漆酶的生物催干作用，并要求适当的温度（一般为 15～35℃）和湿度（通常相对湿度为 80%±5%），荫室就是为创造这种条件而设立的。器物涂漆之后，置于潮湿而温暖的空气中，易干燥成膜，又可防止灰尘沾着在漆膜表面。通常，漆膜养护的温度为 23℃±2℃，湿度为 50%±5%。

二、恒温恒湿实验室的构成

恒温恒湿实验室主要包括四个方面的要求。

1. 装修要求

恒温恒湿实验室要求严格的保温隔湿性能，通常四个立面采用彩钢复合板（为了满足防火要求，一般采用岩棉彩钢板；但岩棉保温性能差，最好是在岩棉彩钢板外侧再加封一层酚醛铝箔保温板，增强外墙保温性能，能够有效节能减耗），顶面应采用彩钢板密封，在顶面上再加封酚醛铝箔板保温，地面则采用酚醛保温板进行保温隔湿处理；对于透视窗，要求采用双层中空玻璃窗。

2. 空调要求

实验室空调是温湿度控制的心脏，要求精度高、故障率低。所以必须要求空调能调节制冷量，目前有两种方式：一种是变频调节，另一种是冷冻水调节。

变频调节：实际上就是通过改变供电性质而改变压缩机的功率，让压缩机实现低负荷工作或过负荷工作，同时调节制冷系统的节流量，所以必须添加非常多的烦琐的环节，而且各环节必须完美匹配，否则容易出现故障。现实也的确如此，故障率非常高。

冷冻水型机组：采用 7℃左右的冷水作为冷源，通过电动阀开大或者关小来控制水流量，从而轻易控制制冷量，而电动阀结构像家用水龙头一样简单，所以故障率几乎为零，控制效果最为稳定。通过合理计算房间的热湿负荷和空气露点来匹配风量、冷量、加热量、加湿量，通过 PLC 控制各个部件的无级调控，选择灵敏度高、线性好的传感器，可以做到温度控制精度为±0.5℃，湿度控制精度为±2%。此种方式需要通过每个实验室的实际面积和负荷来进行计算匹配，所以没有标准成型机组，都为定制加工型。一般都用组合式空调箱组合配比来实现，缺点是占地面积较大，整个系统稳定性差，系统维护复杂，出现问题后修复困难。

3. 通风方式

通风方式经历过好几个阶段，从最初的底出风，到自然送风，到上散流器送风，到现在最先进的上风管+微孔天花送风、下地板回风方式，整个实验室送风柔和、均匀，温湿度控制非常稳定。

4. 新风系统

新风系统的作用是为工作人员提供生理新鲜空气，其对实验室温湿度的稳妥定性也功不可没，是必不可少的设备。为了让实验室不受外界的干扰，必须向实验室提供新风，以保持实验室气压为正，这样外界的空气进入不了实验室，确保实验室长年温湿度稳定。

三、恒温室的温度控制

1. 常温实验室（18～28℃）
(1) 普通恒温恒湿实验室：温度控制精度±2℃，相对湿度控制精度±5%～10%RH。
(2) 精密恒温恒湿实验室：温度控制精度±1℃，相对湿度控制精度±3%～5%RH。
(3) 高精密恒温恒湿实验室：温度控制精度±1℃，相对湿度控制精度±2%RH。
(4) 超高精密恒温恒湿实验室：温度控制精度±0.1～0.3℃，相对湿度控制精度±1.5%～2%RH。

2. 高温实验室（30～80℃）
(1) 低湿度要求，相对湿度<50%RH。
(2) 高湿度要求，相对湿度>80%RH。

3. 低温实验室（10～15℃）
(1) 没有相对湿度要求。
(2) 相对湿度控制范围30%～50%RH。

四、温湿度的影响因素

1. 空调选择不当

常见精密空调品牌较多，对温度和湿度的要求不高，温度波动范围多在±2℃，湿度波动范围多在±5%。对于温湿度要求更高的实验室而言，普通精密空调显然不能够达到使用要求，需选择更高精度要求的高精密恒温恒湿空调。

2. 环境隔断

对实验室环境内的温湿度影响较大的因素就是与外界的热交换。实验室的整体隔断及吊顶多使用夹芯彩钢板，厚度在50mm以上，表层钢板厚度多为0.426mm以上，以达到更好的保温和承重。视窗使用双层中空玻璃视窗。实验室位置尽可能避开阳光能够直射到的范围。环境内应配缓冲间。

3. 送回风

为实现实验环境内的温湿度均匀稳定，送回风方式的选择也很重要。目前实验室多选择上送风、底回风的方式。

4. 送新风

为保证实验室测试人员的正常呼吸，在恒温恒湿这样的密封环境中，要保证一定量的新风补充。新风的温湿度对环境的温湿度会产生较大影响，新风系统的设计也对恒温恒湿环境有着至关重要的作用。

5. 架空地板

选择架空地板可以使空调主机底回风成为现实，同时架空地板下方，楼板上贴保温层。一方面减少了与地面的热传导；另一方面，如果恒温恒湿室建于非一楼的楼层，可避免因环境温度过低，底层楼层的楼板因结露而漏水。

6. 缓冲间

缓冲间的双门不同时开启，尽可能杜绝或减少与外界空气交换带来的温湿度波动。

7. 其他因素

较多人员走动、发热仪器设备等也易引起恒温恒湿环境发生变化，可建设恒温恒湿实验室应尽可能避免产生过多的热交换。

图1.2为常见的恒温恒湿实验室。

图1.2　恒温恒湿实验室

第二章

涂料用树脂合成

第一节　实验一　溶剂型丙烯酸树脂合成

丙烯酸树脂是涂料工业中常用的一种基体树脂，如用于汽车面漆可以使汽车五颜六色，主要起到装饰和保护的作用，决定了涂膜的耐久性能和外观。丙烯酸树脂可采用溶液聚合、乳液聚合、本体聚合、悬浮聚合和非水分散聚合的方法制备，其中前两种方法最为常用。

一、实验目的

掌握溶剂型丙烯酸树脂的合成方法。

二、实验原理

溶剂型丙烯酸树脂可分为热塑性和热固性两大类。热塑性丙烯酸树脂涂料的成膜主要是通过在溶剂的挥发过程中分子链相互缠绕形成的。因此，涂膜的性能主要取决于单体的选择，丙烯酸树脂的分子量大小和分布及共聚物组成的均匀性，对于溶剂型丙烯酸树脂清漆的配方设计，溶剂的选择极为重要，通过增加良溶剂可以改变体系的黏度，改善成膜性能。选择溶剂时主要考虑对树脂的溶解能力、挥发速度、可燃性和毒性以及成本等。成膜物质可以由一种或多种热塑性丙烯酸树脂组成，也可以与其他树脂并用来改进其性能。常用的树脂有硝酸纤维素、醋酸丁酸纤维素、乙基纤维素、氯乙烯-醋酸乙烯树脂以及过氧乙烯树脂等，它们在配方中的比例，可根据产品的要求来选择。

溶剂型丙烯酸树脂清漆具有较好的色泽，具有耐大气、保光、保色等性能，在金属、建筑、塑料、电子和木材等的保护和装饰方面起着越来越重要的作用。

三、实验原料

甲基丙烯酸甲酯（MMA）、甲基丙烯酸（MAA）、丙烯酸丁酯（BA）、苯乙烯（ST）、过氧化二苯甲酰（BPO）、二甲苯（XYL）。

四、仪器设备

电动搅拌机、电加热套、四口烧瓶（250mL）、球形冷凝管、温度计。

五、实验步骤

1. 实验配方

如表 2.1 所示。

表 2.1　溶剂型丙烯酸树脂实验配方

试剂	名称	用量/g
MMA	单体	38.0
ST		13.0
BA		27.0
MAA		2.0
BPO	引发剂	0.45
XYL	溶剂	80.0

2. 操作流程

(1) 在装有搅拌器、温度计、冷凝管、恒压滴液漏斗的四口烧瓶中，加入 XYL 70g，搅拌升温。

(2) 当温度升至 100～110℃，缓慢滴加溶有 BPO 0.4g（精确称量）的混合单体，混合单体如表 2.1 所示，滴加时间约需 1.5h。滴加过程中，温度允许由于反应放热而稍有升高，但注意控制滴加速度勿使温度升得过快。

(3) 滴加完毕后，温度一般在 110～120℃之间，保温 1h，然后加入溶有 BPO 0.05g 的二甲苯 10g，继续保温 30min。最后边搅拌边冷却，温度降至 40℃后出料。

(4) 测定所合成的树脂黏度（GB/T 1723—1993）和不挥发物含量（GB/T 11175—2021）。

六、结果计算

固含量的计算：

$$固含量 = \frac{\omega_2 - \omega_0}{\omega_1 - \omega_0} \times 100\% \tag{2.1}$$

式中　ω_0——称量瓶空瓶质量，g；
　　　ω_1——烘干前装有树脂的称量瓶质量，g；
　　　ω_2——烘干后装有树脂的称量瓶质量，g。

七、数据处理

如表 2.2 所示。

表 2.2　溶剂型丙烯酸树脂的性能

序号	黏度/mPa·s	固含量/%	聚合物溶液外观
1			
2			
3			
平均值			

八、思考题

1. 滴加速度应加以控制，不宜太快，否则会出现什么情况？

2. 如何提高反应的转化率（瞬时转化率和累积转化率）？

附 实验操作流程单

如表 2.3 所示。

表 2.3 实验操作流程单

步骤	添加物	用量/g	温度	时间	要求
步骤1	XYL	70.0	升温 100~110℃	15min	保持温度
步骤2	MMA	38.0	室温	5min	混合均匀
	ST	13.0			
	BA	27.0			
	MAA	2.0			
步骤3	BPO	0.4	室温	5min	添加到步骤2中，混合均匀
步骤4	步骤3混合物	80.4	100~110℃	1.5h	缓慢滴加
步骤5	—	—	100~120℃	1h	保温
步骤6	BPO	0.05	室温	5min	混合均匀
	二甲苯	10.0			
步骤7	步骤6混合物	10.05	110~120℃	1min	一次性添加
步骤8			110~120℃	30min	保温
步骤9					边搅拌 边降温
步骤10			40℃		出料
步骤11					测试树脂黏度和不挥发物含量

第二节 实验二 水性丙烯酸树脂合成

　　水性丙烯酸树脂因具有优良的耐候性、耐光性，容易获得高转化率（气味小）且高透明等特点备受关注，通常采用乳液聚合法也就是核壳乳液聚合法制备而得。核壳乳液聚合提出了"粒子设计"的新概念，即在不改变乳液单体组成的前提下通过设计乳胶粒子的核层结构和壳层结构的组成来改变乳液粒子结构，从而提高乳液性能。采用常规乳液聚合得到的乳胶粒子是均相的，而核壳乳液聚合得到的乳胶粒子是非均相的。

一、实验目的

　　采用核壳乳液聚合法制备水性丙烯酸树脂。

二、实验原理

　　乳液聚合是由单体在引发剂作用下，在乳状液中进行的聚合。体系主要由单体、水、乳化剂以及水溶性引发剂四种基本组分组成。对乳液聚合过程来说，聚合发生在增溶了单体的胶束中，形成乳胶粒。尽管乳胶粒内部黏度很高，但由于连续相是水，使得整个体系的黏度并不高，易于传热，同时易搅拌，工业上便于管道输送，实现连续化操作。

　　核壳型乳液聚合通常是采用分步乳液聚合的方法，先用单体（或混合单体）进行常规乳液聚合，制备的聚合物I作为种子乳液，然后在聚合物I种子乳液胶粒的基础上，加入单体（或混合单体）Ⅱ和引发剂，进一步进行乳液聚合，最终制得包含特殊结构乳胶粒的复合乳液，聚合物Ⅰ为核。根据单体Ⅱ加入方式的不同，核壳结构乳液聚合的方法又可以分为以下 4 类。

（1）间歇法　按配方一次性将种子乳液、水、乳化剂、壳层单体加入反应器中。

（2）平衡溶胀法　将壳层单体加入种子乳液中，在一定温度下溶胀一段时间，然后再加入引发剂进行聚合。

（3）半连续法　将水、乳化剂和种子乳液加入反应器中，再加入引发剂，然后再将壳层单体以一定的速率滴加到反应器中，滴加速率要小于聚合反应速率。

（4）连续法　首先在搅拌条件下将单体、引发剂加入种子乳液中，然后将所得的混合液连续滴加到溶有乳化剂的水中进行聚合。

三、实验原料

甲基丙烯酸甲酯（MMA）、丙烯酸正丁酯（BA）、丙烯酸（AA）、丙烯酸异辛酯（2-EHA）、甲基丙烯酸正丁酯（BMA）、甲基丙烯酸缩水甘油酯（GMA）、丙烯酸羟丙酯（HPA）、甲基丙烯酸羟乙酯（HEMA）、曲拉通（X-100）、OP-10、十二烷基苯磺酸钠（SDBS）、过硫酸铵（APS）、碳酸氢钠（$NaHCO_3$）、氨水（$NH_3 \cdot H_2O$）、去离子水（DIW）。

四、仪器设备

电子天平、电动搅拌器、恒温油浴锅。

五、实验步骤

1. 间歇法制备纯丙烯酸树脂乳胶

将一定浓度的乳化剂水溶液、pH 缓冲剂水溶液和单体混合物加入通有氮气且装有冷凝装置的四口烧瓶中，高速搅拌（2000r/min 左右）30 min 后，升温至实验要求的 65℃，一次性加入引发剂水溶液，在（300±5）r/min 的搅拌速率下反应 3~4h，熟化 30min，冷却到 40℃，调节 pH 值到 7.8~8.0，过筛，出料。

2. 核壳乳胶的制备

采用预乳化半连续合成工艺，单体经过预乳化，核壳层单体采用半连续加料方式，调整单体滴加速率，以反应釜壁和冷凝管内无明显回流为宜。具体操作如下：

（1）预乳化液的制备

① 将设计用量的引发剂（见表 2.4）溶解到去离子水中配制成 40g 的引发剂水溶液 a。

② 将设计用量的乳化剂（见表 2.4）溶解到去离子水中配制成 100g 的乳化剂水溶液 b，根据实验设计，将乳化剂水溶液 b 按设计份量分成两份，具体分法按照核壳单体比例来定。

③ 将设计用量的 pH 缓冲剂（见表 2.4）水溶液溶解到去离子水中配制成 10g 的缓冲剂水溶液 c。

④ 将设计用量的核单体（见表 2.4）滴加到处于电动搅拌机高速搅拌（2000r/min 以上）下的一份乳化剂水溶液中，在室温下使其充分混合，预乳化 30min，制得核层单体预乳化液 d。

⑤ 将设计用量的壳单体（见表 2.4）滴加到处于电动搅拌机高速搅拌（2000r/min 以上）下的另一份乳化剂水溶液中，在室温下使其充分混合，预乳化 30 min，制得壳单体预乳化液 e。

表 2.4　水性丙烯酸树脂实验配方

组成			作用	质量份
单体	核单体	甲基丙烯酸甲酯（MMA）、丙烯酸正丁酯（BA）	赋予乳胶膜内聚力使其有一定的硬度	100
	壳单体	丙烯酸异辛酯（2-EHA）、甲基丙烯酸正丁酯（BMA）	赋予乳胶膜柔韧性，使其有一定的弹性	
	交联单体	丙烯酸（AA）	赋予乳胶膜一些特性，如耐水性和提高附着力等	
	功能单体	HPA、GMA 和 HEMA		
去离子水（DIW）			分散介质	—
引发剂		过硫酸铵（APS）	引发聚合反应	0.3~0.75
乳化剂		SDBS	乳化稳定	0.2~0.5
		OP-10		0.1~0.25	150
缓冲剂		NaHCO₃	调节 pH 值	0.3

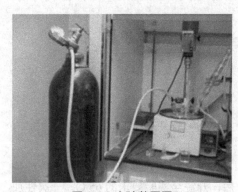

图 2.1　实验装置图

（2）种子乳液的制备　在装有搅拌器、冷凝管、氮气导入装置、温度计、滴液漏斗的四口烧瓶（控温约 50℃左右，装置见图 2.1）中，通入氮气，排出空气，边搅拌边依次加入缓冲剂水溶液 c、1/5 引发剂水溶液 a 及 1/3 核层单体预乳化液 d，升温至 70℃，保温 30 min，即得到种子乳液（有蓝光出现为佳）。

（3）核层聚合　在种子乳液保温结束时，将剩余 2/3 核层单体预乳化液 d 及 2/5 引发剂水溶液 a 缓慢滴入四口烧瓶中，引发剂水溶液的滴加速率约为核层单体预乳化液滴加速率的一半，将转速调整到中速（300r/min 左右），控温 82℃左右，在 1.0~1.5h 内滴加完毕。滴完后保温 30min，即得核层乳液。

（4）壳层聚合　在核层乳液保温结束时，再滴加余下的 2/5 引发剂水溶液 a 和壳单体预乳化液 e，大约 2h 滴加完毕。滴完后升温至 93℃，保温熟化 60 min，然后自然冷却到 40℃，调 pH 值至 7.8~8.0，经 100 目筛过滤，出料即得核壳乳液。

六、结果计算

固含量的计算：

$$固含量 = \frac{W_2 - W_0}{W_1 - W_0} \times 100\% \tag{2.2}$$

式中　W_0——称量瓶空瓶质量，g；

W_1——烘干前装有树脂的称量瓶质量，g；

W_2——烘干后装有树脂的称量瓶质量，g。

七、数据处理

如表 2.5 所示。

表 2.5　水性丙烯酸树脂的性能

序号	pH值	固含量/%	是否有气味 是否有芳香味	是否有蓝光
1				
2				
3				
平均值				

八、思考题

1. 丙烯酸树脂有哪些优异的性能?
2. 半连续核壳乳液聚合如何获得"饥饿"聚合条件?

第三节　实验三　醇酸树脂合成

多元醇和多元酸进行缩聚所生成的缩聚物大分子主链上含有许多酯基,这种聚合物称为聚酯。涂料工业中,将脂肪酸或优质改性的聚酯树脂称为醇酸树脂。醇酸树脂是一种重要的涂料用树脂,其单体来源丰富、价格低、品种多、配方变化大、工艺简单、方便化学改性且性能好,符合可持续发展的社会要求。水性醇酸树脂的开发经历了两个阶段,即外乳化阶段和内乳化阶段。目前水性醇酸树脂分散体的制备主要采用内乳化法。

一、实验目的

掌握醇酸树脂的合成方法。

二、实验原理

醇酸树脂的制备以酯化为主要反应,通过多元醇、多元酸和脂肪酸(或油的醇解物)缩聚反应制得,其干燥速率、涂膜光泽、硬度、耐久性都是非常优秀的。用偏苯三酸酐(TMA)合成水性醇酸树脂分为两步:缩聚和水性化。缩聚即先将苯酐(PA)、间苯二甲酸(IPA)、脂肪酸、三羟甲基丙烷(TMP)进行共缩聚,生成常规的一定油度、预定分子量的醇酸树脂。水性化即利用 TMA 上活性大的酐基与上述树脂结构上的羟基进一步反应引入羧基,控制好反应程度,一个 TMA 分子可以引入两个羧基,此羧基经中和以实现水性化。

三、实验原料

月桂酸(LA)、苯酐(PA)、间苯二甲酸(IPA)、三羟甲基丙烷(TMP)、二甲苯(XYL)、偏苯三酸酐(TMA)、抗氧剂、二甲基乙醇胺(DMAE)、乙二醇甲丁醚(BCS)、去离子水(DIW)。

四、仪器设备

电加热套、电动搅拌器、温度计、分水器、四口烧瓶。

五、实验步骤

1. 实验配方

如表 2.6 所示。

表 2.6　醇酸树脂实验配方

试剂	用量/g	试剂	用量/g
LA	38.0	TMA	8.0
PA	25.0	抗氧剂	0.1
IPA	5.8	DMAE	7.8
TMP	30.0	BCS	17.5
XYL	10.7	DIW	81.5

2. 操作流程

（1）将 PA、IPA、LA、TMP、XYL 及抗氧剂加入带有搅拌器、温度计、分水器及氮气导管的 250mL 四口烧瓶中。

（2）用电加热套加热至 140℃，慢速搅拌 1h。

（3）升温至 180℃，保温约 2h。

（4）当出水变慢时，继续升温至 200℃，1h 后测酸值。

（5）酸值小于 10 mgKOH/g 时，蒸出溶剂，降温至 170℃。

（6）加入 TMA，控制酸值为 45~50mgKOH/g，迅速降温至 80℃。

（7）加入 BCS，继续降温至 60℃，加入 DMAE 中和，搅拌 0.5h。

（8）按 50%固含量加入 DIW，过滤，得水性醇酸树脂。

六、结果计算

固含量的计算：

$$固含量 = \frac{W_2 - W_0}{W_1 - W_0} \times 100\% \tag{2.3}$$

式中　W_0——称量瓶空瓶质量，g；

　　　W_1——烘干前装有树脂的称量瓶质量，g；

　　　W_2——烘干后装有树脂的称量瓶质量，g。

七、数据处理

如表 2.7 所示。

表 2.7　醇酸树脂的性能

序号	涂-4时间/s	固含量/%
1		

序号	涂-4时间/s	固含量/%
2		
3		
平均值		

八、思考题

1. 改性油用量对醇酸树脂有哪些影响?

2. 如何有效控制反应程度获得合适的分子量及分子量分布?

附　实验操作流程单

如表2.8所示。

表2.8　实验操作流程单

步骤	添加物	用量/g	温度	时间	要求
步骤1	苯酐	25.0	140℃	1h	慢速搅拌
	间苯二甲酸	5.8			
	月桂酸	38.0			
	三羟甲基丙烷	30.0			
	二甲苯	10.7			
	抗氧剂	0.1			
步骤2	—		180℃	2h	保温
步骤3	—	—	200℃	1h	测试酸值
步骤4			170℃		蒸出溶剂
步骤5	偏苯三酸酐	8.0	80℃		酸值45~50mgKOH/g
步骤6	乙二醇单丁醚	17.5	60℃	30min	
	二甲基乙醇胺	7.8			
步骤7	去离子水	81.5	—	—	过滤
步骤8	—	—			测试树脂黏度和固含量

第四节　实验四　聚酯树脂合成

　　粉末涂料是一种不含溶剂的"4E"型固体涂料,广泛应用于家电、汽车、铝型材等领域。聚酯树脂是粉末涂料中最为关键的组成部分,其性能直接决定了涂膜的性能优劣。粉末涂料用聚酯树脂多数采用间歇法生产。

一、实验目的

　　掌握粉末涂料用聚酯树脂合成工艺。

二、实验原理

聚酯树脂的合成反应原理如下。

（1）多元酸与多元醇在催化剂的作用下发生酯化反应生成端羟基聚酯树脂。

$$nHOOC-R-COOH+（n+1）HO-R'-OH \xrightarrow[\text{催化，}\triangle]{\text{常压酯化}}$$

$$HOR'O\left[\underset{\underset{O}{\|}}{C}-R-COOR'O\right]_n H + 2nH_2O$$

（2）当第一步酯化反应基本完全时，加入第二步的多元酸，与第一阶段的端羟基树脂继续酯化，生成端羧基为主的聚酯树脂。酯化反应基本完全后，抽真空缩聚，生成一定聚合度的端羧基聚酯。原理如下：

$$2HOR'O\left[\underset{\underset{O}{\|}}{C}-R-COOR'O\right]_n H + 3HOOCR''COOH \xrightarrow[\text{催化，}\triangle]{\text{常压酯化}}$$

$$HOOCR''COOR'O\left[\underset{\underset{O}{\|}}{C}-R-COOR'O\right]_n H + 3H_2O+$$

$$HOOCR''COOR'O\left[\underset{\underset{O}{\|}}{C}-R-COOR'O\right]_n OCR''COOH \xrightarrow[\text{催化，}\triangle]{\text{真空缩聚}}$$

$$HOOCR''COOR'O\left[\underset{\underset{O}{\|}}{C}-R-COOR'O\right]_n OCR''COOR'O\left[\underset{\underset{O}{\|}}{C}-R-COOR'O\right]_n OCR''COOH + 4H_2O$$

三、实验原料

对苯二甲酸（PTA）、1，4-环己烷二甲醇（CHDM）、1，6-己二醇（HDO）、2-丁基-2-乙基-1，3丙二醇（BEPD）、己二酸（ADA）、反丁烯二酸（FMA）、三羟甲基丙烷（TMP）、间苯二甲酸（IPA）、新戊二醇（NPG）、催化剂单丁基氧化锡（F4100）、三苯基乙基溴化膦（ETPB）、抗氧剂 CHINOX 1010、抗氧剂 CHINOX 626。

四、仪器设备

电动搅拌机、电加热套、2000mL 三口烧瓶、碱式滴定管、真空泵。

五、实验步骤

1. 实验配方

如表 2.9 所示。

表 2.9 聚酯树脂实验配方

试剂	作用	用量/g
NPG	单体	524.3
HDO	单体	68.0

试剂	作用	用量/g
CHDM	单体	114.0
PTA	单体	825.0
TMP	扩链剂	3.0
IPA	封端剂	195.0
BEPD		252.0
FMA	酸解剂	49.0
ADA		28.0
F4100	催化剂	2.0
ETPB	固化促进剂	2.1
CHINOX 1010	抗氧化剂	10.3
CHINOX 626	抗氧化剂	10.3

2. 操作流程

（1）按配方将新戊二醇（NPG）、1，6-己二醇（HDO）、1，4-环己烷二甲醇（CHDM）、2-丁基-2-乙基-1，3丙二醇（BEPD）、三羟甲基丙烷（TMP）添加至2000mL的三口烧瓶中，打开电加热套，启动搅拌，速度调节至20r/min，将温度升至80℃，保持至物料全部融化。将对苯二甲酸（PTA）、己二酸（ADA）、间苯二甲酸（IPA）及作为催化剂的单丁基氧化锡（F4100）加入三口烧瓶中。开启搅拌，速度调节至20r/min，升温至160℃，调节搅拌速度至70r/min，同时调节电加热套的升温速度，按工艺要求升温至240~250℃，维持至容器内物料变透明。维持顶温下降，取样测定酸值在5~30mgKOH/g。

（2）将反应容器内物料降温至200~220℃，投入间苯二甲酸（IPA）、反丁烯二酸（FMA），开启搅拌，调节搅拌速度至70r/min，同时调节电加热套的升温速度，加热升温至240~250℃，维持顶温下降，并且物料无色透明时，取样检测酸值在30~70mgKOH/g。

（3）将物料降温至210~240℃，调节搅拌速度至60r/min，开启真空泵，缓慢减压真空至真空度为-0.1mPa，真空时间在70 min，停止真空后，取样检测酸值在19~50mgKOH/g，然后将物料温度降至190~220℃，投入抗氧剂和固化促进剂，搅拌均匀后放料。

（4）根据标准GB/T 6743—2008《塑料用聚酯树脂、色漆和清漆用漆基 部分酸值和总酸值的测定》中的方法进行酸值测定。

六、结果计算

1. 试样总酸值（TAV）的计算（溶剂或稀释剂中的固体树脂）

对于每次测定，总酸值（TAV）用每克试样消耗的氢氧化钾的质量来表示，如式：

$$TAV = \frac{56.1(V_3 - V_4)c}{m_2} \tag{2.4}$$

式中　56.1——氢氧化钾的摩尔质量，g/mol；

　　　m_2——试样的质量，g；

　　　V_3——中和树脂溶液消耗的氢氧化钾标准滴定溶液的体积，mL；

V_4——空白试验消耗的氢氧化钾标准滴定溶液的体积，mL；

　　　c——氢氧化钾标准滴定溶液的浓度，mol/L。

2. 固含量的计算

$$固含量 = \frac{W_2 - W_0}{W_1 - W_0} \times 100\% \tag{2.5}$$

式中　W_0——称量瓶空瓶质量，g；

　　　W_1——烘干前装有树脂的称量瓶质量，g；

　　　W_2——烘干后装有树脂的称量瓶质量，g。

七、数据处理

如表 2.10 所示。

表 2.10　聚酯树脂的性能

序号	酸值/（mgKOH/g）	固含量/%
1		
2		
3		
平均值		

八、思考题

1. 不同种类的多元酸和多元醇对制备的聚酯树脂性能有哪些影响？

2. 采用拼混多元酸（多元醇）如何有效控制分子量的大小及分布？

附　实验操作流程单

如表 2.11 所示。

表 2.11　实验操作流程单

步骤	添加物	用量/g	温度	转速/（r/min）	时间	要求
步骤1	NPG	524.3	升温至80℃	20	直至物料全部融化	保持温度
	HDO	68.0				
	CHDM	114.0				
	BEPD	252.0				
	TMP	3.0				
步骤2	PTA	825.0	升温160℃，随后升至240~250℃	20~70	直至物料透明	酸值在5~30mgKOH/g
	ADA	28.0				
	IPA	135.5				
	F4100	2.0				
步骤3	IPA	59.5	200~220℃，240~250℃	70	至物料无色透明	酸值在30~70mgKOH/g
	FMA	49.0				

步骤	添加物	用量/g	温度	转速/(r/min)	时间	要求
步骤4	步骤3混合物		210~240℃	60	真空70min	酸值在19~50mgKOH/g
步骤5	三苯基乙基溴化膦	2.1	190~220℃	60	—	物料搅拌均匀
	CHINOX 1010	10.3				
	CHINOX 626	10.3				

第五节 实验五 环氧树脂合成

由碳-碳-氧三原子组成的环称为环氧基团。环氧树脂是指分子中含有两个或两个以上环氧基团的有机高分子化合物。环氧树脂的分子结构特征是分子链中含有活泼的环氧基团，环氧基团可以位于分子链的末端、中间或成环状结构。环氧基团具有很高的活性，能与多种类型的固化剂发生交联反应，形成三维网状结构的聚合物。固化后的环氧树脂具有良好的物理、化学性能，它对金属和非金属材料的表面具有优异的黏结强度，介电性能良好，硬度高，对碱及大部分溶剂稳定，因而广泛应用于涂料行业。

一、实验目的

了解缩合聚合原理，熟悉双酚A型环氧树脂的合成。

二、实验原理

双酚A和环氧氯丙烷都是二官能度化合物，所以合成所得的树脂是线型结构，聚合度一般在0~14。由于分子量、分子量分布以及化学结构的不同，其生产方法也有差别。

双酚A型环氧树脂是由双酚A、过量的环氧氯丙烷，在催化剂氢氧化钠的存在下通过缩聚反应制得。因为双酚A和环氧氯丙烷均为二官能度，为使其分子两端均成环氧基，则环氧氯丙烷必须过量，总反应式示意如下：

$$(n+2)\ H_2C\overset{O}{-}CH-CH_2Cl + (n+2)\ NaOH + (n+1)\ HO-\underset{CH_3}{\overset{CH_3}{\underset{|}{\overset{|}{C}}}}-OH \longrightarrow$$

$$CH_2-CH-CH_2-O-\left[\ -C-\ -O-CH_2-CH-CH_2\ \right]_n O-$$

$$+(n+2)\ NaCl + (n+2)\ H_2O$$

三、实验原料

双酚A（BPA）、环氧氯丙烷（EPI）、氢氧化钠（NaOH）、甲苯（MB）、去离子水（DIW）。

四、仪器设备

四口烧瓶（500mL）、冷凝管、滴液漏斗、恒温油浴锅、电动搅拌器、温度计、分液漏斗、真空蒸馏装置。

五、实验步骤

1. 实验配方
如表2.12所示。

表2.12　双酚A型环氧树脂实验配方

试剂	作用	用量/g
双酚A	单体	30.0
环氧氯丙烷		34.0
氢氧化钠	催化剂	10.5
甲苯	溶剂	52.3
去离子水	溶剂	30.0

2. 操作流程

（1）在装有搅拌器、温度计、滴液漏斗、回流冷凝器的四口烧瓶中，加入30.0 g双酚A及34.0 g环氧氯丙烷，搅拌并加热。

（2）当温度升到50℃时，由滴液漏斗滴加35 mL 30%氢氧化钠水溶液，在50~60℃下于2 h内滴加完毕，提高温度至70~75℃保持1 h，得到黄色黏稠树脂。

（3）加入30 mL去离子水、60 mL甲苯，搅拌使树脂溶解，趁热倒入分液漏斗中，静置分层，除去水层。

（4）将树脂溶液倒回四口烧瓶中，进行真空蒸馏，除去甲苯及未反应的环氧氯丙烷。加热，开动真空泵（注意流出速度），蒸馏至无馏出物为止，控制蒸馏最终温度为120℃，得到黄色透明树脂。

六、结果计算

固含量的计算：

$$固含量 = \frac{W_2 - W_0}{W_1 - W_0} \times 100\% \tag{2.6}$$

式中　W_0——称量瓶空瓶质量，g；
　　　W_1——烘干前装有树脂的称量瓶质量，g；
　　　W_2——烘干后装有树脂的称量瓶质量，g。

七、数据处理

如表 2.13 所示。

表 2.13　双酚 A 型环氧树脂的性能

序号	黏度			固含量/%
	格式管/s	旋转黏度/mPa·s	斯托默黏度/KU	
1				
2				
3				
平均值				

八、思考题

1. 环氧树脂合成的反应机理及影响合成的主要因素有哪些?

2. 什么叫环氧值和环氧当量? 如何进行测量?

附　实验操作流程单

如表 2.14 所示。

表 2.14　实验操作流程单

步骤	添加物	用量	温度	时间	要求
步骤1	双酚 A	30.0g	升温至 50℃	15min	保持温度
	环氧氯丙烷	34.0g			
步骤2	30%氢氧化钠水溶液	35.0mL	50~60℃	2h	缓慢滴加
步骤3	—	—	70~75℃	1h	保持温度
步骤4	去离子水	30.0mL	70~75℃	15min	搅拌溶解
	甲苯	60.0mL			
步骤5	—	—	70~75℃	5min	静置分层除去水层
步骤6	步骤5树脂层	—	120℃	蒸馏至无流出物	蒸馏
步骤7	—	—	常温	—	出料

第六节　实验六　水性聚氨酯合成

聚氨酯由多异氰酸酯与多元醇反应而成,其中氨基甲酸酯链段是重复的结构单元。聚氨酯结构中具有类似酰氨基团及酯基团的结构,因此,聚氨酯的化学性质与物理性质介于聚酰胺和聚酯之间。

水性聚氨酯 (waterborne polyurethane,简称 WPU) 是以水为介质的二元胶态体系,包括聚氨酯水溶液、水分散液和水乳液三种。聚氨酯粒子分散于连续的水相中,称为水性 PU 或水基 PU。它具有无毒,不易燃烧,不污染环境,节能,安全可靠,不易损伤被涂饰表面,易操作和改性等优点。

一、实验目的

掌握水性聚氨酯的合成方法。

二、实验原理

1. 合成机理

水性聚氨酯的合成可分为两个阶段：第一阶段为预逐步聚合，即由低聚物二醇、扩链剂、水性单体、二异氰酸酯通过溶液逐步聚合，生成分子量为 10^3 量级的水性聚氨酯预聚体；第二阶段为中和后预聚体在水中的分散。根据扩链反应的不同，自乳化法主要有丙酮法和预聚体分散法。

2. 乳化原理

利用中和剂或成盐剂，使水性聚氨酯的侧基（—COOH）或叔氨基（—NR₃）在高速搅拌作用下分散于水中。中和剂或成盐剂的选择原则是：使树脂稳定性好，色浅，外观好且经济易得。乳化过程中，理想的状态是聚氨酯大分子链上的疏水部分卷曲聚集在乳胶中心。亲水基团分布在乳胶粒表面，并指向外围水相，粒子界面上离子结合体分裂形成双电层，通过化学键连接在聚氨酯骨架上的阴（阳）离子，保留固定在粒子表面，而离子则迁移至粒子周围的水相中，在微球表面形成 φ 电势的电荷层，从而加强水分散体的稳定性。

三、实验原料

聚丙二醇（RFPPG-500）、甲苯-2,4-二异氰酸酯（TDI）、2,2-二羟甲基丙酸（DMPA）、三乙胺（TEA）、丙酮（ACE）、二甲苯（DMB）、去离子水（DIW）。

四、仪器设备

套式恒温器、强力电动搅拌机、电子天平、恒温干燥箱、旋转黏度计、傅里叶变换红外光谱仪。

五、实验步骤

1. 实验配方

如表 2.15 所示。

表 2.15　水性聚氨酯实验配方

试剂	作用	用量
DMPA	亲水扩链剂	0.05g
TDI	单体	10.7mL
TEA	中和剂	1.0mL
DIW	乳化剂	60.0mL
丙酮	溶剂	90.0mL
RFPPG-500	单体	24.0mL

2. 操作流程

（1）初聚体的制备 在装有搅拌、温度计、冷凝管的三口烧瓶中，先加入丙酮 60mL，然后 RFPPG-500 24mL，在搅拌的情况下加入 TDI 10.7mL，在 60～65℃下反应 1h 左右。

（2）初聚体的扩链 把亲水扩链剂 DMPA 0.05g 溶解于 30mL 丙酮中，加入反应器中升温到 80℃左右反应 1h，进行扩链反应，进一步提高预聚体的分子量。

（3）预聚体的中和 对预聚体进行降温，当温度达到 40℃左右时，加入计量好的中和剂三乙胺 1mL，快速搅拌混合，得到中间体。

（4）乳化 将去离子水 60mL 缓慢加入中间体中，同时高速搅拌乳化，得到水性聚氨酯分散体。

其中当黏度过高时用丙酮（或二甲苯）调节黏度。

六、结果计算

固含量的计算：

$$固含量 = \frac{W_2 - W_0}{W_1 - W_0} \times 100\% \tag{2.7}$$

式中 W_0——称量瓶空瓶质量，g；

W_1——烘干前装有树脂的称量瓶质量，g；

W_2——烘干后装有树脂的称量瓶质量，g。

七、数据处理

如表 2.16 所示。

表 2.16 水性聚氨酯树脂的性能

序号	旋转黏度/mPa·s	固含量/%	冻融稳定性
1			
2			
3			
平均值			

八、思考题

1. 丙酮在实验前和实验中分别起什么作用？对反应时间有什么影响？
2. 如何获得高分散性的水性聚氨酯？

附 实验操作流程单

如表 2.17 所示。

表 2.17 实验操作流程单

步骤	添加物	用量	温度/℃	时间/h	要求
步骤1	ACE	60.0mL	室温	—	先加 ACE，再加 RFPPG-500
	RFPPG-500	24.0mL			

步骤	添加物	用量	温度/℃	时间/h	要求
步骤2	TDI	10.7mL	60~65	1	在搅拌的情况下加入TDI
步骤3	DMPA	0.05g	80	1	先将DMPA溶解到ACE中
	ACE	30.0mL			
步骤4	—	—	40	温度降到40℃	降温
步骤5	TEA	1.0mL	40	0.5	快速搅拌混合
步骤6	DIW	60.0mL	—	—	高速搅拌乳化

第七节 实验七 氨基树脂合成

用氨基树脂作交联剂的涂膜具有优良的光泽、保色性、硬度、耐药品性、耐水及耐候性等。因此，以氨基树脂作交联剂的涂料广泛地应用于汽车、工农业机械、钢制家具、家用电器和金属预涂等方面。氨基树脂在酸催化剂存在时，可在低温烘烤或在室温固化，这种性能可用于反应型的双组分木材涂料和汽车修补用涂料。

一、实验目的

掌握氨基树脂的合成方法。

二、实验原理

以含有氨基官能团的化合物与醛类（主要是甲醛）经缩聚反应制得的热固性树脂称为氨基树脂，氨基树脂在模塑料、黏结材料、层压材料、纸张处理剂等方面有广泛的应用。用于涂料的氨基树脂需再以醇类改性，使它能溶于有机溶剂，并与主要成膜树脂有良好的混溶性和反应性。氨基化合物主要是尿素、三聚氰胺和苯代三聚氰胺。

在涂料中，由氨基树脂单独加热固化所得的涂膜硬而脆，且附着力差，因此它常与基体树脂如醇酸树脂、聚酯树脂、环氧树脂等配合，组成氨基树脂涂料。氨基树脂涂料中氨基树脂作为交联剂，它提高了基体树脂的硬度、光泽、耐化学性以及烘干速度，而基体树脂则克服了氨基树脂的脆性，改善了附着力。该涂料在一定的温度下经过短时间烘烤后，即可形成强韧的三维结构涂膜。

与醇酸树脂相比，氨基树脂涂料的特点是：清漆色泽浅，光泽度高，硬度高，有良好的电绝缘性；色漆外观丰满，色彩鲜艳，附着力优良，耐老化性好，具有良好的抗性；干燥时间短，施工方便，有利于涂装的连续化操作。

合成氨基树脂的反应式：

$$n\text{H}_2\text{N—CO—NH}_2 + n\text{HCHO} \longrightarrow \text{H—[NH—CO—NH—CH}_2]_{\overline{n}} \text{OH} + (n-1)\text{H}_2\text{O}$$

三、实验原料

甲醛水溶液 [37%（质量分数），密度为 $1.10~1.11\text{g/cm}^3$，pH 值为 $3.47~3.50$，甲醇含量低于1%]，六亚甲基四胺（HEXA）、尿素。

四、仪器设备

四口烧瓶（500mL）、冷凝管、水浴锅、温度计。

五、实验步骤

1. 实验配方

如表 2.18 所示。

表 2.18　氨基树脂实验配方

试剂	用量/g
甲醛水溶液	15.0
尿素	7.6
六亚甲基四胺（HEXA）	0.0236

2. 操作流程

（1）设定甲醛与尿素摩尔比为 1.46∶1，在室温约 23℃环境下，称量 15 g 甲醛水溶液并倒入四口烧瓶内，水浴缓慢加热至 30℃，开始回流冷凝。

（2）待甲醛水溶液清澈透明后，加入 7.6 g 尿素和 0.0236 g 六亚甲基四胺，混合均匀。因尿素溶解吸热，使体系内温度骤降至 15℃以下，此时缓慢升温溶解，待体系温度达到 30℃时，测定溶液的 pH 值在 8.5 ~ 9.0 之间。

（3）继续缓慢加热至 30℃、40℃、50℃、60℃、70℃，反应设定时间 0 ~ 370 min，达到反应要求后即终止反应。

将不同反应时间下的 pH 值记录在表 2.19 中。

表 2.19　氨基树脂的 pH 值与反应时间

pH值	反应时间

六、结果计算

固含量的计算：

$$固含量 = \frac{W_2 - W_0}{W_1 - W_0} \times 100\% \tag{2.8}$$

式中　W_0——称量瓶空瓶质量，g；

　　　W_1——烘干前装有树脂的称量瓶质量，g；

　　　W_2——烘干后装有树脂的称量瓶质量，g。

七、数据处理

如表 2.20 所示。

表 2.20　氨基树脂的性能

序号	旋转黏度/mPa·s	固含量/%
1		
2		
3		
平均值		

八、思考题

1. 影响氨基树脂质量的因素有哪些?
2. 反应温度、反应时间对反应程度有什么影响?

附　实验操作流程单

如表 2.21 所示。

表 2.21　实验操作流程单

步骤	添加物	用量/g	温度	时间	要求
步骤1	甲醛水溶液	15.0	升温至30℃	—	回流冷凝
步骤2	尿素	7.6	升温至30℃	—	pH=8.5～9.0
	六亚甲基四胺	0.0236			
步骤3	—	—	升温	0～370 min	程序升温，30℃、40℃、50℃、60℃、70℃

第八节　实验八　纳米杂化丙烯酸树脂合成

随着水性涂料的快速发展，功能各异的水性涂料被应用到不同领域，单一性能的涂料不能满足市场要求，因此需要对树脂进行改性，纳米粒子改性是其中一个重要的研究方向。纳米杂化树脂是一种新型环保水性树脂：采用单晶二氧化钛、二氧化硅等纳米颗粒，通过定位交联形成多支骨架结构，形成高分子聚合物水分散体。

一、实验目的

掌握纳米杂化丙烯酸树脂的制备原理，并能合成纳米杂化丙烯酸树脂。

二、实验原理

利用原位法制备纳米二氧化硅和二氧化钛，而后进行原位聚合反应得到纳米杂化丙烯酸树脂。具体过程如图 2.2 所示。

三、实验原料

钛酸正丁酯、正硅酸四乙酯（TEOS）、γ-甲基丙烯酰氧基丙基三甲氧基硅烷（KH-570）、乙醇、冰醋酸（HAc）、过硫酸铵（APS）、丙烯酸（AA）、苯乙烯（ST）、甲基丙烯酸甲酯

（MMA）、丙烯酸丁酯（BA）、甲基丙烯酸羟乙酯（HEMA）、去离子水、OP 乳化剂。

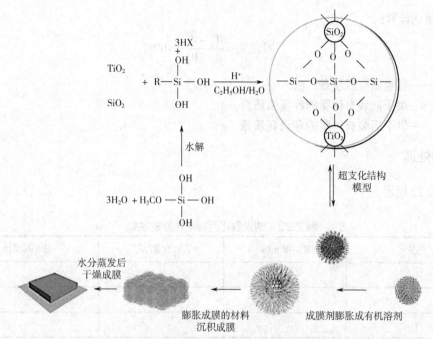

图 2.2　水性纳米杂化丙烯酸树脂合成过程

四、仪器设备

电子天平、恒温水浴锅。

五、实验步骤

1. 纳米钛硅混合物的制备

（1）将钛酸正丁酯、正硅酸四乙酯和 KH-570 以 2:7:1 的质量比均匀混合，得到钛硅混合物。

（2）将去离子水和乙醇以 1:5 的质量比均匀混合，得到乙醇水溶液。

（3）取 1 份钛硅混合物、5 份乙醇水溶液混合均匀，然后用 10%（质量分数）的冰醋酸调节溶液的 pH 值至 5.0。

（4）在 50℃下搅拌 2 h，直到钛酸正丁酯和正硅酸四乙酯分别水解成二氧化钛和二氧化硅，得到纳米钛硅混合物。

2. 水性纳米杂化丙烯酸树脂的制备

（1）将 5 份 10%（质量分数）的过硫酸铵水溶液添加到所制备的纳米钛硅混合物中，搅拌均匀。

（2）以 3:40:20:25:12 的质量比将丙烯酸、苯乙烯、甲基丙烯酸甲酯、丙烯酸丁酯和甲基丙烯酸羟乙酯混合，得到单体混合物，然后加入 OP 乳化剂［乳化剂的加入量为单体混合物总量的 1%（质量分数）］对单体混合物进行预乳化，得到预乳液。

（3）在 60℃下，将预乳液缓慢滴加到步骤（1）的混合溶液中。滴加完毕后，升温至 90℃，继续反应 2 h，得到水性纳米杂化丙烯酸树脂。

六、结果计算

固含量的计算：

$$固含量 = \frac{W_2 - W_0}{W_1 - W_0} \times 100\%$$ (2.9)

式中 W_0——称量瓶空瓶质量，g;

      W_1——烘干前装有树脂的称量瓶质量，g;

      W_2——烘干后装有树脂的称量瓶质量，g。

七、数据处理

如表 2.22 所示。

表 2.22   纳米杂化丙烯酸树脂的性能

序号	旋转黏度/mPa·s	固含量/%	冻融稳定性
1			
2			
3			
平均值			

八、思考题

1. 如何控制二氧化钛和二氧化硅纳米颗粒的粒径大小?

2. 为什么预乳液滴加完毕后需要进一步升温?

附   实验操作流程单

如表 2.23 所示。

表 2.23   实验操作流程单

步骤	添加物	用量/g	温度	时间	要求
步骤1	钛酸正丁酯		室温	5 min	制备钛硅混合物
	正硅酸四乙酯				
	KH-570				
步骤2	去离子水		室温	5 min	配制乙醇水溶液
	乙醇				
步骤3	钛硅混合物+乙醇水溶液		室温	5 min	混合均匀，得到钛硅乙醇水溶液
步骤4	冰醋酸		室温	5 min	调节步骤3溶液至 pH=5.0
步骤5	步骤4混合溶液		50℃	2 h	水浴搅拌，得到纳米钛硅混合物
步骤6	过硫酸铵水溶液		室温	5 min	添加到步骤5的混合物中，混合均匀

步骤	添加物	用量/g	温度	时间	要求
步骤7	丙烯酸 苯乙烯 甲基丙烯酸甲酯 丙烯酸丁酯 甲基丙烯酸羟乙酯		室温	10min	混合均匀，得到单体混合物
步骤8	OP乳化剂		室温	15min	添加到步骤7的混合物中，得到预乳液
步骤9	预乳液		60℃	—	滴加到步骤5得到的溶液中
步骤10			90℃	2h	升温反应
步骤11			室温		降温冷却，测试树脂的黏度、固含量和冻融稳定性

第九节　实验九　紫外光固化树脂合成

紫外光（UV）固化树脂是一种无溶剂型树脂，采用 UV 固化成膜，涂膜平整光滑并具有耐水、耐热、耐溶剂、耐腐蚀、抗划伤等性能。UV 树脂固化后，涂膜中基本没有或含有极少量的挥发性有机物（VOC），不会对人体及环境造成很大危害。UV 树脂有固化速率快、节约能源、环境友好、生产效率高等特点，被广泛应用于化工、机械、汽车、电子等领域。

一、实验目的

掌握紫外光固化树脂的合成方法。

二、实验原理

UV 固化反应的原理是光引发剂吸收紫外光后，被激发产生活性自由基或阳离子，进而引发体系中的不饱和预聚物和单体发生聚合、交联反应。UV 固化聚合反应主要包括光引发自由基聚合和光引发阳离子聚合两类。其中绝大多数采用光引发自由基聚合，反应过程包括链引发、链增长、链转移和链终止。

三、实验原料

聚甲基三乙氧基硅烷（PTS）、二甲基二乙氧基硅烷（DDS）、γ-甲基丙烯酰氧基丙基三甲氧基硅烷（KH-570）、光引发剂 369、稀盐酸、乙醇、去离子水（DIW）。

四、仪器设备

三口烧瓶、旋转蒸发仪、温度计、载玻片、高压汞灯。

五、实验步骤

1. 实验配方

如表 2.24 所示。

表 2.24　紫外光固化树脂实验配方

试剂	用量/g
聚甲基三乙氧基硅烷（PTS）	20.0
二甲基二乙氧基硅烷（DDS）	4.0
乙醇	16.0
去离子水（DIW）	2.9
稀盐酸	适量
KH-570	8.0
光引发剂369	0.3

2. 操作流程

（1）将 20.0g PTS、8.0g KH-570、4.0g DDS、16.0g 乙醇、2.9g 去离子水加入带有温度计的三口烧瓶中，用稀盐酸调节 pH 值至 6.5～7.0，升温至 75℃，反应 5 h。

（2）将产物于 85℃用旋转蒸发仪旋蒸 30 min，得到的液体为 UV 固化有机硅预聚体。

（3）将 0.3 g 光引发剂 369 添加到 UV 固化有机硅预聚体中，在一定温度下使其完全溶解，混合后均匀涂于干净的载玻片上（载玻片事先在丙酮中泡一段时间，然后用去离子水洗净并干燥）。经 500 W 高压汞灯（距离 20 cm）照射一定时间，固化成膜。

六、数据处理

如表 2.25 所示。

表 2.25　紫外光固化树脂的性能

序号	成膜时间/s
1	
2	
3	
平均值	

七、思考题

1. 紫外光固化时间对树脂成膜性能有何影响？
2. 涂有紫外光固化树脂的载玻片与高压汞灯间的距离对成膜性能有何影响？

附　实验操作流程单

如表 2.26 所示。

表 2.26　实验操作流程单

步骤	添加物	用量/g	温度	时间	要求
步骤1	聚甲基三乙氧基硅烷（PTS）	20.0	升温至75℃	5 h	调节 pH 值至6.5～7.0
	二甲基二乙氧基硅烷（DDS）	4.0			
	乙醇	16.0			
	去离子水	2.9			
	KH-570	8.0			
	稀盐酸	适量			
步骤2	—	—	85℃	30 min	旋转蒸发
步骤3	光引发剂369	0.3	—	—	高压汞灯照射

第三章

涂料用树脂本征化学性能测定

第一节 实验十 环氧值的测定

环氧值的高低对于环氧树脂的反应活性影响非常大，是鉴别环氧树脂性质的最主要的指标，也是计算固化剂用量的依据。环氧树脂的分子量越高，环氧值相应降低。一般低分子量环氧树脂的环氧值在 0.48～0.57 之间。环氧值是指 100g 环氧树脂中所含环氧基团的物质的量。环氧基的多少还可用环氧基百分含量或环氧当量表示。环氧基百分含量：每 100g 树脂中含有的环氧基质量。环氧当量：相当于 1mol 环氧基的环氧树脂质量（g）。

一、实验目的

掌握低分子量环氧树脂的环氧值测定方法及计算。

二、实验原理

分子量小于 1500 的环氧树脂，其环氧值测定用盐酸-丙酮法，反应式为：

$$—HC—CH_2+HCl \xrightarrow{\text{丙酮}} \begin{matrix} H \\ | \\ —C—CH_2—Cl \\ | \\ OH \end{matrix}$$

（左侧 HC—CH₂ 通过 O 相连形成环氧基）

$$HCl+NaOH \longrightarrow NaCl+H_2O$$

过量的盐酸用碱滴定，从而计算得到环氧值。

三、实验原料

丙酮-盐酸（PA-HCl）溶液（盐酸:丙酮=1:40，体积比，密闭贮存于玻璃瓶中）、环氧树脂（可以选用 E44、E42 等）、氢氧化钾-乙醇（KOH-EtOH）溶液、邻苯二甲酸氢钾（KHP）、酚酞指示剂、去离子水（DIW）。

四、仪器设备

分析天平（分度值 0.0001g）、容量瓶（1000mL）、小烧杯（5mL）、具塞磨口三角烧瓶、碱式滴定管。

五、实验步骤

（1）KOH-EtOH 溶液的配制　称取 30mL 去离子水缓慢加入 58g 左右 KOH，并搅拌至 KOH 不再溶解，静置后移取 15mL 上层清液于容量瓶中，加 95%的乙醇稀释至 1000mL，密闭放置一定时间直至溶液澄清，取上层清液待用。

（2）KOH-EtOH 的标定　称取 0.4g 左右（精确至 0.0001g）的 KHP，溶于 25mL 去离子水中，加 2 滴酚酞指示剂，用配好的 KOH-EtOH 溶液滴定至呈粉红色，平行 3 次，同时做空白试验（只加去离子水）。

（3）环氧值测定　准确称取环氧树脂 0.3 g 左右（精确至 0.0001 g），置于 250mL 具塞磨口三角烧瓶中，精确加入 PA-HCl 溶液 10mL，密闭，摇匀后置于暗处，静置 60min 确保试样完全溶解（可以超声加速溶解）。加入酚酞指示剂 1～2 滴，用标定好的 KOH-EtOH 标准溶液滴定至粉红色，平行滴定 3 次，同时做空白试验 3 次（只加 PA-HCl 混合液）。

六、结果计算

1. KOH-EtOH 浓度的计算

$$C = \frac{m \times 1000}{204.22 \times (V_2 - V_1)} \tag{3.1}$$

式中　C——KOH-EtOH 的浓度，mol/L；

　　　m——KHP 的质量，g；

　　　V_2——滴定 KHP 消耗 KOH-EtOH 溶液的体积，mL；

　　　V_1——空白试验消耗 KOH-EtOH 溶液的体积，mL（特别注意：一般只需要一滴，估计为 0.05mL）；

　　204.22——KHP 的摩尔质量，g/mol。

2. 环氧值的计算

$$E = \frac{c(V_3 - V_4)}{1000W} \times 100 \tag{3.2}$$

式中　E——环氧值，环氧当量/100g 树脂；

　　　C——KOH-EtOH 溶液的浓度，mol/L；

　　　V_3——空白试验所消耗的 KOH-EtOH 溶液的体积，mL；

　　　V_4——试样所消耗的 KOH-EtOH 溶液的体积，mL；

　　　W——环氧树脂的质量，g。

七、数据处理

如表 3.1 和表 3.2 所示。

表 3.1　KOH-EtOH 浓度

序号	m/g	V_1/mL	V_2/mL	C/（mol/L）
1				
2				
3				
平均值				

表 3.2 环氧值

序号	W/g	V_3/mL	V_4/mL	$C/$（mol/L）	E
1					
2					
3					
平均值					

八、思考题

1. 环氧值对于环氧树脂交联固化有什么指导作用?
2. 环氧值、环氧基百分含数和环氧当量之间有什么关系?

第二节　实验十一　碘值的测定

碘值是指试样在标准规定的操作条件下，100g 油脂样品发生加成反应所需碘的质量。碘值的大小在一定范围内反映了油脂的不饱和程度，例如，大豆油的碘值是 124~136，奶油的碘值是 26~45，说明大豆油的不饱和程度比奶油大。碘值越高，油脂的不饱和程度越高，越易吸收空气中的氧而氧化成膜。一般碘值在 150 以上的油脂称为干性油，碘值在 100~150 的油脂称为半干性油，而碘值低于 100 的油脂称为不干性油。可以根据碘值的高低判断油脂的干性程度，所以碘值的测定在涂料行业中是非常重要的。

一、实验目的

掌握植物油碘值的测定方法及计算。

二、实验原理

将试样溶解在溶剂中并加入韦氏（Wijs）试剂（ICl），在规定的时间后加入碘化钾（KI）和去离子水（DIW），用硫代硫酸钠（$Na_2S_2O_3$）溶液滴定析出的碘。根据试样消耗 $Na_2S_2O_3$ 的量计算碘值。卤素中的氯、溴、碘与不饱和物的作用是不同的，如氯与被测物既能起加成反应又能发生取代反应；用碘与被测物反应时只能进行缓慢的加成反应，不能产生饱和反应物。所以在测定碘值时，不能使用单质的碘而是用氯化碘（ICl）的冰醋酸溶液来代替，这样可以得到完全饱和的化合物，根据 ICl 的用量来计算碘值。

其反应是 ICl 在不饱和被测物双键位置上的加成作用：多余 ICl 与 KI 反应生成游离碘，$ICl + KI \longrightarrow I_2 + KCl$。再以 $Na_2S_2O_3$ 滴定游离碘，$I_2 + 2Na_2S_2O_3 \longrightarrow 2NaI + Na_2S_4O_6$。通过 $Na_2S_2O_3$ 的消耗量计算出 ICl 的消耗量。

三、实验原料

（1）KI 溶液：100g/L，不含碘酸盐或游离碘。

（2）淀粉溶液：将 5g 可溶性淀粉混合在 30mL 水中，加入 1000mL 沸水，并煮沸 3min，然后冷却。

（3）$Na_2S_2O_3$ 标准滴定溶液：0.1mol/L，按 GB/T 601—2016 配制和标定，7d 内使用。

（4）溶剂：环己烷和冰醋酸等体积混合。

（5）韦氏（Wijs）试剂：含 ICl 的冰醋酸溶液。配制方法为：将 25g ICl 溶于 1500mL 冰醋酸中。韦氏试剂中 I/Cl 的摩尔比应控制在 1.10±0.1 的范围之内。

韦氏试剂稳定性较差，为了使测试结果准确，应做空白的对照测试。配制韦氏试剂所用冰醋酸应符合质量要求，且不得含有还原物质。鉴定是否含有还原物质的方法：取冰醋酸 2mL，用 10mL 去离子水稀释，加入 1 mol/L 高锰酸钾 0.1mL，所呈现的颜色应在 2 h 内保持不变；如果红色褪去，说明有还原物质存在。

冰醋酸精制：取冰醋酸 800mL 置于圆底烧瓶中，加入 8～10g 高锰酸钾，加热回流约 1h，移入蒸馏瓶中进行蒸馏，收集 118～119℃之间的馏出物。

四、仪器设备

分析天平（分度值 0.001g）、具塞锥形瓶（500mL）、小烧杯（5mL）。

五、实验步骤

空白试验→称样→加溶剂→加 Wijs 试剂→暗处反应→加 KI 溶液和去离子水→滴定至近终点→加淀粉溶液→继续滴定至终点。

（1）称样：根据碘值的大小来称取试样的质量，如表 3.3 所示。

表 3.3　试样称取质量

碘值/（g/100g）	试样质量/g	溶剂体积/mL
<1.5	15.0	25.0
1.5～2.5	10.0	25.0
2.5～5	3.0	20.0
5～20	1.0	20.0
20～50	0.4	20.0
50～100	0.2	20.0
100～150	0.13	20.0
150～200	0.1	20.0

（2）将装有试样的小烧杯放入 500 mL 具塞锥形瓶中，依据表 3.3，加入与试样质量相对应体积的溶剂溶解试样，用移液管准确加入 25.00mL Wijs 试剂，盖好塞子，摇匀后将具塞锥形瓶置于暗处。用同样的试剂和仪器做空白试验。

对于碘值低于 150g/100g 的试样，具塞锥形瓶应放在暗处反应 1 h。碘值高于 150g/100g、已聚合的、含有共轭脂肪酸的（如桐油、脱水蓖麻油）、含有任何一种酮类脂肪酸（如不同程度的氢化蓖麻油）的试样，以及氧化到相当程度的试样，应置于暗处 2h。

（3）反应结束后加 20 mL KI 溶液和 150 mL 去离子水，用标定的 $Na_2S_2O_3$ 标准滴定溶液滴定至碘的黄色接近消失。加几滴淀粉溶液继续滴定，边滴定边轻轻摇晃具塞锥形瓶，直到蓝色恰好消失。同样做空白溶液的测定。

六、结果计算

碘值的计算：

$$W_1 = \frac{12.69 \times C \times (V_1 - V_2)}{m} \tag{3.3}$$

式中 W_1——试样的碘值，用每 100 g 试样吸取碘的克数表示，g/100g；

 C——$Na_2S_2O_3$ 标准溶液的浓度，mol/L；

 V_1——空白试验用去的 $Na_2S_2O_3$ 标准溶液的平均体积，mL；

 V_2——滴定试样用去的 $Na_2S_2O_3$ 标准溶液体积，mL；

 m——试样的质量，g；

12.69——与 1L 0.1mol/L $Na_2S_2O_3$ 标准溶液相当的碘的质量为 12.69g。

测定结果的取值要求见表 3.4。

表 3.4　测定结果的取值要求

W_1/（g/100g）	结果精确到
<20	0.1
20 ~ 60	0.5
>60	1.0

七、数据处理

如表 3.5 所示。

表 3.5　碘值测定结果

序号	m/g	V_1/mL	V_2/mL	C/（mol/L）	W_1/（g/100g）
1					
2					
3					
平均值					

八、思考题

1. Wijs 试剂配制过程中的注意事项有哪些？
2. 如何配制 $Na_2S_2O_3$ 标准溶液？

第三节　　**实验十二　羟值的测定**

羟值是指中和通过乙酰化反应与 1 g 不饱和聚酯树脂化合的乙酸，所消耗的氢氧化钾的毫克数，单位为 mgKOH/g。

一、实验目的

测定不饱和聚酯树脂的羟值。

二、实验原理

以对甲苯磺酸作催化剂，在乙酸乙酯中，利用乙酸酐与羟基乙酰化反应进行羟值的测定。过量的乙酸酐用吡啶/水混合液水解，生成的乙酸用氢氧化钾-甲醇（KOH-MeOH）标准溶液滴定。滴定中，存在于树脂中的游离酸也被碱中和，所以羟值是在单独测定酸值后，最后计算求得。

过量的酸酐与产品中的羟基反应生成酯和酸，多余的酸酐水解成酸，再用碱进行中和滴定。反应方程式如下：

$$H_3C-\overset{O}{\underset{O}{\underset{|}{C}}}\underset{\overset{|}{C}-CH_3}{O} + ROH \longrightarrow H_3C-\overset{O}{C}-OH + H_3C-\overset{O}{C}-OR$$

$$H_3C-\overset{O}{\underset{O}{\underset{|}{C}}}\underset{\overset{|}{C}-CH_3}{O} + H_2O \longrightarrow 2H_3C-\overset{O}{C}-OH$$

$$H_3C-\overset{O}{\underset{O}{\underset{|}{C}}}\underset{\overset{|}{C}-CH_3}{O} + 2NaOH \longrightarrow 2H_3C-\overset{O}{C}-ONa + H_2O$$

根据所消耗掉 NaOH 量的差值，可计算出产品的羟值。由于滴定终点颜色变化不易观察，因此通过电位来指示终点。

三、实验原料

（1）乙酸化溶液：将 14g 纯净、干燥的对甲苯磺酸溶于 111mL 乙酸乙酯中，当完全溶解时，在搅拌下缓慢地加入 12mL 新蒸馏的乙酸酐，保存在干燥器中。注：推荐乙酸酐用五氧化二磷干燥处理后，过滤、蒸馏备用。

（2）吡啶/水混合液：体积比为 3:2。

（3）混合指示剂：将 3 体积 0.1%百里酚蓝乙醇溶液与 1 体积 0.1%甲酚红乙醇溶液混合。

（4）正丁醇/甲苯混合液：体积比为 2:1。

（5）KOH-MeOH 标准溶液：0.5 ~ 0.6mol/L，按 GB/T 601—2016 进行配制。

以上所用化学试剂均为分析纯。

四、仪器设备

碘瓶（250mL）、滴定管（50mL）、移液管（10mL）、磁力搅拌器、恒温水浴锅、分析天平（分度值 0.0001g）、电位滴定仪。

五、实验步骤

（1）称取 3 ~ 5g 约含 5mg 当量羟基的试样 ［试样质量（g）=280/羟值］，精确到 0.0001g。如果羟值的近似值不确定，应按本方法做初步实验。将试样放入 250mL 碘瓶中，加入 10mL 乙酰化溶液，并放入磁力搅拌棒，立即塞上瓶塞，用乙酸乙酯湿润瓶口，然后开动磁力搅拌器搅拌，使试样溶解（不易溶解的试样，可稍加热或再加入 5～10mL 酰化溶液，使之溶解）。

（2）将碘瓶置于（50±1）℃的水浴中，浸入深度约 10 mm，保持 45min，也可以在保持结果不变的情况下，适当减少时间。

（3）取出碘瓶，冷却至室温，加入 2mL 蒸馏水，在搅拌下充分混合，再加 10mL 吡啶/水混合液，搅拌 5min。

（4）用 30～60mL 正丁醇/甲苯混合液，冲洗瓶塞和瓶内壁。加入 5 滴混合指示剂，在不断搅拌下，用 KOH-MeOH 标准溶液滴定。

当溶液由黄色变得清澈时，再加入 2～3 滴混合指示剂，继续滴定，直到溶液由黄色变为蓝色，即为终点。记下消耗的 KOH-MeOH 标准溶液的体积 V_1。如果溶液的颜色很深或溶液不清时，可用电位滴定代替指示剂确定终点，用甘汞电极作参比电极，玻璃电极作指示电极。

（5）在相同条件下做空白试验，记下消耗的 KOH-MeOH 标准溶液的体积 V_2。

六、结果计算

羟值的计算：

$$H_v = \frac{(V_2 - V_1)N \times 56.1}{G} + A_v \tag{3.4}$$

式中　H_v——不饱和聚酯树脂的羟值，mgKOH/g；

V_1——滴定试样时所消耗的 KOH-MeOH 标准溶液的体积，mL；

V_2——滴定空白试样时所消耗的 KOH-MeOH 标准溶液的体积，mL；

N——KOH 标准溶液的当量浓度，mol/L；

G——试样质量，g；

A_v——试样的酸值，mgKOH/g；

注意：（$V_2 - V_1$）可以是正值或负值。

七、数据处理

如表 3.6 所示。

表 3.6　不饱和聚酯树脂的羟值

序号	G/g	V_1/mL	V_2/mL	N/（mol/L）	A_v/（mgKOH/g）	H_v/（mgKOH/g）
1						
2						
3						
平均值						

八、思考题

1. 测定不饱和聚酯树脂羟值的意义是什么？

2. 如何确定试样的酸值？

胺类固化剂是广泛用作环氧树脂固化剂的有机多胺类化物。有单一多胺、混合多胺、改性多胺和共熔混合多胺四类。单一多胺主要是脂肪胺、脂环胺、芳香胺和聚酰胺四种。脂肪胺和聚酰胺是室温固化剂；而芳香胺需加热固化，其固化物的耐热性、机械强度和耐腐蚀性远优于脂肪胺。

胺值反映的是该固化剂的反应活性，某种情况下也反映了该类固化剂的官能度。胺值高，表示固化剂上氨基多，反应活性高，反应速率快。固化剂胺值的高低直接影响最后产品的性能。

一、实验目的

测定脂肪胺中胺的含量。

二、实验原理

酸碱滴定法是目前测定胺类固化剂胺值的通用方法。胺类固化剂（伯胺、仲胺、叔胺）都是电子给予体，是碱性化合物，在两性或酸性溶剂中呈碱性反应。因此可利用其碱性，用酸标准溶液进行滴定来测定其含量，通常采用以下2种方法：总胺值的测定方法（酸碱滴定法）和高氯酸-乙酸滴定法。

1. 盐酸-乙醇（或异丙醇等）滴定法

此方法适用于碱性较大的脂肪胺，其原理为：

$$RNH_2 + HCl \longrightarrow RNH_3^+ + Cl^-$$
$$R_2NH + HCl \longrightarrow R_2NH_2^+ + Cl^-$$
$$R_3N + HCl \longrightarrow R_3NH^+ + Cl^-$$

2. 高氯酸-乙酸滴定法

对于芳香胺、改性胺等碱性较弱的胺，在醇溶液中滴定时，终点变色不敏锐，滴定误差较大。采用高氯酸-乙酸滴定法则可获得更精确的结果，其原理为：

$$RNH_2 + HClO_4 \longrightarrow RNH_3^+ + ClO_4^-$$
$$R_2NH + HClO_4 \longrightarrow R_2NH_2^+ + ClO_4^-$$
$$R_3N + HClO_4 \longrightarrow R_3NH^+ + ClO_4^-$$

混合胺的总胺值：1g 混合胺中所含伯胺基、仲胺基和叔胺基的物质的量的总和，单位为mol/g。常用相当于中和 1g 混合胺所需氢氧化钾的毫克数来表示，即 mgKOH/g。

三、实验原料

（1）氢氧化钠（NaOH）：分析纯，0.05mol/L 溶液。

（2）无水碳酸钠（Na$_2$CO$_3$）：分析纯。

（3）无水乙醇（EtOH）：基准试剂。

（4）异丙醇（IPA）：分析纯。

（5）盐酸（HCl）：密度为 1.19g/mL。

（6）HCl-IPA 标准溶液（0.5mol/L）：在 2L 容量瓶中，加入 1000mL IPA 溶液，再加入85ML HCl 溶液摇匀，再用 IPA 溶液稀释至刻度，以溴甲酚绿钠盐为指示剂，用 Na$_2$CO$_3$ 标定。

（7）0.1%溴甲酚绿钠盐溶液，其配制方法如下：称取 0.1g 溴甲酚溶于 100mL 水中，其中加入 0.05mol/L NaOH 溶液 1mL。

（8）0.2%溴酚蓝溶液，其配制方法如下：称取 0.2g 溴酚蓝溶于 100mL EtOH 中。

四、仪器设备

锥形瓶（250mL）、容量瓶（100mL、1000mL）、分析天平（分度值 0.0001g）、滴定管（50mL）。

五、实验步骤

在 250mL 锥形瓶中，加入适量 1～5g 试样（视胺值大小而定，精确至 0.0001g），然后加入 50ML EtOH，在电炉上煮沸 1min，除去游离氨。冷却至室温，加入 5 滴溴酚蓝指示剂，用 0.5mol/L HCl-IPA 溶液滴定至黄色为终点。

六、结果计算

总胺值 X（mgKOH/g）的计算：

$$X = \frac{V \times C \times 56.11}{m} \tag{3.5}$$

式中　C——HCl 标准溶液浓度，mol/L；

　　　V——HCl 标准溶液的用量，mL；

　　　m——试样质量，g；

　　　56.11——每摩尔 KOH 相当的质量。

七、数据处理

如表 3.7 所示。

表 3.7　胺值的计算

序号	V/mL	C/（mol/L）	m/g	X/（mgKOH/g）
1				
2				
3				
平均值				

八、思考题

1.测定不饱和聚酯树脂胺值的意义是什么？

2.如何测定总胺中伯胺、仲胺和叔胺的含量？

第五节　实验十四　酸值的测定

不饱和聚酯树脂的酸值定义为中和 1g 不饱和聚酯树脂试样所需要氢氧化钾的质量。它是不饱和聚酯树脂的一个重要参数，用于衡量树脂中游离羧基的含量或合成不饱和聚酯树脂时聚合反应进行的程度，并且酸值在制备复合材料时有重要的工艺意义。

一、实验目的

测定不饱和树脂的酸值。

二、实验原理

在试验条件下通过中和1g试样所需KOH的质量来计算酸值。把一定量的树脂样品溶于混合溶液中，以百里香酚蓝为指示剂，用氢氧化钾-乙醇（KOH-EtOH）标准溶液滴定至显示蓝色，根据滴定液的消耗量计算酸值。

三、实验原料

(1) 甲苯:无水乙醇=2:1（体积比）的混合溶剂。
(2) 百里香酚蓝指示液：0.1%的EtOH溶液。
(3) KOH-EtOH标准溶液：C(KOH)=0.1 mol/L。
(4) 丙酮：含水量低于0.1%（推荐用五氧化二磷干燥分析纯丙酮，然后常压蒸馏，接收稳定沸点馏分，丙酮含水量即可低于0.1%）。

四、仪器设备

分析天平（分度值0.001g）、锥形瓶（250mL）、滴定管（25mL）、移液管（50mL）、磁力搅拌器、微量水分测定仪、氮气瓶。

五、实验步骤

(1) 称取0.5～3g试样，准确至1mg，置于锥形瓶中，试样量取决于预期酸值的大小。
(2) 用移液管吸取50 mL混合溶剂，加入锥形瓶中，摇动至试样完全溶解。若试样未全溶，可在锥形瓶上装好冷凝器，置于水浴中加热。若试样溶解性差，在5min内不能完全溶解，则应重新称取试样，然后将其溶解在由50mL混合溶剂和25mL丙酮组成的新混合溶剂中，在试验报告中应注明这种情况。
(3) 将溶液冷却至室温，加入5滴百里香酚蓝指示液，把锥形瓶放在磁力搅拌器上，并通入氮气使溶液鼓泡。用KOH标准溶液滴定至蓝色，并能保持20～30s不消失即为终点。记下消耗的KOH标准溶液的体积。
(4) 用相应的混合溶剂进行空白试验，记下消耗的KOH标准溶液的体积。

六、结果计算

酸值A_v（mgKOH/g）的计算：

$$A_v = \frac{56.1 \times (V_1 - V_2) \times C}{m} \tag{3.6}$$

式中 V_1——滴定时试样消耗KOH标准溶液的体积，mL；

V_2——滴定时空白试验消耗KOH标准溶液的体积，mL；

C——KOH标准溶液的浓度，mol/L；

m——试样质量，g。

七、数据处理

如表 3.8 所示。

表 3.8 不饱和聚酯树脂的羟值

序号	V_1/mL	V_2/mL	C/（mol/L）	m/g	A_v/（mgKOH/g）
1					
2					
3					
平均值					

八、思考题

1. 测定不饱和聚酯树脂酸值的意义是什么？
2. 测定树脂中的羟值和酸值有什么差异？

第六节 实验十五 皂化值的测定

油脂在碱性条件下的水解反应是皂化反应，皂化值是指 1g 油脂完全皂化所需氢氧化钾（KOH）的质量。皂化值的大小可以反映油脂平均分子量的大小，与油脂分子量成反比。根据皂化值的大小，可以判断油脂中所含三酰甘油的平均分子量，也可以用来检验油脂的质量，不纯的油脂皂化值低。皂化反应仅限于油脂与氢氧化钠（NaOH）或氢氧化钾（KOH）混合，得到高级脂肪酸的钠/钾盐和甘油的反应。这个反应是制造肥皂流程中的一步，因此而得名。

一、实验目的

测定油脂（树脂）的皂化值。

二、实验原理

测定皂化值是利用酸碱中和法，将树脂在加热条件下与一定量的氢氧化钾-乙醇（KOH-EtOH）溶液进行皂化反应。剩余的 KOH 以酸标准溶液进行反滴定，并同时进行空白试验，求得皂化树脂耗用的 KOH 量。其反应式如下：

$$(RCOO)_3C_3H_5 + 3KOH \longrightarrow 3RCOOK + C_3H_5(OH)_3$$
$$RCOOH + KOH \longrightarrow RCOOK + H_2O$$
$$KOH + HCl \longrightarrow KCl + H_2O$$

三、实验原料

（1）KOH-EtOH 标准溶液（0.5mol/L）：在 1L 容量瓶中，加入 500mL EtOH 溶液（95%），再加入 28.1g KOH，摇匀，再用 EtOH 溶液（95%）稀释至刻度。

（2）盐酸（HCl）标准滴定溶液（0.5 mol/L）。

（3）酚酞指示剂。

四、仪器设备

分析天平（分度值 0.001g）、锥形瓶（250mL）、滴定管（50mL）、恒温水浴或油浴锅、磁力搅拌器、回流冷凝器。

五、实验步骤

（1）称取合适质量的试样。称取的试样质量要小于使得试样充分皂化时所消耗的 KOH 溶液体积的 1/2。试样的质量精确到 1mg 并置于 250mL 锥形瓶中。

（2）用滴定管加入 25mL 浓度为 0.5mol/L 的 KOH-EtOH 溶液，边搅拌边在水浴或油浴中加热锥形瓶中的试样至沸腾，并在沸点下回流 1h，使其充分皂化。

（3）向溶液中加入 3 滴酚酞指示剂，用 HCl 标准滴定溶液滴定该热溶液。

（4）进行空白试验，试验步骤同步骤（1）～（3）（但不加入试样）。

六、结果计算

皂化值 SV 的计算：

$$SV = \frac{(V_0 - V_1) \times C \times 56.1}{m} \tag{3.7}$$

式中　SV——皂化值，mgKOH/g；

　　　V_0——空白试验所消耗 HCl 标准滴定溶液的体积，mL；

　　　V_1——测定试验所消耗 HCl 标准滴定溶液的体积，mL；

　　　C——试验用 HCl 标准滴定溶液的实际浓度，mol/mL；

　　　56.1——与 1mL HCl（1mol/L）溶液相当的以毫克表示的 KOH 量；

　　　m——试样质量，g。

计算三次测定 SV 的平均值，精确到 0.1mgKOH/g。

七、数据处理

如表 3.9 所示。

表 3.9　油脂（树脂）的皂化值

序号	m/g	V_0/mL	V_1/mL	C/（mol/L）	SV/（mgKOH/g）
1					
2					
3					
平均值					

八、思考题

1. 测定油脂（树脂）皂化值的意义是什么？
2. 皂化值和不皂化物的关系是什么？

第七节 实验十六 溶解度参数的测定

溶解度参数（solubility parameters，缩写 SP），又称溶度参数，常用 δ 表示。常被用作预测非电解质/聚合物在给定溶剂中的溶解度。当作为溶质的聚合物与溶剂有类似 δ 值时，可能发生混溶或溶胀。通过测试溶解度参数可以了解不同聚合物之间的相容程度，为能否成功共混提供依据。两种高分子材料的溶解度参数越相近，则共混效果越好。如果两者的差值超过了 0.5，则一般难以共混均匀，需要添加增溶剂才可以。增溶剂的作用是降低两相的表面张力，使得界面处的表面被激化，从而提高相容的程度。增溶剂往往是一种聚合物，起到桥梁中介的作用。

高聚物的溶解度参数常被用于判断聚合物与溶剂的互溶性，对于选择高聚物的溶剂或稀释剂有着重要的参考价值。低分子化合物的溶解度参数一般是从汽化热直接测得，高聚物由于其分子间的相互作用能很大，欲使其汽化较困难，往往未达汽化点已先分解。所以聚合物的溶解度参数不能直接从汽化热直接测得，而是用间接方法测定。常用的有平衡溶胀法（测定交联聚合物）、浊度法、黏度法等。

一、实验目的

（1）了解溶解度参数的定义。
（2）掌握浊度法测定聚合物溶解度参数。

二、实验原理

在二元互溶体系中，只要某聚合物的溶解度参数 δ_p 在两个互溶溶剂的 δ 值的范围内，便可能调节这两个互溶混合溶剂的溶解度参数，使 δ_{sm} 值和 δ_p 很接近。只要把两个互溶溶剂按照一定的百分比配制成混合溶剂，该混合溶剂的溶解度参数 δ_{sm} 可近似地表示为：

$$\delta_{sm} = \varphi_1 \delta_1 + \varphi_2 \delta_2 \tag{3.8}$$

式中，φ_1、φ_2 分别表示溶液中组分 1 和组分 2 的体积分数。

浊度法是将待测聚合物溶于某一溶剂中，然后用沉淀剂（能与该溶剂混溶）来滴定，直至溶液开始出现浑浊为止，便得到在浑浊点混合溶剂的溶解度参数 δ_{sm} 值。

聚合物溶于二元互溶溶剂的体系中，允许体系的溶解度参数有一个范围。本实验选用两种具有不同溶解度参数的沉淀剂来滴定聚合物溶液，得到溶解该聚合物混合溶剂参数的上限和下限，取其平均值，即为聚合物 δ_p 的值。

$$\delta_p = \frac{\delta_{mh} + \delta_{ml}}{2} \tag{3.9}$$

式中，δ_{mh}、δ_{ml} 分别为高、低溶解度参数的沉淀剂滴定聚合物溶液，在浑浊点时混合溶剂的溶解度参数。

三、实验原料

粉末聚苯乙烯、粉末聚酯、粉末丙烯酸树脂、氯仿、正戊烷、甲醇、正丁醇、丙酮、环己酮、二甲苯。

四、仪器设备

自动滴定管（10mL）2 个（也可用普通滴定管代替）、大试管（25×200mm）4 个、移液管（5mL 和 10mL）各 1 支、容量瓶（5mL）1 个、烧杯（50mL）1 个。

五、实验步骤

（1）溶剂和沉淀剂的选择　首先确定聚合物样品溶解度参数 δ_p 的范围。取少量样品，在不同 δ 的溶剂中做溶解试验，在室温下如果不溶或溶解较慢，可以将聚合物和溶剂一起加热，并把热溶液冷却至室温，不析出沉淀才认为是可溶的。从中挑选合适的溶剂和沉淀剂。

（2）根据选定的溶剂配制聚合物溶液　称取 0.2g 左右的粉末聚苯乙烯（也可采用其他聚合物样品）溶于 25mL 的氯仿中。用移液管吸取 5mL（或 10mL）溶液，置于一试管中，先用正戊烷滴定聚合物溶液，出现沉淀。振荡试管，使沉淀溶解。继续滴入正戊烷，沉淀逐渐难以振荡溶解。滴定至出现的沉淀刚好无法溶解为止，记录用去的正戊烷体积 V_1。再用甲醇滴定，操作同正戊烷，记下所用甲醇体积 V_2。

（3）分别称取 0.1g、0.05g 左右的上述聚合物样品，溶于 25mL 的溶剂中，同上操作进行滴定。

（4）其他聚合物的溶解度参数，可用同样的方法测定。不同溶剂有不同的溶解度参数，根据需要选择合适的溶剂。

六、结果计算

（1）混合溶剂溶解度参数 δ_{mh} 和 δ_{ml} 的计算

$$\delta_{sm} = \varphi_1\delta_1 + \varphi_2\delta_2$$

（2）聚合物溶解度参数 δ_p 的计算

$$\delta_p = \frac{\delta_{mh} + \delta_{ml}}{2}$$

七、数据处理

如表 3.10 所示。

表 3.10　聚合物的溶解度参数

项目	0.05 g 样品	0.1 g 样品	0.2 g 样品
V_1			
V_2			
φ_1			
φ_2			
δ_{mh}			
δ_{ml}			
δ_{sm}			
δ_p			

八、思考题

1. 将实验及计算求得的聚合物溶解度参数值与参考数据加以比较，请分析所得结果和产生偏差的原因。

2. 在浊度法测定聚合物溶解度参数时，应根据什么原则考虑选择适当的溶剂及沉淀剂？

3. 溶剂与聚合物之间溶解度参数相近是否一定能保证二者相溶？为什么？举例说明。

4. 在用浊度法测定聚合物的溶解度参数中，聚合物溶液的浓度对测试结果有何影响？为什么？

第四章

涂料用颜填料改性及其性能测定

一、颜料

颜料是一种有色的颗粒状物质。一般不溶于水，能分散于各种溶剂、树脂等介质中。它具有遮盖力、着色力，对光相对稳定，常用于配制涂料、油墨，以及着色塑料和橡胶，因此又可称为着色剂。

在涂料中，颜料是色漆或有色涂层的必要组分。颜料赋予涂层色彩，增加机械强度，具有耐介质、耐候、耐热等性能。使用时颜料以微细固体粉末分散在成膜物中，颜料的细度、粒度、晶型、吸油度、表面物理化学活性等直接影响其着色力、遮盖力、分散稳定性、流变特性等。除此之外，即使颜料的化学结构相同，但来源（天然或合成）、生产工艺，甚至批次不同，颜料的上述性能指标也可能有差别，进而导致配色中的色差。

颜料的品种很多，大体上可分为以下几种。

着色颜料：二氧化钛（钛白粉、立德粉）等白色颜料，炭黑、氧化铁黑等黑色颜料，以及无机和有机黄色、红色、蓝色等颜料。目前颜料以无机颜料为主，有机颜料的着色力、鲜艳度及装饰效果虽优于无机颜料，但其耐候、耐热、耐光性等不如无机颜料。

体质颜料（填料）：其遮盖力和着色力较差，主要起填充、补强作用，同时也可降低成本。体质颜料（填料）分为天然或合成的复合硅酸盐（滑石粉、高岭土、硅藻土、硅灰石、云母粉、石英砂等）、碳酸钙、硫酸钙、硫酸钡等，细度为 200~1200 目的产品均有。颜填料通常经过不同表面处理以适应溶剂型或水性涂料的产品应用。但是，随着新改性的体质颜料出现，人们对其与成膜树脂间相互作用认识的逐步深入，体质颜料在涂层中的作用将被重新定位。

功能性颜料：功能性颜料除了着色、填充等基本性能外，主要赋予涂层特种功能。其中防腐、防锈颜料为一大类，它们是金属防腐底层涂料的必要成分，通过牺牲阳极、金属表面钝化、缓蚀、屏蔽等作用防止金属底材腐蚀。除此之外还有具有装饰效果的金属闪光颜料、珠光颜料、纳米改性随角异彩颜料、防海生物附着的防污颜料、导电颜料、热敏颜料、气敏颜料、电磁波吸收颜料、防火颜料、阻燃颜料等。

尽管颜料种类很多，上述分类及特征并非绝对，一种颜料往往兼有多种功能。例如，绢云母一般归类为填料，但其具有良好的紫外线屏蔽功能，也兼有一定的遮盖力；云母氧化铁是熟知的防锈颜料，同时又是高耐候的面漆颜料。充分认识和全面把握各种颜料的性能，发挥其技术和经济潜能还有很多工作要做。而且绝大多数情况下都是几种颜料混合使用，为保证涂料的分散稳定性、合理流变性及良好的成膜性，优化颜料组合同样需要做大量的筛选和优化工作。

颜料必须均匀地分散在分散介质中成为稳定的分散体才能发挥功能。因此，颜料的分散及分散稳定性至关重要。固体颜料粉末是多分散的颜料初级晶体的聚集体（粒径 $0.2~10\mu m$）。

在分散过程中借助机械剪切力将聚集体打开，同时发生于分散介质和成膜物之间（往往在分散、润湿助剂存在下）的相互作用——润湿、分散、稳定过程，形成具有一定流变性的稳定分散体系。颜料的分散性是颜料的重要特性之一，它与颜料的晶形、粒子大小及粒度分布有关，更重要的是其表面特性——表面张力、极性基团及其活性、表面改性的程度以及含水量等。颜料的表面活性决定其与成膜物、助剂及分散介质之间的相互作用程度。通常无机颜料具有高表面张力和极性中心，有机颜料表面张力低；有机溶剂的表面张力为 $30×10^{-3} \sim 40×10^{-3}N/m$，水为 $70×10^{-3}N/m$，它们与不同颜料的相互作用完全不同。成膜物的分子大小不同，化学结构不同，它们与颜料的相互作用也不同。

二、填料

填料可用来调整涂料的光泽、质地、悬浮性、黏度等。填料的主要类型有碳酸盐、硅酸盐、硫酸盐和氧化物等。涂料中的填料（体质填料）通常是白色或稍带颜色的、折射率小于 1.7 的一类颜料。它具有涂料用颜料的基本物理和化学性能，但由于折射率与成膜物质相近，因而在涂料中是透明的，不具有着色颜料的着色力和遮盖能力，是涂料中不可缺少的一种填料。

由于填料绝大多数来自天然矿石加工产品，其化学性质稳定、耐磨、耐水等特性好，且价格低廉，在涂料中起骨架作用。通过添加填料增加涂膜的厚度，改善涂膜的力学性能，并能起耐久、防腐蚀、隔热、消光等作用。另外，把它作为降低涂料制造成本的一种途径，利用其价廉、价格远远低于着色颜料的特点，在满足涂膜遮盖力的前提下，适当添加体质填料来补充着色颜料在涂料中应有的体积。

涂料中使用填料，降低成本不是主要作用。填料所起的主要作用与功能如下。

① 在涂料中起骨架、填充作用，增加涂膜厚度，使涂膜丰满坚实。

② 调节涂料的流变性能，如增稠、防沉淀等。

③ 改善涂膜的机械强度，如提高耐磨性和耐久性。

④ 调节涂料的光学性能，改变涂膜的外观，如消光等。

⑤ 与成膜物质发生化学反应，使之成一个整体，使涂膜能有效地阻挡光线的穿透，提高其耐水性和耐候性，延长涂膜的使用寿命。

⑥ 作为涂料中的填充剂，减少树脂用量，降低生产成本。

⑦ 对涂膜的化学性能起辅助作用，如增强防锈、抗湿、阻燃性等。

不同的涂料品种和等级对填料的技术要求是不一样的，但对涂料用填料的一般要求如下。

① 白度应高，特别是在对涂膜颜色要求很高的涂料中，白度一般要求在 90% 以上。

② 易分散，这不仅有利于降低涂料生产时研磨分散的能耗和时间，更重要的是有利于涂料性能的发挥。因为填料和颜料的分散性好坏，对涂膜性能（光泽、颜色、耐久性等）有直接的影响。

③ 要有较低的吸油性，吸油值低才能提高涂料的临界颜料体积浓度（CPVC），节约树脂基料。

④ 应当有确定的粒度和窄的粒度分布，筛余物应尽可能少。现在涂料要求填料在许多应用领域具有微细化甚至超细化的粒径，这样才能发挥它在涂料中的空间阻隔作用，使涂膜中的颜料粒子均匀分布，从而较大限度地发挥颜料的遮盖（如钛白粉）、着色（如着色颜料）和防锈（如防锈颜料）等潜力，起到部分替代颜料的作用。

⑤ 能使涂料具有良好的流变性（流动性、流平性、悬浮性、增稠性等），使涂料在储存时不沉淀，便于施工成膜，形成光滑平整的涂膜。

⑥ 应与涂料中的基料、颜料和其他添加剂有良好的相容性，但同时也应有一定的惰性，不与上述成分发生化学反应。

⑦ 具有适宜的比表面积，因为它影响着涂料的黏度、流变性、分散稳定性、沉降性和吸油量等。

⑧ 具有确定的粒子形状和晶体形态，使涂料具有确定的折射率等光学性能和保证填料在涂料中应有的功能。

第一节 实验十七　颜填料表面改性

填料的表面结构和性能对涂料有很大的影响。众所周知，一般颜填料的极性较高，而成膜聚合物的分子极性有限，所以为了阻止颜填料对水的吸附，促进颜填料对聚合物的吸附，改善涂膜的强度，很多情况下需要对颜填料进行改性。改性的方法不同，改性剂的结构有异，将直接影响涂料成膜后的各项性能参数。

一、实验目的

对无机粉体进行表面处理，掌握改性原理、改性效果的判定方法。

二、实验原理

在溶剂型涂料中，颜填料的分散性比较容易解决，只要对其作亲油处理就可很好地在有机涂层中分散。无机颜填料作无机氧化物包膜可以提高耐候、耐酸碱、耐温等性能中的一种或几种，这种处理方式对颜填料的分散性事实上影响很小。对于有机涂膜而言，涂料中颜填料的细度远比无机涂膜中的颜填料细度要求苛刻，这就要求颜填料不仅原始粒径需要控制，还需要进行亲油处理，以防止因吸附水而导致颗粒团聚。

颜填料的表面处理，多用小分子表面活性剂与钛酸酯、有机硅、铝酸酯等偶联剂及无机硅、铝、锆、钛等包覆，改性剂的用量为 0.1% ~ 20% 不等，很多颜填料在进行无机包覆的同时也进行了有机包膜。

硅微粉改性的方法主要有物理改性法、表面包覆改性法、热处理改性法和化学改性法。其中表面化学改性是通过改性剂与粉体表面的一些基团发生化学反应形成化学键。

三、实验原料

硅微粉、正辛醇、乙醇（EtOH）、KH-550（或 KH-560）、盐酸（HCl）、对甲苯磺酸（p-TSA）、去离子水（DIW）。

四、仪器设备

圆底烧瓶（1000mL）、磁力搅拌器、球磨机、超声波清洗仪、恒温油浴锅、循环冷却真空泵、抽滤瓶、布氏漏斗、洗瓶、真空干燥箱。

五、实验步骤

1. 干法改性硅微粉
采用球磨机干法制备偶联剂改性的硅微粉。

（1）将 12mL KH-550、24mL EtOH 和 24mL 去离子水混合，溶液用 HCl 调至 pH=4，磁力搅拌一定时间，使偶联剂充分水解。

（2）将 240g 干燥的硅微粉和水解后的硅烷偶联剂倒入球磨机中，球磨 10～20min 后取出，80℃条件下干燥 2h。

（3）用球磨机球磨干燥后的硅微粉 15min，80℃条件下干燥 1h，得到改性的硅微粉。

2. 湿法改性硅微粉

（1）称取 150g 硅微粉，置于真空干燥箱中，在 100℃下，干燥 3h，备用。

（2）分别称取预处理好的 150g 硅微粉和 2.0g p-TSA 于 1000mL 圆底烧瓶中，再量取500mL 的正辛醇于烧瓶中。

（3）将圆底烧瓶置于超声波清洗仪中分散 30min，保证硅微粉和 p-TSA 在正辛醇中充分分散。

（4）将圆底烧瓶放入恒温油浴锅中，安装冷凝装置，加热到 120℃，反应 3h。

（5）取出产物，冷却后用无水乙醇抽滤洗涤 3 次，产物放在真空干燥箱中，80℃干燥 12h。

六、结果计算

硅微粉的改性效果采用沉降时间、吸油值、活化指数、活化度评价。

1. 沉降时间

根据相似相溶原则，可知极性粒子易分散于极性液体中，而不易分散于非极性液体中，反之亦然。水是极性液体，在干燥的烧杯中分别加入改性后与改性前的硅微粉 20g，观察沉降现象。

沉降时间与颗粒的分散稳定性有对应关系。一般来说，分散性越好，沉降速度越慢，沉降时间也就越长。因此，沉降时间可用来比较或评价粉体的表面改性效果。采用水作为分散介质时，测定的是粉体在水溶液或极性介质中的分散稳定性；采用煤油、液体石蜡等非极性溶剂作为分散介质时，测定的是粉体在非极性介质中的分散稳定性。这种表征方法特别适用于涂料中应用的填料和颜料的表面改性效果的评价，无机填料和颜料在相应分散相中的分散稳定性对涂料的性能有重要影响。

沉降时间的测定：取 20 g 改性后的硅微粉，注入 150mL 去离子水，搅拌，配制成悬浮液，然后将此悬浮液移入带有一定刻度的沉降管，记录悬浮液中颗粒沉降到指定刻度的时间。

2. 吸油值

利用邻苯二甲酸二丁酯（DBP）的滴加量测定硅微粉改性前后的吸油值。用 A 级酸式滴定管装 DBP，将样品放到面积不小于 20cm×20cm 的洁净玻璃板上。逐滴滴加 DBP，同时用调试刀压研掺和使硅微粉混合均匀。当加到最后一滴时，至产生硬膏状物且刚好不裂不碎。吸油值表示为：

$$A = \frac{V}{m} \tag{4.1}$$

式中　A——吸油值，mL/g；

　　　V——所用邻苯二甲酸二丁酯的体积，mL；

　　　m——样品质量，g。

3. 活化指数、活化度

（1）活化指数　无机填料或颜料粉体一般相对密度较大，而且表面呈极性状态，在水中自然沉降。而有机表面改性剂是非水溶性的表面活性剂或偶联剂。因此，经表面改性处理后的无机粉体（颜料或填料），表面由极性变为非极性，对水呈现出较强的非浸润性。这种非浸润性的细小颗粒，在水中由于巨大的表面张力，使其如同油膜一样漂浮不沉。

活化指数=样品中飘浮部分的质量(g)/样品总质量(g)

未经表面活化（即改性）处理的无机粉体，活化指数为0；活化处理最彻底时，活化指数为1.0。

（2）活化度　称取约5g试样，精确至0.01g。置于分液漏斗中，加200mL去离子水，以120次/min的速度往复振摇1min。轻放于漏斗架上静置20～30min。待明显分层后一次性将下沉碳酸钙放入预先于105℃±2℃下干燥至质量恒定的玻璃砂坩埚中，抽滤除去水。置于电热恒温干燥箱中，于105℃±2℃下干燥至质量恒定（取平行测定结果的算术平均值为测定结果，平行测定结果的绝对差值应符合产品标准规定）。

活化度以质量分数 H 计，计算公式如下：

$$H = \left(1 - \frac{m_2 - m_1}{m}\right) \times 100\% \tag{4.2}$$

式中　m_2——干燥后坩埚和未包覆碳酸钙的质量，g；

　　　m_1——坩埚的质量，g；

　　　m——试样的质量，g。

七、数据处理

如表4.1所示。

表4.1　填料改性后性能测定

序号	沉降时间/h	吸油值/（mL/g）	活化指数	活化度 H/%
1				
2				
3				
平均值				

八、思考题

1. 偶联剂的用量对改性效果有何影响？
2. 填料改性效果是否还有其他判定方法？

第二节　实验十八　填料密度的测定

粉体的密度是指单位体积粉体的质量。粉体具有一定的流动性，粉体的密度对粉体的流动性影响巨大，故研究粉体的密度这一特性对粉体加工、输送、包装、存储等方面都具有重要意义。

一、实验目的

掌握粉体密度的表示方法、测定方法及计算。

二、实验原理

根据所指的体积不同，粉体的密度可分为真密度、堆积密度。堆积密度又可细分为松装密度和振实密度。

颜料装填体积为每百克颜料样品装填后的毫升数，表观密度为装填后每毫升颜料样品的克数。装填体积是确定颜料包装容积的重要依据。

真密度 ρ_t：材料在绝对密实状态下，单位体积的质量（$\rho_t=w/V_t$），是指粉体质量（w）除以不包括颗粒内外空隙的体积（真体积 V_t）求得的密度。

松装密度 ρ_b：用处于自然堆积状态的未经振实的颗粒物料的总质量除以堆积物料的总体积求得。

振实密度 ρ_{bt}：振实密度是按照一定的要求将自然堆积的粉体振实后测得，它是经振实后的颗粒堆积体的平均密度。

三、实验原料

钛白粉、碳酸钙、硅藻土、石英砂、玻璃鳞片、珠光颜料、金属颜料、发光颜料、玻璃微珠、空心玻璃微珠、有机玻璃微珠、介孔二氧化硅、柱状碳纤维、气相二氧化硅（亲水型、疏水型）等。

四、仪器设备

电子天平、量筒、装填体积测定器（如图 4.1 所示）。

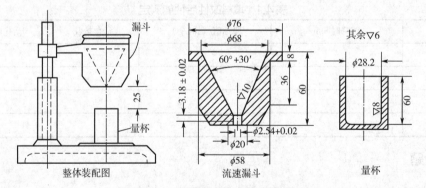

图 4.1 装填体积测定器示意图

五、实验步骤

将粉体装入容器中所测得的体积包括粉体真体积、粒子内空隙、粒子间空隙等。测量容器的形状、大小、物料的装填速度及装填方式等均影响粉体体积。不施加外力时所测得的密度为松装密度。振实密度不包括颗粒内外孔及颗粒间空隙。对堆放了粉体样品的标准容器施加额外的振动，对松装状态的粉体进行振实，经振实后，粉体堆积体的平均密度就是振实密度。具体操作如下。

参考标准 GB 5211.4—1985《颜料装填体积和表观密度的测定》。将干燥并过筛的颜料加入已称量的量筒中，加入量约 200 mL，称量。将此量筒放到装填体积测定器上，振荡 1250 次，记下体积读数，再振荡 1250 次，反复操作，直至两次读数差小于 2 mL，记录最后一次读数，计算。

六、结果计算

粉体密度的计算：

$$\rho = \frac{m}{V} \tag{4.3}$$

式中 ρ——颜填料的密度，g/cm³；

V——填料体积，cm³；

m——填料质量，g。

七、数据处理

如表 4.2 所示。

表 4.2   填料密度的测定

序号	m/g	V/cm³	ρ / (g/cm³)
1			
2			
3			
平均值			

八、思考题

1.填料结构（空心、介孔、实心、鳞片、柱状）与密度之间有无关系?

2. 填料密度对涂料配制有什么影响?

第三节　实验十九　填料吸油量的测定

吸油量（值）是指颜料样品在规定条件下吸收的邻苯二甲酸二辛酯（DOP）的量，用以评价颜料被漆料湿润的特性，可用体积/质量或质量/质量表示。

一、实验目的

掌握不同填料的吸油量（值）测定。

二、实验原理

颜料和油混合时，颜料粒子表面被油润湿，在规定的分散条件下，测定将颜料粒子压实所需要的 DOP 量。

三、实验原料

邻苯二甲酸二辛酯（DOP）、球状二氧化钛、棒状凹凸棒土、片状蒙脱土。

四、仪器设备

（1）平板：磨砂玻璃或大理石制，尺寸不小于 300mm×4.00mm。

（2）调刀：钢制，锥形刀身，长约 140～150mm，最宽处为 20～25mm，最窄处不小于 12.5mm。

（3）滴定管：容量 10mL，分度值 0.05mL。

五、实验步骤

（1）取样　根据不同颜料吸油量的一般范围，建议按表 4.3 规定称取适量的试样。

表 4.3　试样称取量

吸油量/（mL/100g）	试样/g
≤10	20.0
>10～30	10.0
>30～50	5.0
>50～80	2.0
>80	1.0

（2）测定　将试样置于平板上，用滴定管滴加 DOP，每次加油量不超过 10 滴，加完后用调刀压研，使油渗入样品，继续以此速度滴加，直到试样形成团块为止。从此时起，每加一滴后需用调刀充分研磨，当形成稠度均匀的膏状物，恰好不裂不碎，又能黏附在平板上时，即为终点，记录所耗油量。全部操作应在 20～25 min 内完成。进行两份试样的平行测定。

六、结果计算

吸油量以每 100g 颜料所需油的体积计算：

$$吸油量 = \frac{100V}{m} \tag{4.4}$$

式中　V——所需油的体积，mL；

m——试样的质量，g。

七、数据处理

如表 4.4 所示。

表 4.4　填料吸油量的测定

序号	m/g	V/mL	吸油量
1			
2			
3			
平均值			

1.测定吸油量的作用是什么?

2. 吸油量的高低对涂层性能有什么影响?

第四节 实验二十 颜料白度的测定

白度是一个颜色属性,是白色涂膜接近纯白的程度。

一、实验目的

了解白度的重要性,测定颜料的白度。

二、实验原理

本实验以仪器的标准白板(或工作白板)对特定波长的单色光的绝对反射比为基准,以相应波长的单色光测定试样表面的绝对反射比,来得到试样的蓝光白度或亨特(Hunter)白度,以百分数表示。

1. 蓝光白度

$$W=B \tag{4.5}$$

式中　W——蓝光白度;

　　　B——蓝光反射率($B=0.847Z$)。

2. 亨特白度

$$W_{\mathrm{H}} = 100 - \sqrt{(100-L)^2 + a^2 + b^2} \tag{4.6}$$

式中　W_{H}——亨特白度;

　　　a,b——亨特(Hunter)色品指数;

　　　L——亨特(Hunter)明度指数。

3. 白度指数

$$WI=4B-3G \tag{4.7}$$

式中　WI——白度指数;

　　　B——蓝光反射率;

　　　G——绿光反射率($G=Y$)。

三、实验原料

钛白粉、碳酸钙、炭黑、蒙脱土。

四、仪器设备

(1) 数显白度仪:蓝光白度峰值457nm,仪器及其结构见图4.2、图4.3。

(2) 测色色差仪:光源 D_{65},几何条件垂直/漫射(0/d)或漫射/垂直(d/0)。

图 4.2 数显白度仪

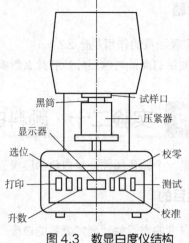

图 4.3 数显白度仪结构

五、实验步骤

1. 样品制备

使用压粉器制备测试样品,压粉器的结构如图 4.4 所示。将粉体盒用干净的刷子刷干净,在压盖中放入毛玻璃;旋紧粉样盘;将待测粉体轻轻装入粉体盒中并刮去多余平面的部分,放上压块;旋上压粉器;顺旋把手,到听见嗒嗒的响声即认为样品已经压实。逆旋把手,旋出压粉器,取出压块,盖上塑料底盖;翻转粉体盒,旋下压盖,揭开毛玻璃,将粉体盒放入试样口,测试件显示的数据即为样品白度。

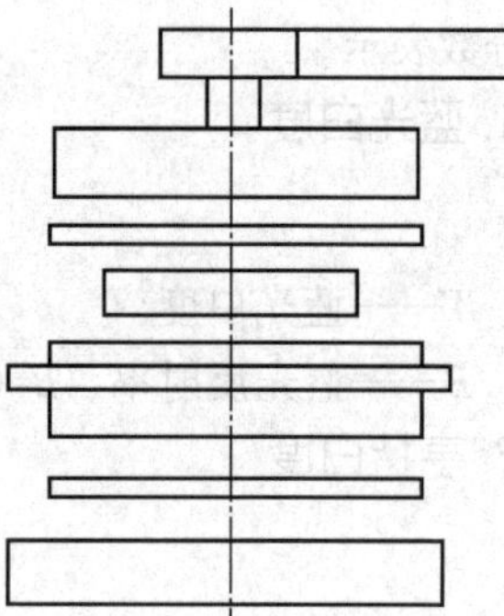

2. 测试步骤

(1) 接通电源,显示器从 120.0 开始倒计时,2 min 后显示标准白板背面的标准值。

图 4.4 压粉器结构

(2) 将黑筒放入试样口,按校零键,3s 后显示 0.0。

(3) 取下黑筒,将工作白板放入试样口,按校准键,3s 后显示工作白板的白度值。

(4) 将待测样品放入试样口,按测试键,3s 后显示该样品的白度值。

六、结果计算

取三块试板的算术平均值,保留小数点后一位数字。

七、数据处理

如表 4.5 所示。

表 4.5 颜料白度的测定

序号	白度
1	
2	

序号	白度
3	
平均值	

八、思考题

1. 白度与涂膜哪些性能有关?
2. 如何提高颜料的白度?
3. 颜料压实程度是否影响白度值?

第五节 实验二十一 填料筛余物的测定

筛余物是用来测定颜料粒子粒度及粒度分布的一种通用方法。

一、实验目的

掌握填料筛余物测定方法,比较湿筛法和干筛法之间的不同。

二、实验原理

筛余物一般定义为颜料粒子通过一定孔径的网筛后的残余物质量与试样质量之比,以百分数来表示。

三、实验原料

钛白粉、碳酸钙、云母粉、无水乙醇。

四、仪器设备

(1) 网筛: 内径 65~70mm, 高 35~40mm;
内径 75~80mm, 高 50~55mm。
(2) 中楷羊毫毛笔: 25~30mm。
(3) 电子天平: 分度值 0.0001g。
(4) 烘箱: 灵敏度±1℃。

五、实验步骤

1. 湿筛法

称取试样 10g (准确至 0.01g),放入用乙醇润湿过的按产品标准规定的已称重的网筛内,再用乙醇将试样润湿,手持网筛的上端,将筛底浸入水中,用中楷羊毫毛笔轻轻刷洗,直至在水中无颜料颗粒,再用去离子水冲洗两次,用乙醇冲洗一次。最后放入 (105±2) ℃恒温烘箱中烘 2h,迅速取出放入干燥器中冷却至室温称量 (准确至 0.0002g) 直至恒重。

2. 干筛法

称取试样 10g（准确至 0.01g），放入按产品标准规定的已知重量的网筛内。手持网筛的上端轻轻摇动，用中楷羊毫毛笔将颜料轻轻刷下，直至在白纸上无色粉为止。然后将剩余物连同网筛一起称量（准确至 0.0002g）。

六、结果计算

1. 湿筛法筛余物百分数 X 计算

$$X = \frac{m_1 - m_2}{m} \times 100\% \tag{4.8}$$

式中　m——试样的质量，g；

　m_1——空网筛和剩余物的质量，g；

　m_2——空网筛的质量，g。

注：平行质量的误差在 10% 以内，结果取平均值。

2. 干筛法筛余物百分数 X_1 计算

$$X_1 = \frac{m_1 - m_2}{m} \times 100\% \tag{4.9}$$

式中　m——试样的质量，g；

　m_1——空网筛和剩余物的质量，g；

　m_2——空网筛的质量，g。

注：平行质量的误差在 15% 以内，结果取平均值。

七、数据处理

如表 4.6 和表 4.7 所示。

表 4.6　湿筛法筛余物百分数

序号	m/g	m_1/g	m_2/g	X
1				
2				
3				
平均值				

表 4.7　干筛法筛余物百分数

序号	m/g	m_1/g	m_2/g	X_1
1				
2				
3				
平均值				

八、思考题

1. 湿筛法筛余物和干筛法筛余物数据是否有可比性?
2. 如何用筛余法对填料进行分级处理?

第六节 实验二十二 颜料耐性的测试

耐介质性是指材料耐化学品的性能,即耐水、耐酸、耐碱、耐溶剂和其他化学品的能力。颜料的耐晒性能也是耐性的一种,通常采用光照曝晒的方法测定,此处不做详细讨论。

一、测试一:颜料耐水性测试

(一)实验目的

掌握测试颜料耐水性能的方法。

(二)实验原理

用冷热水制备试液,将去离子水和试液分别注入比色皿中,在自然光照下观察,用灰色样卡目视评定试液的沾色级别。用沾色级别表示性能的优劣。

(三)实验原料

去离子水、颜料。

(四)仪器设备

(1)带磨口塞的试管(25mL)。
(2)电动振荡器:振荡频率为(280±5)次/min,振荡幅度为(40±2)mm。
(3)滤纸:符合GB/T 1914的规定。
(4)细孔坩埚:25mL。
(5)比色皿:厚度0.5cm。
(6)比色架:应有两个孔,恰好插入两支比色皿,背景为白色。
(7)沾色用灰色样卡:符合GB/T 251的要求。
(8)分析天平(分度值为0.001g)。

(五)实验步骤

(1)试液的制备(使用冷水) 称取颜料样品0.5g(准确至0.001g)放入试管中,加入20mL去离子水,盖紧磨口塞,水平固定在电动振荡器上或手工剧烈振荡5min,然后静置30min。将悬浮液倒入铺设3层滤纸的细孔坩埚中,真空抽滤直至得到清澈滤液。

(2)试液的制备(使用热水) 称取颜料样品0.5g(准确至0.001g)放入试管中,加入20mL煮沸的去离子水,充分润湿颜料后,在沸腾的水浴中加热10min,取出冷却至室温,将悬浮液倒入铺设3层滤纸的细孔坩埚中,真空抽滤直至得到清澈滤液。

(3)沾色级别的评定 将去离子水和按步骤(1)或步骤(2)制得的清澈滤液分别注满2个比色皿,将比色皿放入比色架中,在朝北自然光照下,入射光与被观察物成45°角,观察方向垂直于被观察物表面,对照评定沾色用灰色样卡,目视评定滤液的沾色级别。

（六）实验结果

颜料耐水性以滤液的沾色级别表示。滤液的沾色级别最好为 5 级，最差为 1 级。滤液的沾色程度介于两级之间，以 4-5、3-4、2-3 和 1-2 表示。平行试验结果应相同，否则重新进行试验。

二、测试二：颜料耐酸性测试

（一）实验目的

掌握测试颜料耐酸性的方法。

（二）实验原理

分别利用去离子水和盐酸制得试液和颜料滤饼，将盐酸和试液分别注入比色皿中。在自然光照下观察，用灰色样卡目视评定试液的沾色级别。滤饼并列放在白瓷板上，压上无色光学透明玻璃，用灰色样卡目视评定滤饼的变色级别。用沾色级别和变色级别表示性能的优劣。

（三）实验原料

颜料、去离子水、2%（质量分数）盐酸。

（四）仪器设备

(1) 带磨口塞的试管：25mL。
(2) 电动振荡器：振荡频率为（280±5）次/min，振荡幅度为（40±2）mm。
(3) 滤纸：符合 GB/T 1914 的规定。
(4) 细孔坩埚：25mL。
(5) 比色皿：厚度 0.5cm。
(6) 比色架：应有两个孔，恰好插入两支比色皿，背景为白色。
(7) 沾色用灰色样卡：符合 GB/T 251 的要求。
(8) 分析天平（分度值为 0.001g）。

（五）实验步骤

(1) 试液和滤饼的制备　称取两份颜料样品，每份 0.5g（精确至 0.001g），分别放入两支试管中，其中一支加入 20mL 去离子水，另一支加入 20mL 盐酸，盖紧磨口塞，水平固定在电动振荡器上或手工剧烈振荡 5min，然后将悬浮液分别倒入铺设 3 层滤纸的细孔坩埚中，真空抽滤直至得到清澈滤液，并保留所得滤饼。

(2) 沾色级别的评定　用盐酸和按步骤（1）中加入盐酸所制得的清澈滤液分别注满两个比色皿，将比色皿放入比色架中，在朝北自然光照下，入射光与被观察物成 45°角，观察方向垂直于被观察物表面，对照评定沾色用灰色样卡，目视评定滤液的沾色级别。

(3) 变色级别的评定　将按步骤（1）所制得的滤饼并列放在白瓷板上，压上无色光学透明玻璃，用与步骤（2）中相同的方法，对照评定变色用灰色样卡，目视评定滤饼的变色级别。

（六）实验结果

颜料耐酸性以滤液的沾色级别、滤饼的变色级别表示或同时以滤液的沾色级别和滤饼的变色级别表示。滤液的沾色级别、滤饼的变色级别最好为 5 级，最差为 1 级。滤液的沾色程度介于两级之间，以 4-5、3-4、2-3 和 1-2 表示。滤饼的变色程度介于两级之间，以 4/5、3/4、2/3

和 1/2 表示。如同时以滤液的沾色级别和滤饼的变色级别表示时，表示为 A [B]，A 表示滤液的沾色级别，[B] 表示滤饼的变色级别。

示例：某颜料耐酸性试验时滤液的沾色级别为 5 级，滤饼的变色级别为 4/5，若同时以滤液的沾色级别和滤饼的变色级别表示，则表示为 5 [4/5]。平行试验结果应相同，否则重新进行试验。

三、测试三：颜料耐碱性测试

（一）实验目的

掌握测试颜料耐碱性的方法。

（二）实验原理

分别用去离子水和氢氧化钠制得试液和颜料滤饼，将氢氧化钠溶液和试液分别注入比色皿中。在自然光照下观察，用灰色样卡目视评定试液的沾色级别。滤饼并列放在白瓷板上，压上无色光学透明玻璃，用灰色样卡目视评定滤饼的变色级别。用沾色级别和变色级别表示性能的优劣。

（三）实验原料

颜料、去离子水、2%（质量分数）氢氧化钠溶液。

（四）仪器设备

（1）带磨口塞的试管：25mL。
（2）电动振荡器：振荡频率为（280±5）次/min，振荡幅度为（40±2）mm。
（3）滤纸：符合 GB/T 1914 的规定。
（4）细孔坩埚：25mL。
（5）比色皿：厚度 0.5cm。
（6）比色架：应有两个孔，恰好插入两支比色皿，背景为白色。
（7）沾色用灰色样卡：符合 GB/T 251 的要求。
（8）分析天平（分度值为 0.001g）。

（五）实验步骤

（1）试液和滤饼的制备　称取两份颜料样品，每份 0.5g（精确至 0.001g），分别放入两支试管中，其中一支加入 20mL 去离子水，另一支加入 20mL 氢氧化钠溶液，盖紧磨口塞，水平固定在电动振荡器上或手工剧烈振荡 5min，然后将悬浮液分别倒入铺设 3 层滤纸的细孔坩埚中，真空抽滤直至得到清澈滤液，并保留所得滤饼。

（2）沾色级别的评定　用氢氧化钠溶液和按步骤（1）中加入氢氧化钠溶液所制得的清澈滤液分别注满两个比色皿，将比色皿放入比色架中，在朝北自然光照下，入射光与被观察物成 45°角，观察方向垂直于被观察物表面，对照评定沾色用灰色样卡，目视评定滤液的沾色级别。

（3）变色级别的评定　将按步骤（1）所制得的滤饼并列放在白瓷板上，压上无色光学透明玻璃，用与步骤（2）中相同的方法对照评定变色用灰色样卡，目视评定滤饼的变色级别。

（六）实验结果

颜料耐碱性以滤液的沾色级别、滤饼的变色级别表示或同时以滤液的沾色级别和滤饼的变色级别表示。滤液的沾色级别、滤饼的变色级别最好为 5 级，最差为 1 级，滤液的沾色程度介于两级之间，以 4-5、3-4、2-3 和 1-2 表示。滤饼的变色程度介于两级之间，以 4/5、3/4、2/3 和 1/2 表示。如同时以滤液的沾色级别和滤饼的变色级别表示时，表示为 A [B]，A 表示滤液的沾色级别，[B] 表示滤饼的变色级别。

示例：某颜料耐碱性试验时滤液的沾色级别为 5 级，滤饼的变色级别为 4/5，若同时以滤液的沾色级别和滤饼的变色级别表示，则表示为 5 [4/5]。平行试验结果应相同，否则重新进行试验。

四、测试四：颜料耐溶剂性测试

（一）实验目的

掌握测定颜料耐溶剂性的方法。

（二）实验原理

利用所选溶剂制备试液，用溶剂与试液分别注满两个比色皿，在自然光下观察，对照评定沾色用灰色样卡目视评定试液的沾色级别。用沾色级别表示性能的优劣。

（三）实验原料

颜料、溶剂。

（四）仪器设备

(1) 带磨口塞的试管：25mL。

(2) 电动振荡器：振荡频率为（280± 5）次/min，振荡幅度为（40±2）mm。

(3) 滤纸：符合 GB/T 1914 的规定。

(4) 细孔坩埚：25mL。

(5) 比色皿：厚度 0.5cm。

(6) 比色架：应有两个孔，恰好插入两支比色皿，背景为白色。

(7) 沾色用灰色样卡：符合 GB/T 251 的要求。

(8) 分析天平（分度值为 0.001g）。

（五）实验步骤

(1) 试液的制备　称取颜料样品 0.5g（精确至 0.001 g）放入试管中，加入 20mL 溶剂，盖紧磨口塞，水平固定在电动振荡器上或手工剧烈振荡 1min。将悬浮液倒入铺设 3 层滤纸的细孔坩埚中，真空抽滤直至得到清澈滤液，收集滤液并用溶剂稀释至 20mL，摇匀备用。

(2) 沾色级别的评定　用溶剂和按步骤（1）制得的清澈试液分别注满两个比色皿，将比色皿放入比色架中，在朝北自然光照下，入射光与被观察物成 45°，观察方向垂直于被观察物表面，对照评定沾色用灰色样卡，目视评定试液的沾色级别。

（六）实验结果

颜料耐溶剂性以试液的沾色级别表示。试液的沾色级别最好为 5 级，最差为 1 级，试液的沾色程度介于两级之间，以 4-5、3-4、2-3 和 1-2 表示。平行试验结果应相同，否则重新进行试验。

五、测试五：颜料耐石蜡性测试

颜料和石蜡接触后，由于某些颜料溶于石蜡，会造成石蜡沾色，颜料耐石蜡性指颜料墨浆在熔融石蜡中对抗溶解而造成石蜡沾色的性能。

（一）实验目的

掌握测试颜料耐石蜡性的方法。

（二）实验原理

将颜料制备成色浆，并制成墨条，放在石蜡中进行沾色试验，测定颜料的耐石蜡性能，用沾色级别来表示性能的好坏。

（三）实验原料

（1）调墨油：4 号，纯亚麻仁油制，颜色（铁钴比色计）不大于 8 级，黏度（25℃）2600~2800mPa·s，酸值（以 KOH 计）不大于 8mg/g。

（2）燥油：外观为米白色膏状物，精制亚麻仁油制，含有钴、锰、铅催干剂，细度不大于 25μm。

（3）石蜡：58 号。

（4）颜料。

（四）仪器设备

自动研磨机（带有磨砂玻璃磨盘，直径为 180~250mm，使用时施加的压力最大约 1000N，磨盘转速为 70~120r/min，有计数装置，最好可通冷却水，如果自动研磨机不能通冷却水，应保证在研磨过程中温度不变）、注射器（1mL）、调刀（钢制，锥形刀身，长为 140~150mm，最宽处为 20~25mm，最窄处不小于 12.5mm）、画报印刷纸（100g/m²）、烧杯（50mL）、电热恒温水浴锅、分析天平、沾色用灰色样卡。

（五）测定步骤

（1）试样条的制备　将调墨油和燥油以 85:15（质量比）的比例混合调匀，称取适量颜料样品置于自动研磨机下层玻璃板上，用注射器吸取一定量的混合油加入颜料中，用调刀将颜料和油混合均匀，按 GB/T 1864 制备色浆。将制得的颜料浆置于画报印刷纸上，刮涂成均匀的墨条，自然干燥至以手指接触无沾染即可。将制得的样纸裁成 20mm×40mm 的样条，有墨部分和无墨部分各为 20mm×20mm。

（2）浸蜡试验　称取石蜡 20g（精确至 0.2g），放入烧杯中，将烧杯置于电热恒温水浴锅上加热，当石蜡温度达到（80±1）℃时，将样条全部浸入熔融的石蜡中，5min 后，用不锈钢镊子夹住样条有墨部分的上端，轻轻晃动数次，垂直取出，待样条冷却后作评级用，平行试验两次。并用同等面积的空白试样条进行浸蜡试验，以作空白对照，平行试验两次。

（3）沾色级别的评定　将浸过蜡的样条和空白纸条并列置于画报印刷纸上，在朝北自然光照下，入射光与被观察物成 45°角，观察方向垂直于被观察物表面，对照评定沾色用灰色样卡，目视评定无墨部分的沾色级别。

（六）实验结果

颜料耐石蜡性以样条无墨部分的沾色级别来表示。沾色级别最好为 5 级，最差为 1 级，沾色程度介于两级之间，以 4-5、3-4、2-3 和 1-2 表示。平行试验结果应相同，否则重新进行试验。

（七）数据处理

如表 4.8 所示。

表 4.8 颜料耐性的测试

序号	耐水性	耐酸性	耐碱性	耐溶剂性	耐石蜡性
1					
2					
3					
平均值					

（八）思考题

1. 颜料耐性对涂料性能有哪些影响？
2. 颜料颗粒大小对耐性测试结果有影响吗？为什么？

第七节 实验二十三 着色颜料着色力的测定

着色力是颜料吸收入射光的能力，是着色颜料的重要光学性能之一。着色力通常指在一定条件下，着色颜料给白色颜料着色的能力，一般采取两种同类颜料对比进行测定。

一、实验目的

掌握测定颜料着色力的方法。

二、实验原理

按一定条件分别制备试样和标准分散体，将分散体与白颜料浆按一定比例混合，分别制得试样和标准冲淡色浆，比较两者颜色的强度。

影响颜料着色力的主要因素包括：自动研磨机上所施加的力；分散体最佳研磨浓度；分散体最佳研磨转数；冲淡比例；称量和操作的规范程度。

三、实验原料

1. 成膜物质

推荐用下列两种成膜物质。

（1）醇酸树脂：以 63%（质量分数）亚麻仁油和 23%（质量分数）邻苯二甲酸酐为基础的混合物，应符合下列要求：酸值最大为 15mg KOH/g；黏度（无溶剂）7~10Pa·s；羟值约为 40mg KOH/g。

（2）氨基甲酸酯改性的亚麻仁油　应符合下列要求：亚麻仁油含量约为 80%；酸值为 0；游离异氰酸根为 0；游离羟基为 0.8%~1.2%；黏度（20℃）为 15~18Pa·s。

2. 白色颜料浆

（1）以醇酸树脂为基料的白浆，应具有以下组成：a. 40 质量份的 R 型二氧化钛；b. 56 质量份的醇酸树脂；c. 4 质量份的硬脂酸钙。

用调刀将上述组分混合均匀，然后在砂磨机中研磨，直至细度板上测试的细度小于 15μm 为止，贮于气密的容器中，最好是带螺旋帽的软管中。

（2）以氨基甲酸酯改性的亚麻仁油为基料的白浆，应具有以下组成：a. 40 质量份的 R 型二氧化钛；b. 50 质量份的氨基甲酸酯改性的亚麻仁油；c. 7 质量份的硬脂酸钙；d. 3 质量份的合成二氧化硅。

用调刀将上述组分混合均匀，然后在砂磨机中研磨，直至细度板上测试的细度小于 15μm 为止，贮于气密的容器中，最好是带螺旋帽的软管中。

上述两种白浆根据需要可任选一种。

四、仪器设备

（1）自动研磨机：磨砂玻璃板直径为 180~250mm，在研磨机上施加的力约为 1kN，转速为 70~120r/min；

（2）砂磨机。

（3）调刀：钢制，锥形刀身，长约 140~150mm，最宽处约为 20~25mm，最窄处不小于 12.5mm。

（4）玻璃板：无色透明，尺寸约为 150mm×150mm。

（5）湿膜制备器：间隙 50~100μm。

（6）刮板细度计。

（7）带螺旋帽的软管（可选择性配置）。

（8）分析天平。

五、实验步骤

1. 颜料分散体最佳研磨条件的确定

（1）颜料分散体的研磨浓度　颜料与成膜物的适当质量比不仅取决于颜料的吸油量，也取决于研磨操作时混合物的黏度。为使高、中、低浓度需求量的颜料达到合适的浓度，为使每种情况都能给出约 2 mL 的混合物，建议下列三组之用量为：a. 3.0 g 颜料和 1.5 g 的成膜物；b. 1.0 g 颜料和 1.5 g 的成膜物；c. 0.5 g 颜料和 1.5 g 的成膜物。

（2）颜料分散体的研磨转数　称取 1.5g 成膜物和上述适量的颜料，在研磨机上加 1kN 的力进行研磨，每遍 50 转，共研磨 200 转，取出占总体积约 1/4 的浆料贮于适当的容器中，然后再继续研磨到 300 转和 400 转，分别取出如上相同的小部分浆料，也贮于适当的容器中，放置待用。

在研磨机的下层板上，放（3±0.01）g 白颜料浆和已研磨 200 转的着色颜料浆，量约含 0.12 g 的着色颜料。将两种色浆在无研磨作用下混合，再施加最小力，每遍研磨 25 转，共 4 遍，收集浆料放置待用。另外，称取相同量的研磨了 300 转和 400 转的色浆和（3±0.01）g 白颜料浆重复上述操作。将这些制备好的冲淡色浆依次排列在无色玻璃板上，用湿膜制备器均匀地拉下，立即目视比较每个色浆颜色的强度，评定显示最大颜色强度的色浆，并记录该色浆最合理的研磨转数，为试验最佳的研磨转数。

可采用砂磨机以获得类同的浆料细度的更优条件，记录所选择研磨球的数量及其分布、分配比例、转速和砂磨时间。

2. 颜料分散体的制备

根据以上确定的条件制备颜料标样和试样的分散体。

3. 冲淡色浆的制备

称取（3±0.01）g 白颜料浆，按选定冲淡比的标准颜料分散体的量，在施加最小力下研磨，每遍研磨 25 转，共研磨 4 遍，收集的冲淡色浆待用。用同样方法制备试样的冲淡色浆。

4. 冲淡色的比较和相对着色力的测定

制备好的两个冲淡色浆排列在无色玻璃板上，用湿膜制备器将它们拉下，以形成两个宽度不小于 25 mm，接触边长不小于 40mm 的均匀厚度的不透明涂膜带。在每个色条上面用一个手指轻擦，比较擦过和没有擦过的表面色泽深度的差别，如结果有明显的差异即进行记录。继续对没有擦过的表面进行试验，立即在散射光或人造日光下，通过玻璃板对二者的着色强度和色相进行比较。这种方法又称为指研观察法。

如果颜色强度相等且色相相同，则指研处的颜色是相同的，受试样品的相对着色力是100%。然而，如着色强度相等而色相不同，则注上冲淡色的差别和它的性质。如着色强度不同，则要估计受试样品分散体的量，称量后按步骤 3 制备另一冲淡色浆，而标准样品不变，再进行比较直至着色强度相等。

六、结果计算

相对着色力的计算：

$$相对着色力=\frac{b}{a}\times100\% \tag{4.10}$$

式中　a——达到与标准相同着色强度的试样质量，g；

　　　b——标准样品的质量，g。

七、数据处理

如表 4.9 所示。

表 4.9　颜料着色力的测定

序号	a/g	b/g	着色力
1			
2			
3			
平均值			

八、思考题

1. 对于同一着色力的颜料，如果浆料中颜料浓度不同，涂膜色相是否相同？

2. 影响颜料着色力的因素有哪些？

第八节 实验二十四 白色颜料对比率（遮盖力）的测定

涂料遮盖力是指把色漆均匀涂布在物体表面上，使其底色不再呈现的最小用漆量，单位为 g/m^2。颜料遮盖力是指颜料和调墨油研磨成色浆，均匀地涂刷于黑白格底材上，使黑白格恰好被遮盖的最小颜料量。颜料遮盖力的强弱主要取决于下列性能。

（1）折射率：折射率愈大，遮盖力愈强。

（2）吸收光线能力：吸收光线能力愈大，遮盖力愈强。

（3）结晶度：晶形的遮盖力较强，无定形的遮盖力较弱。

（4）分散度：色漆、油墨等经均匀涂覆后，其涂膜遮盖被涂表面底色的能力。分散度愈大，遮盖力愈强。

一、实验目的

测定白色颜料的对比率（遮盖力）。

二、实验原理

用同一种漆料把试样和标样以相同的配方和方法制成漆浆，用线棒涂布器在聚酯膜上制得厚度基本相同的涂膜，以反射率仪测得黑底上的反射率和白底上的反射率，并以黑底上反射率除以白底上的反射率求得对比率。比较试样和标样的对比率以评定其优劣。

三、实验原料

（1）亚麻仁油改性甘油醇酸树脂：油度 55%，含量 50%。

（2）200 号溶液油；环烷酸钴、环烷酸锰、环烷酸锌、环烷酸钙混合催干剂。

四、仪器设备

（1）涂料震荡机：装入调制机的广口钢制瓶或塑料瓶，680～690r/min，距离 16mm，摆动角度 30°。

（2）刮板细度计：0～50μm。

（3）游标卡尺：量程 0～25mm。

（4）玻璃板：表面平整，长 130mm，宽 100mm。

（5）聚酯膜：厚 20～40μm，长 120mm，宽 90mm。

（6）旋转涂漆器：转速可调。

（7）反射率测定仪：精度在 1%以内，见图 4.5。

（8）分析天平。

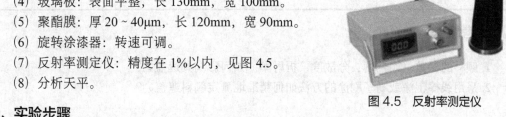

图 4.5 反射率测定仪

五、实验步骤

（1）漆浆的制备　在涂料震荡机的钢制瓶或塑料瓶中装入 100g 玻璃珠，称取 12g 试样置于瓶中，再加入 37g 醇酸树脂，视需要加入适量 200 号溶液油。将装有物料的钢制瓶或塑料瓶置于涂料震荡机座架孔中，开动震荡机，用刮板细度计检查，其研磨细度小于 20 μm 时，加入适量混合催干剂，搅匀备用。

（2）涂膜的制备　用游标卡尺测定聚酯膜的厚度，测上下左右 4 个点。在平整的玻璃板上滴几滴乙醇，立即将聚酯膜铺于其上，膜下不得存在气泡。将玻璃板固定在旋转涂漆器的正中间，在玻璃板中央加 5 g 左右的漆浆，以选定的稳定转速旋转 30 s，制成均匀的涂膜；改变转速，再制若干涂膜。每一转速制两张涂膜。

（3）涂膜的干燥　将带有涂膜的玻璃板水平放置进行干燥，干燥时间至少 48 h，但不得超过 168h。

（4）膜厚的测定　从玻璃板上取下涂膜，以游标卡尺测定上下左右 4 个点的厚度，求出涂膜的平均厚度。

（5）反射率的测定　将干燥后的涂膜覆盖在反射率测定仪所附的白瓷板上，在涂膜和瓷板之间加几滴乙醇，排除空气，使达光学接触。用反射率测定仪测定上下左右 4 个点的反射率，并求出其平均值。然后将涂膜覆盖于黑瓷板上，以同样方法测定，并求出其平均值。标样也按同样的步骤制漆、制膜，并求得其平均反射率。

六、结果计算

涂膜对比率（遮盖力）X 的计算：

$$X = \frac{R_B}{R_W} \times 100\% \tag{4.11}$$

式中　R_B——涂膜在黑底上的反射率；

R_W——涂膜在白底上的反射率。

求取两张厚度基本相同（平均厚度差不超过 2 μm）的涂膜的平均对比率值，并与厚度基本相同的标样的平均对比率值进行比较，评定其性能优劣。

七、数据处理

如表 4.10 所示。

表 4.10　颜料对比率（遮盖力）的测定

序号	R_B	R_W	X
1			
2			
3			
平均值			

八、思考题

1. 颜料的参数（如粒度、分散度、折射率）如何影响其遮盖力？
2. 采用线棒辊涂或刷子刷涂的方法如何精准地测定颜料遮盖力？

第五章

涂料用乳液性能测定

第一节　实验二十五　固含量的测定

固含量是乳液或涂料在规定条件下烘干后剩余部分占总量的质量分数。高固含量乳液并无明确的定义，一般认为固含量大于60%即为高固含量乳液，它与固含量在50%以下的乳液相比，具有生产效率高、运输成本低、干燥快、能耗低等优点。

一、实验目的

测量涂料用乳液的固含量。

二、实验原理

固含量是乳液或涂料在规定条件下烘干后剩余部分占总量的质量分数。

三、实验原料

丙烯酸树脂乳胶、过氯乙烯乳胶、水性聚氨酯分散液、水性聚酯乳液、水性有机硅。

四、仪器设备

(1) 玻璃培养皿：直径 75 ~ 80mm，边高 8 ~ 10mm。
(2) 玻璃表面皿：直径 80 ~ 100mm。
(3) 磨口滴瓶：50mL。
(4) 玻璃干燥器：内放变色硅胶或无水氯化钙。
(5) 坩埚钳。
(6) 温度计：0 ~ 200℃，0 ~ 300℃。
(7) 电子天平：分度值 0.01g。
(8) 烘箱。

五、实验步骤

1. 培养皿法

先将干燥洁净的培养皿在（105±2）℃烘箱内烘 30min，取出放入干燥器中，冷却至室温后，称重。

用磨口滴瓶取样，以减量法称取 1.5 ~ 2g 试样（过氯乙烯漆取样 2 ~ 2.5g，丙烯酸漆及固体含量低于 15% 的漆类取样 4 ~ 5g），置于已称重的培养皿中，使试样均匀地流布于容器的底部，然后放于已调节到按表 5.1 所规定温度的烘箱内烘一定时间，取出放入干燥器中冷却至室温，称重，然后再放入烘箱内烘 30 min，取出放入干燥器中冷却至室温，称重，至前后两次称重的质量差不大于 0.01g 为止（全部称量精确至 0.01g）。试验平行测定两个试样。

重复上述步骤，可以测定不同乳液的固含量。

2. 表面皿法

适用于不能用"培养皿法"测定的高黏度涂料，如腻子、乳液和硝基电缆漆等。

先将两块干燥洁净可以互相吻合的表面皿在（105±2）℃烘箱内烘 30min，取出放入干燥器中冷却至室温，称重。

将试样放在一块表面皿上，另一块盖在上面（凸面向上）。在天平上准确称取 1.5 ~ 2g 试样，然后将盖的表面皿反过来，使两块表面皿互相吻合，轻轻压下，再将表面皿分开，使试样面朝上，放入已调节到按表 5.1 所规定温度的烘箱内烘一定时间，取出放入干燥器中冷却至室温，称重。然后再放入烘箱内烘 30min，取出放入干燥器中冷却至室温，称重，至连续两次称量的质量差不大于 0.01g 为止（全部称量精确至 0.01g），平行测定两个试样。

表 5.1　不同涂料的烘干温度

涂料名称	烘干温度/℃
硝基漆类、过氯乙烯漆类、丙烯酸漆类、虫胶漆	80±2
缩醛胶	100±2
油基漆类、酯胶漆、沥青漆类、酚醛漆类、氨基漆类、醇酸漆类、环氧漆类、乳胶漆（乳液）、聚氨酯漆类	120±2
聚酯漆类、大漆	150±2
水性漆	160±2
聚酰亚胺漆	180±2
有机硅漆类	在 1 ~ 2h内，由 120℃升温到 180℃，再于（180±2）℃保温
聚酯漆包线漆	200±2

六、计算结果

固含量的计算：

$$固含量 = \frac{W_2 - W_0}{W_1 - W_0} \times 100\% \tag{5.1}$$

式中　W_0——称量瓶空瓶质量，g；

　　　W_1——烘干前装有树脂的称量瓶质量，g；

　　　W_2——烘干后装有树脂的称量瓶质量，g。

试验结果取两次平行试验的平均值，两次平行试验的相对误差应不大于 3%。

七、数据处理

如表 5.2 所示。

表 5.2　涂料用乳液固含量的测定

序号	W_0/g	W_1/g	W_2/g	固含量/%
1				
2				
平均值				

八、思考题

1. 测定不同成膜物的固含量，烘干温度为什么不同？
2. 乳液的固含量对涂膜性能有什么影响？

第二节　实验二十六　黏度的测定

涂料的黏度：反映涂料的稠度，指流体本身存在着黏着力，产生流体内部阻碍其相对流动的阻力。

在喷涂工艺中应特别注意选择合适黏度的涂料。因为黏度过大的涂料不易雾化，会造成干喷、橘皮、针孔等漆膜弊病；而黏度过低，喷出量虽然加大，但易产生流挂等弊病。而且黏度在很大程度上影响涂料的其他性能。

液体的黏度是液体在外力作用下流动时，由于其分子间相互作用而产生的阻碍分子间相对运动的能力，及液体流动的阻力，用它可以说明液体黏稠性的大小。黏度值越大，液体的黏稠性越大，液体在发生流动时受到的内部阻力越大。

一、实验目的

测定涂料用乳液的黏度。

二、实验原理

旋转黏度计是由数个机械装置所组成的，马达与变速箱装置在仪器顶端的机壳内。主机包含了一个精确的铍铜合金的弹簧，一端接在轴承上，另一端连接指示器并装在主机下方，下端轴承进入轴杯与黏度计的转子直接相连。

转子由马达弹簧带动，此弹簧的偏离由数字化仪表显示。由变速箱调整不同速度与使用不同转子可以测得不同范围的黏度。

黏度、黏力、流动的阻力与转子的转速和形状有关。当转速增加或转子增大时，黏力会加大。因此，当转速增大或转子变大时，可以由弹簧的偏离测得黏度值。最小范围的黏度可以由表面积最大的转子与最高转速测得；而最大范围的黏度可由表面积最小的转子与最低转速测得。

三、实验原料

丙烯酸外墙乳液、丙烯酸内墙乳液、环氧改性丙烯酸乳液、纳米杂化超支化丙烯酸乳液、硅丙乳液、氯醚乳液。

四、仪器设备

旋转黏度计、涂-4 杯。

五、实验步骤

(1) 取样，试样均匀，无气泡，无凝胶与线团，并有足够的量。

(2) 用涂-4 杯粗测乳液的黏度，以便后续转子和转速的选择（可省略此步骤）。

(3) 选择合适的转子和转速，将转子垂直浸入试样中心，使液面至转子的位标。

(4) 将待测容器的试样和转子恒温至 25℃，并保持试样温度均匀。

(5) 开动旋转黏度计，读数稳定后读取数值，所读取的数值在表盘 15%～85%范围内为最佳。记录乳液黏度，对试样测试 3 次，取平均值。

六、数据处理

如表 5.3 所示。

表 5.3 涂料用乳液黏度的测定

序号	转子	黏度/Pa·s
1		
2		
3		
平均值		

七、思考题

1. 不同转子在不同转速下测定黏度时，其黏度换算的系数是否一致？
2. 影响乳液黏度的因素有哪些？

第三节　实验二十七　最低成膜温度的测定

涂料的最低成膜温度十分重要，乳液的最低成膜温度（MFT）就是能够保证乳液聚合物形成无裂纹的、连续的透明膜的最低温度。在低于这个温度下制膜，获得的将是不透明的、有裂纹的膜，这样的膜没有机械强度，很容易被抹成碎片或粉末，毫无使用价值。

乳液的最低成膜温度是由乳液的成膜机理决定的。乳液的成膜需要经历如下过程：当乳液被涂覆到底材上时，水分挥发，颗粒便紧密靠拢。剩余的水分继续挥发，产生垂直施加于水颗粒界面的毛细压力。当足够的水分挥发后，毛细压力能使聚合物颗粒变形。从某种意义上讲，变形的聚合物填补了水分从乳液颗粒间隙中迁移后所留下的空隙，而且使颗粒之间进一步的聚结和聚合物链上基团的相互渗透成为可能。故颗粒的蠕变是乳液成膜的重要阶段，而这与环境温度 T（实质是 $T-T_g$）密切相关。环境温度愈高，聚合物微粒的蠕变和聚结状况愈好，涂膜的性能就愈好；反之，如果温度过低，聚合物微粒刚性过大，就像泥沙一样，不能成膜。

一、实验目的

测定乳液的最低成膜温度。

二、实验原理

最低成膜温度：将待测乳液涂布在底板上，待水分蒸发后，聚合物粒子相互作用，在适宜的温度下形成连续的透明薄膜。乳液形成连续均匀的透明薄膜的极限温度，称为最低成膜温度。

在一块位于热源和冷源之间的金属（铝、不锈钢或铜）板上形成一个合适的温度梯度，这块板可以是平滑的，也可以是从冷端到热端之间开几道槽。将乳液涂布在金属板上，或将乳液注入所开的槽中，用干燥空气流或干燥剂（硅胶、分子筛）干燥，测定乳液形成连续均匀的透明薄膜的极限温度。

三、实验原料

丙烯酸外墙乳液、丙烯酸内墙乳液、环氧改性丙烯酸乳液、纳米杂化超支化丙烯酸乳液、硅丙乳液、氯醚乳液。

四、仪器设备

（1）最低成膜温度仪：主要是由金属（铝、不锈钢或铜）矩形板构成。其表面可以是完全平滑的，也可以从冷端到热端开几道 0.2 ~ 0.3mm 深的槽，在金属矩形板的一端通过加热方式形成热源，另一端通过制冷方式形成冷源。

沿板面有间隔均匀的孔，孔中可插入温度计，以测量温度平衡时板的温度梯度。板的上方放一个玻璃罩，并留有一定的空间，以便从冷端到热端通入干燥空气流或放入干燥剂。

（2）温度计：测量范围−10~50℃，精确度 0.1℃，如水银温度计、热电偶、表面温度计。

（3）薄膜涂布器：不锈钢制，能在金属板上制备 0.2 ~ 0.3mm 厚、20 ~ 25mm 宽的涂膜。

图 5.1　最低成膜温度仪

集成的最低成膜温度仪有−20 ~ 60℃和−20 ~ 90℃两种量程。常见的设备如图 5.1 所示。

五、实验步骤

采用平板时，用薄膜涂布器将乳液从高温端开始涂布。采用有槽板时，将乳液从高温端注入槽中，乳液用量应稍微超过槽的总容量，用薄膜涂布器涂布。涂布后放入干燥剂，盖上玻璃罩，或以恒定的低速度从冷端到热端通入干燥空气流。

涂膜干燥后，读出形成连续均匀的无裂纹透明薄膜的最低温度，并以此作为乳液的最低成膜温度。

使用最低成膜温度仪，先在梯度温度钢板上贴上一层锡箔纸，用指研涂布器快速拉出涂膜带，封上有机玻璃盖子，观察其成膜情况。以 85% 以上透明处的温度作为最低成膜温度，用后把锡箔纸取掉妥善处理。

六、结果计算

通过图或者直接通过表面温度计获得结果。计算 3 次结果的平均值，以摄氏度（℃）表示。

七、数据处理

如表 5.4 所示。

表 5.4　涂料用乳液最低成膜温度的测定

序号	MFT/℃
1	
2	
3	
平均值	

八、思考题

1. 为什么要测定乳液的最低成膜温度？MFT 为 20℃的乳液能否在 15℃使用？
2. 最低成膜温度与膜的厚度是否有关系？为什么？

第四节　实验二十八　相对密度的测定

密度是涂料用乳液重要的物理参数之一，通过测定密度可以区分化学组成相同而密度不同的乳液，从而鉴定乳液的纯度。

一、实验目的

测定涂料用乳液的相对密度（液体相对密度天平法）。

二、实验原理

密度是单位体积物质的质量，相对密度是指物质在 20℃时的密度与纯水在 4℃时的密度之比。

液体相对密度天平法即韦氏天平法：在 20℃时，分别测定"浮锤"在水及样品中的浮力，由于浮锤所排开的水的体积与所排开的样品的体积相同，根据水的密度及浮锤在水中的浮力即可计算出样品的密度。

三、实验原料

丙烯酸外墙乳液、丙烯酸内墙乳液、环氧改性丙烯酸乳液、纳米杂化超支化丙烯酸乳液、硅丙乳液、氯醚乳液、去离子水。

四、仪器设备

韦氏天平（4℃时相对密度为 1）、恒温水浴锅、量筒、水银温度计、密度杯（50mL）、电子天平。

五、实验步骤

（1）将浮锤用细铂丝悬于天平横梁末端，并调整底座上的螺丝，使横梁与支架的指针尖相互对正。

（2）将浮锤全部浸入盛有经煮沸并冷却至 20℃左右水的玻璃筒中，不得带入气泡，玻璃筒置于恒温水浴中，恒温至（20.0±0.1）℃，调整天平砝码使指针尖重新对正，记录读数。

（3）将浮锤取出，使其完全干燥，在相同温度下，用待测乳液代替水重复步骤（2），记录读数。

（4）如采用密度杯方法，先称量空密度杯质量，再称量装满乳液的密度杯的质量，最后用乳液质量除以密度杯的体积即可得到乳液的密度。

六、结果计算

乳液相对密度 ρ 的计算：

$$\rho = \frac{m_2}{m_1} \times 0.9982 \tag{5.2}$$

式中　m_2——浮锤浸于样品中时砝码的读数，g；

　　　m_1——浮锤浸于水中时砝码的读数，g；

　0.9982——水在20℃时的密度，g/mL。

七、数据处理

如表5.5所示。

表5.5　涂料用乳液相对密度的测定

序号	m_2/g	m_1/g	ρ
1			
2			
3			
平均值			

八、思考题

1. 为什么要测定乳液的相对密度？相对密度对计算涂膜干膜的厚度有何帮助？
2. 测量乳液的相对密度还有什么测试方法？

第五节　实验二十九　粒径及粒径分布的测定

高分子聚合物以乳胶粒的形式分散在水中形成乳液，乳液中乳胶粒子直径的大小为乳液粒径。乳液粒径服从高斯分布，其不均匀性用多分散性表示，为无单位且小于1的数值，数值越大表示乳胶粒径分布越宽。

乳液粒径及粒径分布是聚合物乳液的重要技术指标，其数值大小对乳液的性能，如乳液的颜色、涂膜的光泽、聚合物的黏结力等，产生直接影响。

聚合物乳液以水为载体，通常呈蓝白或乳白色。当乳液中乳胶粒很细时，乳液是半透明的，甚至可能是透明的；当乳胶粒较粗时，乳液便不再透明，呈乳白色。

一、实验目的

测定涂料用乳胶的粒径。

二、实验原理

本方法适用于合成乳胶粒子粒径大小的测定，采用光学显微镜、电子显微镜、激光散射粒度仪来测定和计算乳胶粒径的大小。当乳胶粒较大时，可采用光学显微镜观察；当乳胶粒较小时，使用电子显微镜观察；最常见的水相乳胶粒子粒径采用激光散射粒度仪直接测定。

三、实验原料

丙烯酸乳胶液、苯乙烯乳胶液、零 VOC 乳胶液、去离子水（DIW）。

四、仪器设备

光学显微镜、电子显微镜、激光散射粒度仪、玻璃载片、玻璃盖片、烧杯、电子天平。

五、实验步骤

1. 光学显微镜观察法

（1）称取适量的待测乳胶液，根据乳胶液的固含量，加入一定量的去离子水进行稀释，至固体分约为 1%，充分搅拌。

（2）在玻璃载片上滴一滴乳胶液，用玻璃盖片将其盖住并紧密压紧，随后用光学显微镜观察粒子的大小。

（3）观察粒子的大小，取 50 个以上粒子粒径的平均值作为结果，同时记录光学显微镜的倍率。

2. 电子显微镜观察法

（1）将乳胶液稀释到 1‰，用铜网过滤，使乳胶粒子沉淀在铜网上。

（2）将乳胶粒铜网样片放置在真空溅射喷镀机内，溅射喷金使其导电。

（3）喷金后的样品置于电子显微镜样品槽内观察。

（4）拍摄图片观察粒子大小，取 50 个以上粒子粒径的平均值作为结果。

3. 激光散射粒度仪

（1）将乳胶液稀释到 1‰，用移液管吸取一到两滴，分散到 100mL 的 DIW 中，移取其中部分于测定皿中。

（2）测定粒度分散曲线，统计粒径大小，可获得数均、重均、体均粒径大小和粒径分布。

六、数据处理

如表 5.6 所示。

表 5.6 涂料用乳液粒径大小的测定

序号	光学显微镜测得的粒径/μm	电子显微镜测得的粒径/nm	激光散射粒度仪测得的粒径/μm 或 nm	备注
1				
2				
3				
平均值				

七、思考题

1. 乳胶液粒径及粒径分布对涂膜性能有什么影响？

2. 乳胶液的粒径测定值与实际粒径有何差异?

实验三十　稳定性测试

乳液的稳定性测试包括机械稳定性测试、冻融稳定性测试、高温稳定性测试、pH 稳定性测试、钙离子稳定性测试、稀释稳定性测试、存储稳定性测试等。

一、实验目的

测试乳液的稳定性。

二、实验原理

乳液在制造、运输、存储和应用过程中要进行搅拌、泵送等机械操作,若乳液稳定性差则乳胶粒相互碰撞会形成粗粒子甚至凝聚体,故要测其机械稳定性;在低温环境下要求乳液具有较好冻融稳定性,否则在低温下易导致乳液破乳使产品报废;乳液存储或运输可能在高温环境下,故要求测其高温稳定性;常用乳液承受钙离子的能力表征其承受电解质的能力。在涂料生产中,对于一些偏稠的乳液,常常采用加溶剂和表面活性剂等方法对其进行稀释,并降低黏度。然而,在乳液调试的过程中注意到这样一个现象:在乳液刚开始加入一定量的水或溶剂进行稀释,搅匀后乳液流动性较好,黏度也较低,但是放置一段时间或是过夜后发现乳液流动性能变差,产品黏稠,所以需要测定乳液的稀释稳定性。

三、实验原料

丙烯酸乳液、氯化钙溶液 (5.00g/L)、盐酸 (1mol/L)、KOH 溶液 (1mol/L)、氨水。

四、仪器设备

高速离心机、高速分散机、恒温水浴锅、低温冰箱、pH 试纸等。

五、实验步骤

1. 机械稳定性
将丙烯酸乳液置于 4000r/min 的转速下搅拌或者离心 30 min,观察是否有变化,有变化为不合格,反之为合格。

2. 冻融稳定性
按照 GB/T 9268 进行测定。将 50.00g 试样装入 100.00mL 的圆筒状塑料或玻璃容器中,注意不要混入气泡,盖上盖子密封。将其放入−10.00℃低温冰箱中,18h 后取出,再在 25.00℃下放置 6h,如此反复三次,打开容器,用玻璃棒搅拌,观察是否有分层、凝胶、破乳、变色和固化现象。通常重复操作至少 3 次,无变化者冻融稳定性合格。

3. 高温稳定性
将 50.00g 试样装入测试瓶中并密封,在 60℃下保持数小时,观察并记录其状态变化,若无变化则其高温稳定性好,若产生沉淀或出现凝胶则其高温稳定性差。

4. pH 稳定性
在两支试管中各装入 5.00g 待测乳液试样,然后向两支测试管中分别加入 1mL (1mol/L)

盐酸和 1mL（1mol/L）KOH 溶液，调整要测定的 pH 值范围，观察乳液的变化。

5. 钙离子稳定性

在 50mL 的烧杯中加入 10.00g 乳胶，用氨水调节 pH 值为 8.00，加入 2.00g 氯化钙溶液（5.00g/L），用玻璃棒搅拌均匀后倒入试管中，盖严放在试管架上，置于恒温室内静置 48h 后观察有无结块现象。无变化为合格，若发现沉淀、絮凝和结块现象则为不合格。

6. 稀释稳定性

乳液的稀释稳定性无标准测定方法，通常采用如下方法：在 10mL 带有刻度的试管中，用滴管加入 2mL 乳液，然后用滴管加入 8mL 去离子水，充分摇匀后放置在试管架上，分别于不同的时间段观察有无分层、分水、沉淀，不发生上述现象即为合格。

7. 存储稳定性

乳液在存储过程中可能会缓慢降解，使乳液凝聚，可以通过离心加速沉降试验测定存储稳定性。在离心机中以 3000r/min 的转速离心沉降 15min，若无沉降，可以认为乳液的存储稳定性良好。

六、数据处理

如表 5.7 所示。

表 5.7　涂料用乳液稳定性的测定

测试项目	结果1	结果2	结果3	平均值
机械稳定性				
冻融稳定性				
pH稳定性				
钙离子稳定性				
高温稳定性				
稀释稳定性				
存储稳定性				

七、思考题

1. 乳液的各项稳定性测试有什么意义？

2. 导致乳液不稳定的因素有哪些？

第七节　实验三十一　电导率的测定

电导率是表示物质传输电流能力强弱的一种测量值。在介质中电导率与电场强度的乘积等于传导电流密度，电导率也可以称为导电率。

一方面，乳液电导率值一定程度上反映了该溶液中杂质的多少，电导率值越大，杂质越多。另一方面，导电涂料具有高电导率，可用于排除基体内的静电荷、传导电流，同时在基材表面形成保护层，有效阻隔腐蚀介质对基材的破坏等，所以电导率的测定对于乳液有着至关重要的作用。

一、实验目的

测定乳液的电导率。

二、实验原理

电导率是表示物质传输电流能力强弱的一种测量值。当施加电压于导体的两端时，其电荷载子会呈现朝某方向流动的行为，因而产生电流。电导率以欧姆定律定义为电流密度和电场强度的比率。有些物质会有异向性的电导率，必须用 3×3 矩阵来表达（使用数学术语，第二阶张量，通常是对称的）。电导率是电阻率的倒数，在国际单位制中的单位是西门子/米（S/m）。电导率仪是一种用来测量溶液电导率的仪器。

电导率仪的测量原理是：将两块平行的极板放到被测溶液中，在极板的两端加上一定的电势（通常为正弦波电压），然后测量极板间流过的电流。根据欧姆定律，电导率（σ）——电阻率（R）的倒数，由导体本身决定。电导率的基本单位是西门子。因为电导池的几何形状影响电导率值，标准的测量中用单位电导率 S/cm 来表示，以补偿各种电极尺寸造成的差别。单位电导率（C）简单地说是所测电导率（σ）与电导池常数（L/A）的乘积，这里的 L 为两块极板之间的液柱长度，A 为极板的面积。

三、实验原料

丙烯酸乳胶液、苯乙烯乳胶液、零 VOC 乳胶液、氯醚乳液。

四、仪器设备

电导率仪：电导率仪（见图 5.2）的电导池包括两个平行电极，这两个电极通常由玻璃管保

图 5.2　电导率仪

护，也可以使用其他形式的电导池。根据仪器设计功能和使用程度，应定期对电导率仪进行校正。电导池常数必须在仪器规定数值的±2%范围内。

五、实验步骤

（1）零点校正　对指针式设备，检查指针是否指零，如果不指零，调节电导率仪上的调零旋钮；对数字式设备，直接做零点校正。

（2）满度调节　对指针式设备，将电导率仪调节到校正挡，指针指向最大刻度；对数字式设备，做满刻度调节。

（3）测量电导率　按照电极常数调节旋钮，测量时调节到测量挡，读取数值。

六、结果计算

通过图或者直接通过电导率仪获得结果。计算几次测定结果的平均值，以 S/cm 表示。

七、数据处理

如表 5.8 所示。

表 5.8　乳液电导率的测定

序号	电导率/（S/cm）
1	
2	
3	
平均值	

八、思考题

1. 为什么要对乳液的电导率进行考察？其意义是什么？
2. 乳液的电导率对涂料成膜后的电导率有什么影响？

第八节　实验三十二　表面张力的测定

表面张力是液体能否在固体表面上润湿的关键。在涂料的制造和涂装中，润湿是非常必要的条件。如在颜料分散中，漆料对颜料表面的润湿、涂装中涂料对底材的润湿、湿膜表面的流平等都与表面张力相关。因此表面张力是影响涂料质量的关键因素之一。此外，表面张力还会对涂膜的附着力及颜料的分散性产生影响。

对于乳胶漆，为防止缩孔，需要提高乳胶漆的抗缩孔性，也就是说降低成膜物的表面张力。其主要途径如下。

（1）选用表面张力低的溶剂。由于乳胶漆的主要溶剂是水，表面张力很大（72mN/m），远大于底材的润湿张力。用水/有机共溶剂的混合物，表面张力可降到一般有机溶剂的水平。

（2）降低成膜聚合物的表面张力。聚合物的极性越大则表面张力越大，可通过降低聚合物的极性来降低其表面张力。例如，在高极性的聚酯中，在分子结构中引入饱和碳氢链段等。

（3）使用表面活性剂。使用表面活性剂来降低乳胶漆的表面张力虽然很有效，但总会带来一些副作用。因此，降低表面张力要多种措施共用。选用表面活性剂需要考虑其动态表面张力，动态表面张力滞后过大，即动态和静态差值过大，则有可能产生更多的漆膜弊病。为防止缩孔，也可以通过对底材表面进行处理来降低润湿张力。

一、实验目的

（1）掌握铂金板法测定乳液表面张力的方法。
（2）了解影响表面张力测定的因素。

二、实验原理

表面上的分子在所有面上都没有相似的相邻原子，因此它们在表面上与它们直接关联的分子更强烈地结合在一起，这就形成了一个表面"膜"，这使得物体在被完全浸没时移动比直接移动更困难。同样的情况也适用于不混合在一起的两种液体的界面。

当感测铂金板浸入到被测液体后，铂金板周围就会受到表面张力的作用，液体的表面张力会将铂金板尽量地往下拉。当液体表面张力及其他相关的力与平衡力达到均衡时，感测铂金板就会停止向液体内部浸入。这时候，仪器的平衡感应器就会测量浸入深度，并将它转化为液体的表面张力值。

三、实验原料

丙烯酸乳胶液、苯乙烯乳胶液、零 VOC 乳胶液、氯醚乳液。

四、仪器设备

铂金板法采用 24mm×10mm×0.1mm 的铂金板，表面进行喷砂粗化处理，为的是更好地与被测液体润湿。测试时将铂金板轻轻地接触到液面（或界面），由于液体表面张力的作用会将铂金板往下拉，当液体的表面张力及其他相关的力与仪器测试的反向的力达到平衡时，测试值就稳定不变，如果是蒸馏水、乙醇等纯物质，整个测试过程最快只需几秒钟。仪器如图 5.3 所示。

图 5.3　表面张力测试仪（铂金板法）

五、实验步骤

（1）开机预热 30min。

（2）用镊子夹取已清洗干净的铂金板。用酒精灯烧铂金板；一般火与水平面呈 45°角进行，直到铂金板变红为止，时间为 20 ~ 30s。挂好铂金板，盖灭酒精灯。

（3）将烧好的铂金板挂在掉钩上，按"去皮"键后显示值为零。

（4）在样品皿中加入测量液体，将被测样品放于样品台上。放之前一定目测一下铂金板挂的高度，如果可能会浸入样品中，按"向下"键将样品台向下调整。

（5）将样品放好后开始计时，5min 读取一个值，取值后按"向下"键使样品台逐渐下降，铂金板脱离被测样品然后再按"向上"键，重复操作两次隔 5min 取值，共测试三次取平均值。

（6）把盛有样品的器皿小心地取出，倒出待检样，把器皿轻轻放在清洗盆内用流水冲洗，直至洗净。把洗干净的器皿放置于烘箱烘干。

（7）用镊子夹取铂金板，并用流水冲洗，冲洗时应注意与水流保持一定的角度，原则为尽量做到让水流洗干净板的表面且不能让水流使得板变形；再用酒精灯烧干板面上的水分，挂于掉钩上，盖灭酒精灯，关好门。

六、结果计算

直接通过表面张力仪读数获得结果。计算几次测定结果的平均值，以 N/m 表示。

七、数据处理

如表 5.9 所示。

表 5.9　乳液表面张力的测定

序号	表面张力/（N/m）
1	
2	
3	
平均值	

八、思考题

1. 为什么要对乳液的表面张力进行考察? 其意义是什么?
2. 影响表面张力测定的因素有哪些?

第九节　实验三十三　电泳性的测定

涂料的电泳性能对于涂料的工艺应用十分重要, 静电液体喷涂的原理便是利用了涂料的电泳性。这种喷涂方法是用高压静电电场使带负电的涂料微粒沿着电场相反的方向定向运动, 并吸附在工件表面。涂料的导电性会直接影响涂料微粒在电场中载电荷的能力、雾化效果和涂装效率。一般情况下, 涂料导电性越差, 电泳性越差, 涂料乳胶微粒的荷电能力便会越差, 从而导致涂料的静电雾化效果差, 不易在工件上吸附沉积, 会造成漆膜偏薄, 涂装效率差。因此, 在考虑涂料应用之前, 首先要测定涂料的导电性与电泳能力。

一、实验目的

测定涂料的电泳性。

二、实验原理

电泳指的是带电颗粒在电场作用下, 向着与其电性相反的电极移动的现象。

电泳涂料: 将具有导电性的被涂物浸渍在装满水稀释的、浓度比较低的电泳涂料槽中作为阳极 (或阴极), 在槽中另设置与其相对应的阴极 (或阳极), 在两极间通一定时间的直流电, 在被涂物上析出均一、水不溶的涂膜的一种涂装方法。

涂料的导电性: 静电涂装中评判涂料的导电性时, 常用的有涂料电阻 R、电阻率 ρ 和电导率 σ。此外, 在电阻率和电导率的推导中, 还要用到涂料的电导 G 和仪器的电极常数 (或电导池常数) C。测定涂料的电导率来评定涂料的导电性, 以此评价涂料的电泳性能。

三、实验原料

环氧电泳涂料。

四、仪器设备

电导率仪 (见图 5.4)、烧杯 (150mL)、温度计 (0~50℃, 分度 0.5℃)、恒温水浴锅。

五、实验步骤

按电导率仪使用说明书的要求, 安装调试电导率仪。取 100 mL 试液于烧杯中, 在恒温水浴上使其恒温于 (25±0.5) ℃。将按电导率仪使用说明书规定标定好的电导电极插入被测工作液中, 按使用说明书的要求进行操作 (电导率仪的电导电极常数调节旋钮务必指向标定的电导电极

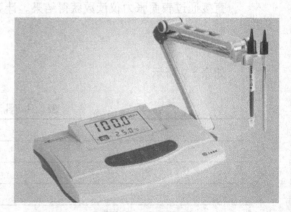

图5.4　电导率仪

常数值)，读数。

重复测定三次，取平均值，即为被测电泳涂料的电导率。平行测定的相对偏差应不大于3%，否则应重新测定。

六、结果计算

通过电导率仪获得结果。计算几次测定结果的平均值，以西门子/米（S/m）表示。

七、数据处理

如表 5.10 所示。

表 5.10　环氧电泳涂料电导率的测定

序号	$\sigma/（S/m）$
1	
2	
3	
平均值	

八、思考题

1. 电导率大小与涂料电泳能力有什么相关性?
2. 涂料的电泳性与涂装的速度有何关系?
3. 涂料的电泳性与涂装时形成的涂膜厚度是否有关?

第十节　实验三十四　乳液中残留单体的测定

乳液残留单体常常有氯乙烯、丙烯酸、苯乙烯、醋酸乙烯等，这些单体具有刺激性气味和一定的毒性，对人体健康产生危害，如头痛、呼吸困难、皮肤过敏等，也会导致环境污染问题。残留单体的存在对涂料和漆膜的性能影响较大，如力学性能、耐酸性、耐碱性、耐盐性，因此必须进行残留单体含量的控制。

一、实验目的

测定乳液残留单体的总含量。

二、实验原理

样品稀释后，采用顶空进样技术，把配制好的样品注入色谱柱中，经汽化使被测样中的醋酸乙烯酯、丙烯腈、丙烯酸乙酯、甲基丙烯酸甲酯、苯乙烯、丙烯酸丁酯、丙烯酸异辛酯单体与其他组分分离，用氢火焰离子化检测器检测，采用内标法定量。

本方法适用于各类合成树脂乳液中未反应残余单体含量的测定，测量范围为 0.001% ~ 1.0%，残余单体含量不在此范围的乳液样品经适当稀释和调整后可按此方法测定。

三、实验原料

除非另有规定，所用试剂至少为分析纯。

载气：高纯氮气，纯度≥99.999%。燃气：高纯氢气，纯度≥99.999%。助燃气：空气。丙酮、环丙基甲基酮（CPMK）、蒸馏水（GB/T 6682，三级水）、醋酸乙烯酯（VAC）、丙烯腈（AN）、丙烯酸乙酯（EA）、甲基丙烯酸甲酯（MMA）、苯乙烯（ST）、丙烯酸丁酯（BA）、丙烯酸异辛酯（2-EHA）。

四、仪器设备

气相色谱仪：能满足分析要求并配有氢火焰离子化检测器的气相色谱仪。进样器：能满足分析要求的顶空进样装置。色谱柱：甲基聚硅氧烷（35%三氟丙基）。毛细管柱：60m×0.32mm×1.5μm。分析天平：精度为0.0001g。顶空瓶：容积为20mL。

顶空条件：恒温箱温度130℃；定量管温度150℃；传送线温度170℃；样品平衡时间10.0min；瓶压平衡时间0.20min；定量管充满时间0.11min；定量管平衡时间0.20min；进样时间1min；定量管2mL；样品循环周期38.0min。

色谱条件：初温40℃，恒温2min，以10℃/min升温速率升至100℃，恒温2min，再以6℃/min升温速率升至200℃，保持5min。检测器温度250℃；进样器温度225℃；载气流速2.6mL/min；氢气流速30mL/min；空气流速300mL/min；分流比10:1。

五、实验步骤

1. 仪器调整

按照给出的色谱分析条件进行参数调整，使仪器达到最佳状态。

2. 校正因子测定

（1）内标溶液　准确称取0.05g（精确至0.0001g）环丙基甲基酮（CPMK）于50 mL容量瓶中，用蒸馏水稀释至刻度，配成质量浓度为0.1g/100mL的溶液。

（2）储液

①A液：分别称取醋酸乙烯酯、丙烯腈、丙烯酸乙酯、甲基丙烯酸甲酯、苯乙烯、丙烯酸丁酯、丙烯酸异辛酯试剂各0.1g（精确至0.0001g）于一个带有密封盖的20mL小瓶中，准确称取10g（精确至0.0001g）丙酮加入瓶中混合均匀，此溶液各单体的质量分数约为1.0%。

②B液：用丙酮将A液继续稀释成质量分数为0.1%的溶液。

（3）标准溶液　按约1:1的比例准确称取内标溶液和B液并混合均匀。此溶液制备后只能储存2d。

取一滴（约0.01g）内标溶液于一顶空瓶中作空白，用以检查仪器的状态是否处于正常。取一滴（约0.01 g）标准溶液于一顶空瓶中，用盖封好，待仪器稳定后按照给出的分析条件操作，记录色谱图（见图5.5），用下式计算各单体的相对响应因子。

$$F_i = \frac{m_i \times A_s}{m_s \times A_i} \tag{5.3}$$

式中　F_i——相应残留单体的相对响应因子；

　　　m_i——标准溶液中B液所含相应单体的质量，g；

　　　m_s——标准溶液中内标溶液所含内标物的质量，g；

　　　A_i——相应单体的峰面积；

A_s——内标物的峰面积。

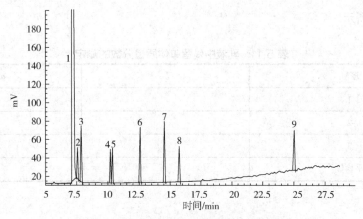

图 5.5　乳液中各残余单体色谱分离图

1—丙酮；2—醋酸乙烯酯；3—丙烯腈；4—丙烯酸乙酯；5—甲基丙烯酸甲酯；6—环丙基甲基酮；
7—苯乙烯；8—丙烯酸丁酯；9—丙烯酸异辛酯

3. 样品测定

（1）如果样品中的单体组分是未知的，首先要按照给出的分析条件进行定性，记录色谱图，用相对保留时间来鉴别单体。

（2）准确称取乳液样品和内标溶液按 1∶1 的比例充分混匀，然后取 1 滴混合液加入顶空瓶中用盖封好，注入色谱柱中，按照分析条件进行测试，记录色谱图，按下式计算乳液中各残留单体的含量。

$$\omega_i = \frac{(m_s \times A_{ia})}{(m_a \times A_s)} \times 100\% \tag{5.4}$$

式中　ω_i——乳液样品中相应残留单体的质量分数，%；
　　　m_a——乳液样品的质量，g；
　　　m_s——内标溶液中所含内标物的质量，g；
　　　A_{ia}——乳液样品中相应单体的峰面积；
　　　A_s——内标物的峰面积。

六、结果计算

（1）按下式计算乳液中残留单体质量分数的总和。

$$\omega_总 = \omega_{VAC} + \omega_{AN} + \omega_{EA} + \omega_{MMA} + \omega_{ST} + \omega_{BA} + \omega_{2\text{-}EHA} \tag{5.5}$$

（2）按下式计算乳液中不挥发物为 50% 时残留单体质量分数的总和。

$$\omega = \frac{50\% \times \omega_总}{\omega_{NV}} \tag{5.6}$$

式中　ω——乳液中不挥发物为 50% 时残留单体质量分数的总和；
　　　$\omega_总$——乳液中残留单体质量分数的总和；
　　　ω_{NV}——乳液中不挥发物的质量分数。

七、数据处理

如表 5.11 所示。

表 5.11　乳液中残留单体质量分数的测定

序号	ω	$\omega_{总}$
1		
2		
3		
平均值		

八、思考题

1. 欲降低聚合物乳液中残留单体的含量，制备时有哪些方法？
2. 高残留单体的乳液往往有气味，那么无气味的乳液是否就没有残留单体？

第十一节　实验三十五　重金属含量的测定

涂料中的有害物质能够造成室内空气质量下降，并有可能直接或间接影响人体健康。其中铅、铬、镉、汞等重金属是常见的有毒物质。它们分别能损害神经系统、造血系统和生殖系统，损害肾或肺功能，引起接触性皮炎或湿疹。我国质检总局对室内装饰装修材料中内墙涂料、溶剂型木器涂料中的有害重金属含量均有限制。国标中样品的处理方法是通过 0.07 mol/L 盐酸浸提，此法对于大批量检验较为适合，但是对于小批量、加急检验时显得太慢。因此，寻求快速、准确检验涂料中有害重金属含量的方法具有重要的现实意义。

一、实验目的

测定涂料中多种重金属离子的含量。

二、实验原理

通过微波辐射引起内加热和吸收极化作用，从而达到较高的温度和压力，使消解速度大大加快，消解效率大大提高，并减少了氧化剂的用量。样品的消解是在密闭容器中进行的，避免了样品的挥发，已广泛应用于各种样品的处理。本实验应用微波消解-原子吸收光谱法测定涂料中的铅、铬、镉、汞四种有害重金属元素的总量。经回收验证，此方法快速、准确、切实可行。

涂料中多种重金属的含量也可采用火焰燃烧光度光谱法来测定。其原理是：将定浓度的重金属燃烧时形成的光谱做成标准曲线，将待测样品燃烧时形成的光谱与其标准曲线进行对比，从而获取或测定重金属的含量。

三、实验原料

铅标准溶液 1mg/mL（GSB G62071—90 国家钢铁材料测试中心研制），铬标准溶液 1mg/mL（GSB G62017—90 国家钢铁材料测试中心研制），镉标准溶液 1mg/mL（GSB G

62040—90 国家钢铁材料测试中心研制），汞标准溶液 1mg/mL（GSB G62069—90 国家钢铁材料测试中心研制），硝酸、过氧化氢均为优级纯试剂，实验所用水为二次重蒸水。

四、仪器设备

日立 Z-8230 原子吸收分光光度计、HFS-3 型氢化物发生装置、MDS-2002A 型压力自控密闭微波溶样系统（上海新仪微波化学科技有限公司）。

各元素的测定方法及条件如表 5.12 所示。

表 5.12　各元素测定方法及条件

方法	火焰法			氢化物原子化法
元素	Pb	Cr	Cd	Hg
波长/nm	283.3	357.9	228.8	253.7
灯电流/mA	7.5	7.5	7.5	2.1
狭缝/nm	1.3	1.3	1.3	1.3
乙炔流量/（L/min）	1.7	2.3	1.5	—
空气流量/（L/min）	15.0	15.0	15.0	—
测量时间/s	5	5	5	5

五、实验步骤

（1）样品制备　将涂料样品搅拌均匀后，按涂料产品规定的要求在玻璃板（需经 1:1 硝酸水溶液浸泡 24 h 后，清洗并干燥）上制备涂膜，待完全干燥后取样（若烘干，则温度不得超过 60℃），在室温下将其粉碎后备用。

（2）样品处理　精确称取粉碎后的涂料样品 0.5 g（精确至 0.0001 g）于消解罐中，分别加入 H_2O 10.0mL、HNO_3 5.0mL、H_2O_2 2.0mL。拧紧罐盖，进行消解。设定控制压力为 400kPa。

微波消解程序为：

$$200W,\ 120s \longrightarrow 300W,\ 300s \longrightarrow 400W,\ 480s$$

消解结束后，待冷却后取出消解罐，将样品转移至 25 mL 容量瓶中，加入 0.07 mol/L HCl 溶液定容，溶液的酸度尽可能与标准溶液的酸度一致，以消除酸度对分析结果的影响，同时配制空白溶液 1 份，待测。

（3）样品测定　在表 5.12 所示的仪器工作条件下，分别做铅、铬、镉和汞的工作曲线，并在相同条件下测定样品消化液及空白溶液。测定结果按下式计算：

$$C = \frac{(A_x - A_0)V}{m} \tag{5.7}$$

式中　C——样品中铅（或铬、镉、汞）的含量，mg/kg；

$\quad\quad A_x$——试样溶液中铅（或铬、镉、汞）的含量，μg/mL；

$\quad\quad A_0$——空白溶液中铅（或铬、镉、汞）的含量，μg/mL；

$\quad\quad V$——样品消化液的体积，mL；

$\quad\quad m$——样品质量，g。

六、结果处理

采用标准加入法计算回收率，如表 5.13 所示。

表 5.13 乳液中重金属回收率的测定

元素	测得量/μg	加入标准量/μg	测得总量/μg	回收率/%
铅				
铬				
镉				
汞				

七、思考题

1.如何减少涂料中重金属的含量?

2. 除本实验外，还有什么方法可以测定涂料中的重金属含量?

第六章

涂料的制备

涂料的制备对后续涂料的性能有很大的影响，目前涂料配制前需要进行涂料配方设计。配方设计过程如下：

（1）扎实的基础知识　进行涂料配方设计需要具备扎实的基础知识，主要包括树脂性能和指标分析；颜料的制造原理、选择方法和遮盖力计算；填料的制造原理、功能选择和搭配原则；助剂的原理、分类、功能和在体系内的优缺点分析；溶剂的分类选择原理、混合使用原则、挥发梯度设计原则。

（2）配方体系核算　配方中每一种原材料的使用量都要有依据，每一种原材料都要找出对应关系，如树脂与固化剂（或催干剂）的对应比例，分散助剂与颜填料粒径的对应关系，表面助剂与溶剂挥发速率的协调关系，理论量和实际增减原则，增加或减少单一原材料对配方比例的影响，配方放大和缩小要以对应关系作为计算依据。

（3）实验环节　配制实验用混合溶剂，搅拌、研磨、调制环节要计量树脂和溶剂损失（沾罐壁、沾搅拌杆、沾研磨珠、挥发、洗涤等），并对配方进行调整修正，前期助剂量不计入实验配方重量，所有数据在体系内核算。成品在黏度范围内制板，稀释剂另外计量。

（4）实验、检测数据分析汇总　实验试样个数遵循 3-6-9 单数原则，备好马口铁、玻璃板、钢板（复检厚度）等检验板材（打磨、洗涤、干燥），涂膜厚度误差须小于 3μm，同组检验数据差别过大（大于 15%）须重做。按列表整理数据，平均数为结论数据，原始数据留存。

（5）实验室配方和工艺指导配方的转换　将实验结论核算为标准配方（100.00%），按实际研磨工艺（高速搅拌、球磨、砂磨、篮磨、辊磨）设计调浆比例（颜基比）和研磨浆料，留足研磨所需溶剂量，调制黏度的溶剂量范围。按工艺次序、投料量和工艺要求来排列配方，工艺配方误差为±5%。

第一节　实验三十六　水性硅丙涂料的制备

水性涂料是以水为溶剂的一种涂料，它作为含溶剂涂料系统的替代品，现已逐渐被人们认识。近几年，由于理想的水基涂料对人类生态环境无污染以及在运输和使用性能方面具备一定的优势，它已成为涂料市场上使用的主流体系。本实验主要介绍水性硅丙涂料的制备，后一节为水性氟碳涂料的制备。

硅丙乳液有极好的耐水性、耐酸性、耐碱性、抗沾污性。由于是由纯丙硅组成，涂膜不泛黄，耐紫外线，抗老化，涂膜致密、坚韧、硬度高、抗水白化性极好，光泽度高，真石漆显色性好。缺点是价格较高，广泛应用于高级硅丙外墙乳胶漆、高级硅丙真石漆及真石漆保洁面油。

一、实验目的

(1) 了解助剂的功能，按涂料基本配方制备水性硅丙涂料。

(2) 测定涂料的性能：不挥发分含量、细度、黏度、密度、冻融稳定性、遮盖率、干燥时间、流挂性，涂刷制板，观察涂膜光泽、色泽和细腻程度。

(3) 掌握涂料本征性能、施工性能和应用性能的测试原理及方法。

二、实验原理

配方设计是在保证产品高质量和合理的成本原则下，选择原材料，把涂料配方中各材料的性能充分发挥出来。配方设计需要熟悉涂料各组成，明确涂料各组成的性能。乳胶漆性能依赖于所用原材料的性能以及配方设计师对各种材料的优化组合，高性能材料不一定能生产出高品质乳胶漆。使配方中每一个组分的积极作用充分发挥出来，不浪费材料的优良性能，并且把负面效应掩盖好或降至最低，这便是配方设计的最高境界。

首先，基料和体系的 PVC 含量与涂料制造及其全部性能或大部分性能密切相关。乳液是乳胶漆中的黏结剂，依靠乳液将各种颜填料黏结在墙壁上，乳液的黏结强度、耐水性、耐碱性以及耐候性直接关系到涂膜的附着力、耐水性、耐碱性和耐候性。乳液的粒径分布影响涂膜的光泽、涂膜的临界 PVC（CPVC）值，进而影响涂膜的渗透性、光学性能等。乳液粒子表面的极性或疏水情况影响增稠剂的选择、调色漆浮色发花等。乳胶漆配方特征不仅取决于 PVC，更取决于 CPVC 值，涂膜多项性能在 CPVC 点发生变化，因而学会利用 CPVC 概念来进行配方设计与涂膜性能评价是很重要的。在高 PVC 体系把空气引进涂膜，而不降低涂膜性能。一般涂料 PVC 含量在 CPVC±5%范围内性能较好。

其次，颜填料涉及涂料的制造及涂膜性能的方方面面，涂料的 PVC 含量、颜填料的种类、颜填料表面处理等参比项中任意项变化，涂料及涂膜性能将随之发生变化。颜料种类影响涂膜的遮盖力、着色均匀性、保色性、耐酸碱性和抗粉化性；填料牵涉到涂料的分散性、黏度、施工性、存储和运输过程中的沉降性、乳胶漆的调色性，同时也会影响涂料涂膜的遮盖力、光泽、耐磨力、抗粉化性以及渗透性等。因此要合理选配填料，提高涂料性能。

涂料助剂对涂料性能的影响虽然不如乳液种类、颜填料种类、PVC 大，但其对涂料制造及性能的影响亦不可小视。增稠剂影响面比较宽。它与涂料的制造、存储稳定、涂装施工以及涂膜性能密切相关，会影响涂料的增黏性、存储脱水收缩性、流平流挂性、涂膜的耐湿擦等性能。润湿分散剂吸附在颜填料表面对粒子表面进行改性，与涂装施工、涂膜性能密切相关，会对涂料的储运、流动、调色性产生重要影响。此外，润湿分散剂种类还会影响涂膜的白度以及彩色漆的颜色饱和度。颜填料分散好，涂料黏度低、流动性好。颜填料粒子聚集少，涂料防沉降性能好、遮盖力大、涂层光泽度高。疏水分散剂对颜填料粒子表面进行疏水处理后，有助于涂膜耐水、耐碱、耐湿擦性能的提高。消泡剂涉及涂料制造过程中的脱气，与涂料的存储和涂膜性能关系不大。增塑剂、成膜助剂可以改性乳液，与涂膜性能有关。防冻剂改善涂料的低温存储稳定性，防止因低温结冰、体积膨大导致粒子团聚、漆样返粗。防腐防霉助剂可以防止乳胶漆腐败，还可以使涂膜抗菌藻污染。

三、实验原料

水性硅丙乳液、钛白粉、增稠剂、润湿剂、流平剂、分散剂、防霉剂、防腐剂、防锈剂、消泡剂、氨水、去离子水。

四、仪器设备

高速分散机、不锈钢桶、烧杯、玻璃棒、100μm 线棒、量筒、烘箱、刮板细度计、涂-4
杯、ISO 杯、斯托默黏度计、旋转黏度计、分析天平等。

五、实验步骤

按照表 6.1 的配方要求，称取相应的组分置于不同的烧杯中。把不锈钢桶架在高速分散机
下，固定牢固。按顺序先加去离子水，开动搅拌。按照加料顺序，依次将称量好的组分加入不
锈钢桶中。通过机械搅拌高速分散使树脂和颜料体系呈均一的体系。通过涂-4 杯和旋转黏度计
测试涂料的黏度，通过刮板细度计测试涂料的细度，判断所制备的涂料是否达到要求。

注意：

① 润湿剂、分散剂应在粉料加入前加入。

② 加入粉料前，要将高速分散机的搅拌转速由低速调至高速，以利于固体粉末颗粒的分
散润湿。

③ 因配方简化，此处未添加防腐剂，若有需要，可加入总量的 0.1%（质量分数）。

表 6.1 水性硅丙涂料的基础配方

序号	原料	质量/g	备注
1	水性硅丙乳液	200.0	
2	去离子水	80.0	分三次加入
3	钛白粉	50.0	
4	消泡剂	0.4	
5	增稠剂	3.0	
6	润湿剂	0.8	
7	分散剂	0.8	
8	防霉剂	0.2	
9	流平剂	0.4	
10	防锈剂	0.2	

（1）将一定量的去离子水（50.0g）加入不锈钢桶中，调整高速分散机的转速为低速
（200r/min）。

（2）在低速（200r/min）搅拌下，向不锈钢桶中加入润湿剂 0.8g，然后再加入分散剂
0.8g、消泡剂 0.2g，搅拌 5min。

（3）调整高速分散机的转速为中速（300r/min 左右），开始向不锈钢桶中加入钛白粉
50.0g，加料时间 15min，结束后转速提高到 800r/min，搅拌 45min，使填料充分分散，防止分
散过程中的凝结成团。

（4）颜填料加入完毕后，降低转速至 300r/min，加入消泡剂 0.2g，然后再将部分增稠剂水
溶液慢慢加入，制得白色浆料。

（5）在低速（400r/min）搅拌下将乳液加入浆料中，加料时间 30min，结束后继续搅拌 30min。

（6）低速（300r/min）搅拌下，加入防霉剂、流平剂、防锈剂。

（7）低速搅拌下加入适量的增稠剂，调整黏度，并加入氨水调节 pH 值至 8～9 左右，稠

度为 70 ~ 80KU。

（8）添加剩余去离子水。出料、称量制得白色乳胶漆，密封保存。

（9）将制备的水性硅丙涂料用 100μm 的线棒辊涂于马口铁板表面，自然流平，室温放置约 30min。表面干后将其置于 50℃下烘焙固化 24 h，制得硅丙涂层。

六、结果计算

1. 记录实际的加料时间、转速及加料量，计算各组分的百分比。
2. 记录涂料出料时的黏度、细度。

七、数据处理

如表 6.2 所示。

表 6.2　水性硅丙涂料的性能

序号	黏度/KU	细度/μm
1		
2		
3		
平均值		

八、思考题

1. 涂料制备过程中加料顺序对涂料性能有什么影响?
2. 制备高光硅丙涂料和平光硅丙涂料在配方设计上有什么不同?

附　实验操作流程单

如表 6.3 所示。

表 6.3　实验操作流程单

步骤	添加物	质量/g	温度/℃	时间/min	操作要求
步骤1	去离子水	50.0	室温		200r/min 低速搅拌
步骤2	润湿剂	0.8	室温	5	200r/min
步骤3	分散剂	0.8	室温	5	200r/min
步骤4	消泡剂	0.2	室温	5	200r/min
步骤5	钛白粉	50.0	室温	60	300r/min，加料时间15min，结束后提高到800r/min，继续搅拌45min
步骤6	消泡剂	0.2	室温	5	400r/min
步骤7	水性硅丙乳液	200.0	室温	60	加料时间30min，结束后继续搅拌30min
步骤8	防霉剂	0.2	室温	5	300r/min 低速搅拌
步骤9	流平剂	0.4	室温	5	300r/min
步骤10	防锈剂	0.2	室温	5	300r/min
步骤11	增稠剂	适量	室温	5	300r/min
步骤12	去离子水	30.0	室温	5	300r/min
步骤13	—	—	室温	—	出料

实验三十七　水性氟碳涂料的制备

水性氟碳涂料是以水性有机氟乳液为成膜物质，并将各种颜填料和涂料助剂与其共混制备得到的。水性氟碳涂料集有机氟树脂与水性涂料的优点为一体，具有耐候性、耐腐蚀性、耐沾污性、耐久性以及环保、安全、低 VOC 含量等特点，广泛应用于航空航天、船舶、桥梁、车辆等高新技术领域。

一、实验目的

（1）了解助剂的功能，按涂料基本配方制备水性氟碳涂料。

（2）测定涂料的性能：不挥发分含量、细度、黏度、密度、冻融稳定性、遮盖率、干燥时间、流挂性，涂刷制板，观察涂膜光泽、色泽和细腻程度。

（3）掌握涂料本征性能、施工性能和应用性能的测试原理及方法。

二、实验原理

氟碳涂料以长寿命装饰和抗恶劣环境为主要特色，在航空航天、船舶、桥梁、车辆等高新领域发挥着重要的作用。有机氟树脂具有低表面能、优异的双疏性能、良好的化学稳定性能等特性，常被用作自清洁涂料的主要成膜物质。含氟丙烯酸树脂表面张力极低，与丙烯酸树脂间存在较大的表面张力差，在控温过程中易于形成含氟基团朝外的梯度涂层。有机氟与空气界面的润湿性差，将纳米粒子引入会使涂层具有类似荷叶表面的微/纳米乳突结构，呈现出超强的疏水性能。水在有机氟涂层上滚动，会带走其上的粉尘碎屑，起到清洁作用。将长链硅烷偶联剂引入有机氟树脂中，制备出核壳型氟代聚丙烯酸酯乳液，利用该乳液所制得的涂层具有良好的表面微观结构和较强的疏水性。将其与丙烯酸树脂、纳米粒子一起复合制备成水性氟碳涂料，其涂层具有良好的自清洁性。

三、实验原料

水性氟碳树脂乳液、水性丙烯酸树脂乳液、纳米二氧化钛、增稠剂、润湿剂、分散剂、防霉剂、防腐剂、消泡剂、固化剂、流平剂、防锈剂、去离子水。

四、仪器设备

高速分散机、不锈钢桶、烧杯、玻璃棒、100μm 线棒、量筒、烘箱、刮板细度计、涂-4 杯、ISO 杯、斯托默黏度计、旋转黏度计、分析天平、接触角测定仪等。

五、实验步骤

按照表 6.4 的配方要求，称取相应的组分置于不同的烧杯中。把不锈钢桶架在高速分散机下，固定牢固。按顺序先加去离子水，开动搅拌。按照加料顺序，依次将称量好的组分加入不锈钢桶中。通过机械搅拌高速分散使树脂和颜料体系呈均一的体系。通过涂-4 杯和旋转黏度计测试涂料的黏度，通过刮板细度计测试涂料的细度，判断所制备的涂料是否达到要求。

注意：① 润湿剂、分散剂应在粉料加入前加入。

② 加入粉料前，要将高速分散机的搅拌转速由低速调至高速，以利于固体粉末颗粒的分

散润湿。

③因配方简化，此处未添加防腐剂，若有需要，可加入总量的 0.1%（质量分数）。

表 6.4　水性氟碳涂料基础配方

序号	原料	质量/g	备注
1	水性氟碳树脂乳液	90.0	
2	水性丙烯酸树脂乳液	70.0	分两次加入
3	去离子水	70.0	
4	纳米二氧化钛	20.0	
5	消泡剂	0.3	
6	增稠剂（纤维素类）	0.4	
7	润湿剂	0.6	
8	分散剂	0.6	
9	防霉剂	0.2	
10	流平剂	0.4	
11	防锈剂	0.2	
12	固化剂	0.1	

（1）将一定量的去离子水（50.0g）加入不锈钢桶中，调整高速分散机的转速为低速（200r/min）。

（2）在低速（200r/min）搅拌下，向不锈钢桶中加入一定量的增稠剂（纤维素类）0.4 g，然后再加入润湿剂 0.6 g、分散剂 0.6 g、消泡剂 0.15 g，搅拌 5 min。

（3）调整高速分散机的转速为中速（300r/min 左右），开始向烧杯中加入纳米二氧化钛 20.0g，加料时间 15min，结束后转速提高到 800r/min，搅拌 45min，使填料充分分散，防止分散过程中的凝结成团。

（4）颜填料加入完毕后，降低转速至 300r/min，加入消泡剂 0.15g。

（5）在低速（400r/min）搅拌下将乳液分别加入浆料中，加料时间 30 min，结束后继续搅拌 30min。

（6）低速（300r/min）搅拌下，加入防霉剂、流平剂、防锈剂。

（7）搅拌均匀后，低速搅拌下加入固化剂 0.1g。

（8）添加剩余去离子水。出料、称量，制得白色均匀流体，密封保存。

（9）将制备的水性氟碳涂料涂刷或用线棒涂于马口铁板表面，自然流平，室温放置约 30min；表面干后将其置于 160℃下烘焙固化 3min，再室温平衡 1h，制得氟碳涂层。

六、结果计算

（1）记录实际的加料时间、转速及加料量，计算各组分的百分比。

（2）记录涂料出料时的黏度、细度。

（3）测量涂层表面的接触角，判断疏水性和亲水性。

七、数据处理

如表 6.5 所示。

表 6.5　水性氟碳涂料的性能

序号	黏度/KU	细度/μm	接触角/（°）
1			
2			
3			
平均值			

八、思考题

1. 水性氟碳涂料有哪些应用方向？
2. 如何观察所制得涂料的本征性能？如何判断涂料的等级？

附　实验操作流程单

如表 6.6 所示。

表 6.6　实验操作流程单

步骤	添加物	质量/g	温度	时间/min	操作要求
步骤1	去离子水	50.0	室温		200r/min低速搅拌
步骤2	增稠剂	0.4	室温	5	200r/min
步骤3	润湿剂	0.6	室温	5	200r/min
步骤4	分散剂	0.6	室温	5	200r/min
步骤5	消泡剂	0.15	室温	5	200r/min
步骤6	纳米二氧化钛	20.0	室温	60	300r/min，加料时间15min，结束后提高到800r/min，继续搅拌45min
步骤7	消泡剂	0.15	室温	5	400r/min
步骤8	水性氟碳树脂乳液	90.0	室温	60	加料时间30min，结束后继续搅拌30min
	水性丙烯酸树脂乳液	70.0			
步骤9	防霉剂	0.2	室温	5	300r/min低速搅拌
步骤10	流平剂	0.4	室温	5	300r/min
步骤11	防锈剂	0.2	室温	5	300r/min
步骤12	固化剂	0.1	室温	5	300r/min
步骤13	去离子水	20.0	室温	5	300r/min
步骤14	—	—	室温		出料

实验三十八　粉末涂料的制备

粉末涂料始于 20 世纪 50 年代，由环氧树脂、聚酯树脂、聚氨酯、聚丙烯酸等聚合物与颜料、添加剂等均匀混合而成。粉末涂料是一种固含量为 100%，且没有有机挥发物（VOC）产生的环保型涂料。粉末涂装是指粉末涂料涂布到经过表面处理的清洁的被涂物上，经过烘烤熔融并形成光滑涂膜的工艺过程。粉末涂料是一种低污染、省能源的环保型涂料。

一、实验目的

（1）掌握粉末涂料的制备方法，制备粉末涂料。
（2）掌握粉末涂料的涂装方法——静电喷涂法。

二、实验原理

静电喷涂是利用高频（20 kHz）高压（100 kV）静电发生器产生直流高压电源，使用时正负两极分别与喷枪头和待涂工件（接地）连接，在两者之间形成一个高压电场。静电粉末喷枪喷出的粉末，在分散的同时产生电晕放电，从而带上负电荷。在静电力和压缩空气的作用下，带电粉末被均匀地吸附在工件上。经过加热，粉末熔融固化成均匀、连续、平整、光滑的涂膜。带负电的涂料粉末在空气流的作用下，受静电场静电引力的作用定向地飞向接地带正电荷的工件，由于电荷之间的作用而使涂料牢牢地吸附在工件上。一般只需几分钟便可使涂层达到 50～150μm。之后由于静电排斥，粉末就不再吸附到工件上，因此容易得到恒定均匀的膜厚。喷涂后的工件在固化炉中加热，使涂层流平，形成均匀的涂层。目前为止，粉末静电喷涂工艺和电泳涂料电泳涂装工艺，是最能精准控制涂层厚度和均匀度的方法。

静电喷涂的特点如下。

（1）料利用率高　静电喷涂雾化好，漆料利用率可达 80%～90%，与空气喷涂相比可节约漆料 40% 以上。采用静电涂装，涂料粒子受电场作用力被吸附在工件表面，显著减少了飞散和反弹，使涂料利用率大幅度提高，涂料利用率比空气喷涂提高 1～2 倍。

（2）涂装效率高　静电喷涂易于自动化流水作业，生产效率比空气喷涂提高 1～2 倍，提高了劳动生产率。

（3）涂膜质量好　带电涂料粒子受电场的作用产生环抱效应，获得的涂膜均匀、平整、光滑、丰满，光泽高，装饰性好。

（4）改善涂装条件　静电涂装可以在静电喷涂室内进行，使涂装环境大为改善。

（5）火灾的危险性大　静电喷涂设备复杂，喷具是特制的，工作状态有几万伏高压，具有较大的火灾风险，需要严格执行操作规程。

（6）涂料的电阻要低　静电涂装对涂料的电性能有一定要求，一般要求涂料的电阻小于 100MΩ。各种合成树脂漆如醇酸树脂、氨基醇酸树脂、丙烯酸树脂、聚氨酯、环氧树脂、聚酯、过氯乙烯树脂等均可采用，用于各种金属结构和机械车辆、热水瓶及其他五金制品的涂装。世界上第一套粉末静电喷涂设备于 1962 年由法国公司研制成功。此后粉末静电喷涂技术在世界各国迅速发展，逐渐取代了溶剂型涂料涂装技术。静电喷涂的主要设备包括静电供粉枪、高压静电发生器、供粉器、喷粉柜、粉末回收装置和烘烤炉等。粉末静电喷涂中，影响喷涂质量的因素除了工件表面前处理质量的好坏以外，还有喷涂时间、喷枪的形式、喷涂电压、喷粉量、粉末电阻率、粉末粒度、粉末和空气混合物的速度梯度等。

静电喷涂工艺的影响参数及注意事项如下。

（1）粉末的电阻率　粉末的体积电阻率在 $10^{10} \sim 10^{14}\Omega \cdot cm$ 较为理想。电阻率过低易产生粉末再分散，电阻率过高会影响涂层厚度。

（2）喷粉量　在喷涂开始阶段，喷粉量的大小对膜厚有一定的影响，一般喷粉量小，沉积率高。喷粉量一般控制在 $50 \sim 1000g/min$ 范围内。

（3）粉末和空气混合物的速度梯度　速度梯度是喷枪出口处的粉末空气混合物的速度与喷涂距离之比，在一定喷涂时间内，随着喷涂梯度的增大膜厚将减小。

（4）喷涂距离　喷涂距离是控制膜层厚度和均匀程度的一个主要参数，一般控制在距工件 $10 \sim 25cm$，多由喷枪形式来决定。

（5）喷涂时间　喷涂时间与喷涂电压、喷涂距离、喷涂量等几项参数是相互影响的。当喷涂时间增加及喷涂距离很大时，喷涂电压对膜厚极限值的影响减小。随着喷涂时间的增加，喷粉量对膜厚增长率的影响显著减小。

三、实验原料

成膜物：聚酯/环氧树脂，工业级。

固化剂：三环氧丙基异氰尿酸（TGIC），工业级。

颜料：钛白粉，工业级。

填料：碳酸钙、滑石粉、硅微粉（300 目熔融型），工业级。

助剂：聚丙烯酸酯类。

四、仪器设备

高速混合机、双螺杆挤出机、小型高速粉碎机、静电喷枪、带孔马口铁片（120mm×50mm×0.28mm）、电热恒温鼓风干燥箱、涂层测厚仪、铅笔硬度计、漆膜冲击器、光泽度仪、智能式数字白度仪等。

五、实验步骤

（1）粉末涂料的制备　按表 6.7 的基础配方制备粉末涂料。

表 6.7　粉末涂料基础配方

序号	原料	质量分数/%	备注
1	聚酯/环氧树脂	65	
2	固化剂	5	
3	颜料	12	
4	填料	15	
5	助剂	3	

① 配料，按照表 6.7 的比例称量原料。

② 预混，将原料充分混合。

③ 挤出，使用双螺杆挤出机熔融挤出。

④ 粉碎，用小型高速粉碎机粉碎。

⑤ 过筛，使用纱网过筛。

（2）粉末涂料的制板

① 采用常规的静电喷涂工艺制板，于烘箱中烘烤获得涂膜样板。

② 观察所制样板涂膜的表观状态，判断所制备的粉末涂料质量的好坏。

六、结果计算

测试粉末涂料涂膜的厚度、光泽度、铅笔硬度、摆杆硬度、压痕硬度、划圈法附着力、百格法附着力、T 弯折柔韧性、耐冲击性、圆锥弯柔韧性、耐盐雾性。

七、数据处理

如表 6.8 所示。

表 6.8　粉末涂料涂膜的性能

测试项目	结果 1	结果 2	结果 3	平均值
漆膜厚度				
光泽度				
划圈法附着力				
百格法附着力				
铅笔硬度				
摆杆硬度				
压痕硬度				
耐盐雾性				
圆锥弯柔韧性				
T 弯折柔韧性				
耐冲击性				

八、思考题

1. 在涂料配方中增加硅微粉的含量对涂料粉末的喷粉性能有什么影响？

2. 在涂料配方中增加硅微粉的含量对涂膜硬度有何影响？

3. 颗粒细度增大会如何影响静电喷涂的质量？

附　实验操作流程单

粉末涂料的制备按表 6.9 进行操作。

表 6.9　实验操作流程单

步骤	添加物	温度	操作要求
步骤 1	聚酯/环氧树脂、固化剂、颜料、填料、助剂	室温	按照比例称量原料

步骤	添加物	温度	操作要求
步骤2	—	室温	高速混合机充分混合
步骤3	—	室温	双螺杆挤出机熔融挤出
步骤4	—	室温	小型高速粉碎机粉碎
步骤5	—	室温	纱网过滤
步骤6	—	—	测试不挥发物含量和颗粒细度

第四节　实验三十九　紫外光固化涂料的制备

紫外光固化（ultravioletcuring，简写为 UV）是 20 世纪 60 年代开发的一项具有经济、节能、环保等特点的新型技术。它是指将一种体系中含有不饱和碳碳双键的液体基质在紫外光照射下，光引发剂吸收辐射能量之后受到激发产生自由基或阳离子，引发液体基质中的不饱和碳碳双键之间发生化学反应，交联固化后形成具有体型结构产物的固化方式。

1946 年美国 Inmount 公司第一次发表不饱和聚酯/苯乙烯紫外光固化油墨技术专利。1968 年德国的拜耳公司研发出第一款商品化的 UV 光固化涂料，这种涂料以不饱和聚酯作为主体聚合物，应用苯乙烯作为活性稀释剂降低主体聚合物的黏度，然后在紫外光辐照下共聚制备了紫外光固化涂膜，并用于木器表面作为一种保护涂膜，这也被后世学者公认为首代紫外光固化涂料。

光固化是利用光(紫外光或可见光)引发具有化学反应活性的感光树脂，由液态快速转变为固态的过程，光固化技术作为一项新兴技术，具有高效（efficient）、适应性广（enabling）、经济（economical）、节能（energy saving）和环境友好（environmental friendly）的"5E"特点，是一项公认的"绿色"技术。基于光固化技术的光固化涂料自商品化以来，一直保持着 12%～15%的年增长率，成为涂料工业中的一个重要分支。光固化涂料目前已广泛应用于体育用品、电子通信、包装材料和汽车部件等不同领域。

一、实验目的

（1）掌握环氧丙烯酸光固化涂料的组成和制备方法。
（2）掌握光固化涂料固化过程的表征手段。
（3）掌握基本的涂层性能表征方法。

二、实验原理

光固化涂料主要由可交联聚合的低聚物、活性稀释剂、光引发剂及添加剂组成。其中低聚物是光固化涂料中比例最大的组分，决定着固化后涂层的基本性能（包括硬度、柔韧性、附着力等），主要包括不饱和聚酯树脂、环氧丙烯酸酯、聚氨酯丙烯酸酯以及丙烯酸化聚丙烯酸酯等；活性稀释剂可调节体系黏度，并参加固化成膜，赋予体系环保特性，目前应用最广泛的活性稀释剂是（甲基）丙烯酸酯类；光引发剂的作用是产生引发聚合反应的活性种，一般分为自由基光引发剂和阳离子光引发剂，其活性对聚合速率及最终涂层性能有重要影响。实际应用中光固化体系往往还需要加入各种助剂，如消泡剂、流平剂、颜填料等，来满足其他使用要求。

环氧丙烯酸酯由环氧树脂和丙烯酸或甲基丙烯酸经开环酯化而制得，具有黏结力强、耐腐蚀、价格低廉、固化速率快、硬度高、耐化学品性优异等优点。环氧丙烯酸酯光固化涂料是目前应用最广泛、用量最大的光固化涂料品种。

1. 低聚物（oligomer）

低聚物也称为预聚物（prepolymer），具有能进行光固化反应的活性基团，构成了光固化涂层交联网络结构的主体部分，对涂层产品的主要物理和化学性能起决定性的作用。所以低聚物的合成及选择对光固化涂料的配方设计尤为重要。

不同的低聚物具有不同的特点，随着对低聚物结构与性能研究的深入，一些改性的功能性低聚物在UV光固化涂料中的应用也逐渐受到重视，比如有机硅改性低聚物、具有超支化结构的低聚物、粉末型低聚物以及水溶性低聚物等都在光固化涂料中得到了广泛的应用。

2. 光引发剂

光引发剂能吸收辐射能量，被激发后发生化学变化，能产生引发聚合反应的自由基或阳离子活性中间体，其对UV固化速率起至关重要的作用，也是影响光固化涂膜性能的一个重要参数。按光引发剂产生的活性中间体的不同，光引发剂可分为自由基型和阳离子型两类。而根据自由基作用机理的不同，又可以分为裂解型光引发剂、夺氢型光引发剂、配位体交换型光引发剂和阳离子型光引发剂。

涂膜光固化后，自由基型光引发剂的残留光解产物可能会向涂膜表面迁移，从而影响涂层的性能，并且在固化过程会有刺激性气味产生，过多使用光引发剂甚至还会引起涂膜黄变。为了克服以上问题，设计和研究一些新型光引发剂，如聚合型光引发剂、大分子光引发剂、自由基-阳离子混杂光引发剂等越来越成为研究重点。

3. 活性稀释剂

活性稀释剂一般称为功能单体（functional monomer），主要有两个作用：①溶解、稀释低聚物，降低体系黏度，改善涂膜的流变性，提高产品可加工性；②参与交联固化反应，调节交联密度，增强涂膜的致密性，改善涂膜的物理和力学性能，在一定程度上减少易挥发溶剂的使用量。目前常见的活性稀释剂多为丙烯酸酯类单体，根据活性稀释剂分子中所含双键数目的不同，可分为单官能、双官能和多官能活性稀释剂。传统的活性稀释剂存在固化速率慢，易对皮肤产生刺激作用，体积收缩率大等缺点，而在不同的应用领域，对活性稀释剂有不同的要求，为了克服这些缺点并达到普遍应用要求，对活性稀释剂的改进和研究一直都在进行中。

4. 添加剂

光固化涂料配方中的添加剂主要包含染料、颜料、填料以及助剂等，它们在涂料配方中所占比例极小，但对于涂膜性能的改善，气味及可萃取物含量的降低，减少黄变，增强紫外光敏感性等，有显著作用，是涂料中不可缺少的组分。例如，在有色体系中需要加入颜料；在流动性较差的体系中为了改善流平性、消除涂膜的种种缺陷，需要加入流平剂。消泡剂可以抑制体系中气泡的产生。润湿分散剂可使体系中的填料、颜料等固体颗粒分散均匀并起到稳定作用。消光剂可降低固化膜的光泽度，加入消光剂即可得到低光泽或哑光涂料。在涂料体系中加入一定量阻聚剂可以保证生产、存储、运输以及施工时光固化涂料的稳定性。

三、实验原料

主要试剂：环氧丙烯酸树脂、三羟甲基丙烷三丙烯酸酯（TMPTA）、乙氧基化三羟甲基丙烷三丙烯酸酯（EO-TMPTA）、己二醇二丙烯酸酯（HDDA）、光引发剂2-羟基-2-甲基-1-苯基-

1-丙酮（Irgacure 1173）、光引发剂双 2, 6-二氟-3-吡咯苯基二茂钛（Irgacure 784）。

四、仪器设备

主要设备：实时红外光谱仪，KBr 盐片、光强计、紫外光源、搅拌机、单口烧瓶等玻璃仪器，划格器、铅笔硬度测定计、烘箱、重锤冲击计、涂膜测厚仪等涂料性能测定仪器。

五、实验步骤

1. 环氧丙烯酸酯光固化涂料的制备

按照表 6.10 的配方要求，称取相应的组分置于单口烧瓶中，通过机械搅拌使树脂体系呈澄清透明的均一体系。通过涂-4 杯和旋转黏度计测试固化前涂料的黏度。

表 6.10　环氧丙烯酸酯光固化涂料配方

配方	环氧丙烯酸树脂	TMPTA	EO-TMPTA	HDDA	Irgacure 1173	Irgacure 784
配方1	70%	30%			3%	
配方2	70%	30%				3%
配方3	70%		30%		3%	
配方4	70%			30%	3%	

2. 光固化过程的表征

实时红外是在线监测光固化反应动力学的最有效手段，其工作原理如图 6.1 所示。

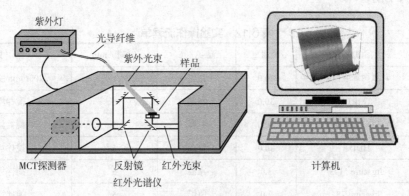

图 6.1　实时红外光谱仪的工作原理

光固化涂料中的低聚物和活性稀释剂均含有不饱和双键，在红外光谱中有特征吸收谱带，随着光固化反应的进行，不饱和双键逐渐转化而消失，相应地其吸收峰谱带强度也逐渐减弱直至消失。因此，可以通过同步检测谱带强度变化来表征固化反应的进度。

将所制备的光固化涂料均匀涂覆在 KBr 盐片上，将盐片置于样品架中，调节并记录光强，然后开启光源，通过实时红外光谱仪记录不同辐照时间下的红外吸收光谱，计算双键转化率。比较不同的活性稀释剂和光引发剂对光固化动力学的影响。

六、结果计算

聚合反应过程中官能团的转化程度：

$$双键转化率 = \left(1 - \frac{A_t}{A_0}\right) \times 100\% \qquad (6.1)$$

式中，A_0 和 A_t 分别代表光照前及光照时间 t 时双键特征吸收峰（1652～1592cm^{-1}）面积。

七、数据处理

如表 6.11 所示。

表 6.11　双键转化率

序号	双键转化率/%
1	
2	
3	
平均值	

八、思考题

1. 紫外光固化未来有哪些发展趋势？
2. 如何控制光固化反应的速率？

附　实验操作流程单

如表 6.12 所示。

表 6.12　实验操作流程单

步骤	添加物	质量/g	温度／℃	时间／min	操作要求
步骤1	环氧丙烯酸树脂	70.0	室温		200r/min慢速搅拌
步骤2	TMPTA	30.0	室温	5	搅拌均匀
步骤3	EO-TMPTA	30.0	室温	5	搅拌均匀
步骤4	HDDA	30.0	室温	5	搅拌均匀
步骤5	Irgacure 1173	3.0	室温	5	搅拌均匀
步骤6	Irgacure 784	3.0	室温	5	搅拌均匀
步骤7					测试双键转化率

第五节　实验四十　阻燃涂料的制备

阻燃涂料是指涂覆在高分子、木质、钢结构等基体材料表面的一类涂料的总称，属于特种涂料。阻燃涂料能够防火隔热，阻止基材燃烧或者延缓基材的温度升高，从而提高基材的耐火性能。采用阻燃涂料对钢结构进行防火保护是经济、简便、有效的方法之一。研制出耐火性能优异、耐候性能好、能够在高温下形成稳定膨胀层的水性阻燃涂料，具有重要的意义和价值。

一、实验目的

(1) 根据涂料基础配方，制备出防火涂料，并考察其基础性能和防火性能。

(2) 掌握阻燃涂料的基本配方设计原理和防火机理。

二、实验原理

阻燃机理是指阻燃涂料在高温下形成膨胀层，保护基材，达到阻燃隔热的效果，具体可分为以下两个方面。

(1) 膨胀型阻燃涂料在高温下，成膜物熔融软化，酸源受热分解释放出酸，与碳源发生反应，脱水炭化，气源受热分解释放出不燃性气体，使涂层迅速发泡膨胀，膨胀成比原有涂层厚十几倍甚至几十倍的炭层。膨胀炭层为类似蜂窝状或海绵状空间炭层结构，内部拥有很多充满气体的封闭孔洞，导热性能很差，使得涂层的热量传递大大减少，延缓了被保护基材的升温速率，达到良好的隔热效果；同时，具有一定强度和不燃特性的膨胀炭层能够在火焰冲击下保持良好的阻燃状态，阻止高温火焰对基材的直接灼烧，从而有效提升基材的耐火性能。

(2) 在高温下，成膜物、膨胀防火体系以及填料等都会发生分解、脱水、酯化等一系列化学反应，这一过程需要吸收大量的热，从而减缓了涂层升温速率，起到了一定的阻燃作用，同时在这一过程中释放出大量的不燃性气体，如 NH_3、CO_2、水蒸气等，使得周围环境中的氧气浓度降低，并且能够捕获燃烧产生的·OH、··H 等自由基，使燃烧反应得到了抑制。

三、实验原料

主要试剂：水性丙烯酸乳液、聚磷酸铵、三聚氰胺、双季戊四醇、增稠剂、润湿剂、分散剂、防霉剂、流平剂、防锈剂、消泡剂、氨水、去离子水。

四、仪器设备

高速分散机、不锈钢桶、烧杯、玻璃棒、量筒、烘箱、刮板细度计、涂-4 杯、ISO 杯、斯托默黏度计、旋转黏度计、氧指数测定仪 (LOI)、分析天平等。

五、实验步骤

按照表 6.13 的配方要求，称取相应的组分置于烧杯中，通过机械搅拌高速分散使树脂、防火颜料、填料等助剂呈均一的体系。通过涂-4 杯和旋转黏度计测试涂料的黏度，通过刮板细度计测试涂料的细度（因配方简化，此处未添加防腐剂，若有需要，可加入总质量的 0.1%）。

表 6.13　阻燃涂料配方

序号	原料	质量/g	备注
1	水性丙烯酸乳液	90.0	
2	聚磷酸铵	50.0	
3	三聚氰胺	30.0	
4	双季戊四醇	30.0	
5	去离子水	50.0	

序号	原料	质量/g	备注
6	消泡剂	0.4	
7	增稠剂	1.0	
8	润湿剂	0.8	
9	分散剂	1.6	
10	防霉剂	0.2	
11	流平剂	0.4	
12	防锈剂	0.2	

(1) 将一定量的去离子水（50.0g）加入不锈钢桶中，调整高速分散机的转速为低速（200r/min）。

(2) 在低速（200r/min）搅拌下，向不锈钢桶中加入润湿剂 0.8g，然后再加入分散剂 1.6g、消泡剂 0.2g，搅拌 5min。

(3) 调整高速分散机的转速为中速（300r/min 左右），开始向不锈钢桶中加入聚磷酸铵 50.0g、三聚氰胺 30.0g，双季戊四醇 30.0g，加料时间 30min，结束后转速提高到 800r/min，搅拌 60min，使填料充分分散，防止分散过程中的凝结成团。

(4) 颜填料加入完毕后，降低转速至 300r/min，加入消泡剂 0.2g，然后再将部分增稠剂水溶液慢慢加入。

(5) 在中速（400r/min）搅拌下将乳液加入浆料中，加料时间 30min，结束后继续搅拌 30min。

(6) 中速（300r/min）搅拌下，加入防霉剂、流平剂、防锈剂。

(7) 低速搅拌下加入适量的增稠剂，调整黏度，并加入氨水调节 pH 值至 8~9，黏度 70~80KU。

(8) 出料，称量制得的阻燃涂料，密封保存。

(9) 将制备的防火涂料涂刷于已打磨处理的试验钢板表面，自然流平，室温放置约 1h；表面干后将其置于 60℃下烘焙固化 4h，制得阻燃涂层。

(10) 采用锡箔板法刷涂防火涂层，制成防火样条。用氧指数测定仪测定极限氧指数，判定防火涂料的防火特性。

六、结果计算

(1) 记录实际的加料时间、转速及加料量，计算各组分的百分比。

(2) 记录涂料出料时的黏度、细度。

(3) 记录测定的氧指数。

七、数据处理

如表 6.14 所示。

表 6.14　阻燃涂料的性能

序号	黏度/KU	细度/μm	氧指数
1			
2			
3			
平均值			

八、思考题

1. 如果将阻燃体系中的双季戊四醇更换为其他阻燃剂，配方要如何调整?

2. 从多种角度出发，如何提升阻燃涂料的耐火性能?

3. 防火涂料涂层厚度对涂覆后基材的防火性能有什么影响?

附　实验操作流程单

如表 6.15 所示。

表 6.15　实验操作流程单

步骤	添加物	质量/g	温度 / ℃	时间 / min	要求
步骤 1	去离子水	50.0	室温		200r/min 低速搅拌
步骤 2	润湿剂	0.8	室温	5	200r/min
步骤 3	分散剂	1.6	室温	5	200r/min
步骤 4	消泡剂	0.2	室温	5	200r/min
步骤 5	聚磷酸铵	50.0	室温	90	300r/min，加料时间30min，结束后提高到 800r/min，继续搅拌60min
	三聚氰胺	30.0			
	双季戊四醇	30.0			
步骤 6	消泡剂	0.2	室温	5	400r/min
步骤 7	水性丙烯酸乳液	90.0	室温	60	加料时间30min，结束后继续搅拌30min
步骤 8	防霉剂	0.2	室温	5	300r/min 低速搅拌
步骤 9	流平剂	0.4	室温	5	300r/min
步骤 10	防锈剂	0.2	室温	5	300r/min
步骤 11	增稠剂	适量	室温	5	300r/min
步骤 12	—	—	室温	—	出料

腐蚀无处不在，是一种逐渐发生发展，并由量变到质变的过程。工程装备和重大设施的腐蚀过程通常发生在不经意间，一旦设备出现腐蚀破坏，容易诱发安全隐患，甚至衍生着火、爆炸等灾难性事故。

金属都趋向于释放能量，回归到自然界中稳定存在的低自由能状态——氧化物，实际表现为腐蚀，因此金属防腐是一个永恒的主题。涂层一直是材料保护的重要手段，传统溶剂型涂料含有大量的挥发性有机物（VOC），令其生产、存储、运输和使用过程中存在易燃易爆的安全隐患，并且大量存在的有机溶剂严重影响了人们的身体健康及环境，在很多场合已经被禁用。各类环保型材料应运而生，在钢结构防腐领域，水性涂料、高固体分和无溶剂涂料的应用较为广泛，尤其是在轻防腐领域，水性涂料更有取代溶剂型涂料的趋势。

一、实验目的

(1) 掌握水性环氧涂料的制备方法。
(2) 掌握水性环氧涂料的表征手段。
(3) 掌握基本的涂层性能表征方法。

二、实验原理

1. 屏蔽作用

漆膜作为隔断层，阻挡金属与介质接触，从而防止腐蚀反应发生。防护涂层需具有低水、低气体、低离子通透性，同时具有良好的附着力，与基材紧密黏合在一起。涂层中的填料能够阻挡涂层基质中存在的微孔和空腔，通过锯齿形通路降低电解质扩散到涂层/金属界面的含量，并增加涂层的交联密度，提高其阻隔性能和耐腐蚀性。漆膜充分填补金属基材的凹陷处，并有效减少其电子转移的途径，预防腐蚀出现，从而延长金属及涂层的寿命。

2. 颜料保护作用

颜料从机理角度划分为物理、化学和物理化学兼具的综合型防锈颜料三类。物理防锈机理顾名思义是依靠颜料自身的物理特性进行防锈，如突出的遮盖性能、较强的耐酸碱性和较佳的抗紫外老化性能等。化学防锈机理为：颜料粒子与金属离子发生化学反应，构成致密的氧化膜，腐蚀过程被迫中止，或通过牺牲阳极的电化学原理保护金属。综合型防锈颜料兼具两种防锈机理。

环氧树脂拥有优异的加工性、耐化学性，较高的交联密度，对基材的亲和性强，在工业生产上应用广泛。传统的溶剂型环氧树脂涂料 VOC 较多，易产生光化学污染或酸雨。水性环氧树脂涂料使用安全，清洗方便，符合国际环保要求。

环氧树脂具有独特的环氧基及仲羟基和醚键，化学活性较高，易发生开环反应，交联形成网络状结构。其中双酚 A 型环氧树脂运用最为广泛，其对金属的附着力强，固化收缩率低，是高分子树脂行业中最基本的原料之一。

涂料的各种组分按照正确的添加流程制备出的防腐涂层，不但可以提供长久的保护，还保留了基材的美观性。涂料配方中的每种物质都有其独特的作用，包含成膜物质、颜填料、助剂和溶剂四个组成部分。

（1）成膜物质　成膜物质一般为油料树脂，影响涂膜最终的力学性能。现如今绝大部分涂料都是以酚醛树脂、醇酸树脂、氨基树脂、丙烯酸树脂等合成树脂作为主要成膜物质。

（2）颜（填）料　包括颜料和填充剂。

① 颜料　物理性质起主导作用的颜料微粒，填充成膜物质的空隙，提高致密性和平整度，起到屏障效果。化学性质的防锈颜料细分为缓蚀型和电化学作用型两种，前者依靠化学反应或生成反应物达到防锈目的，后者主要是依靠活泼金属发生化学反应生成盐类及其络合物，以防止水、氧气和盐类的侵蚀。

② 填充剂　填充剂在涂料中充当骨架并具有填充的功能，可减少树脂用量以降低成本，赋予涂料特殊性能。种类和品种繁多，主要有碳酸钙类、炭黑类、纤维素类、硅酸盐类、二氧化硅类、金属氧化物和无规聚丙烯等。

（3）助剂　涂料助剂使涂料某项特定性能明显改进，用量小，起辅助作用。常见助剂主要包括：润湿分散剂、消泡剂、流平剂、增稠剂、消光剂、稀释剂等。

（4）溶剂　溶剂是能将涂料中的成膜物质溶解或分散为均匀的液态，以便于施工成膜，当施工后又能从漆膜中挥发至大气的物质，原则上溶剂不构成涂膜，也不应存留在涂膜中。很多化学品包括水、无机化合物和有机化合物都可以作为涂料的溶剂组分。现代的某些涂料中开发应用了一些既能将成膜物质溶解或分散为液态，又能在施工成膜过程中与成膜物质发生化学反应形成新的物质而留在漆膜中的化合物，这些化合物被称为反应活性剂或活性稀释剂。溶剂有的是在涂料制造时加入，有的是在涂料施工时加入。

三、实验原料

白炭黑、磷酸锌、硼酸锌、氯化钠、氢氧化钠、丙酮、水性环氧树脂乳液、固化剂 EC-H340、滑石粉、分散剂、流平剂、醇酯十二、防闪锈剂 A（R-760F）、防闪锈剂 B（FA179）、防闪锈剂 C（DMEA）、水性硅溶胶、蒸馏水、消泡剂。

四、仪器设备

百格刀、立式纳米级行星式球磨机、恒温水浴锅、磁力加热搅拌器、电子天平、膜厚仪、气流式盐雾腐蚀试验箱、电热恒温鼓风干燥箱、电化学综合测试系统、数字式黏度计、饱和甘汞电极、铂电极扫描电子显微镜、热失重测试仪等。

五、实验步骤

1. 环氧树脂涂料的制备

在烧杯中依次加入环氧树脂乳液、润湿剂、蒸馏水、分散剂、在 300r/min 下分散 10min。再依次缓慢加入三分之一的成膜助剂、三分之一的消泡剂、磷酸锌、硼酸锌、白炭黑、滑石粉，在 2000r/min 下分散 30min，在 300r/min 的情况下依次加入三分之二的消泡剂、流平剂、三分之二的成膜助剂，搅拌 10min，倒入研磨罐中，在 300r/min 下研磨 3h，得到 A 组分。

将 A 组分与环氧树脂固化剂 EC-H340 以一定质量比进行复配，在 2000r/min 下均匀分散 20 min 后制得水性环氧防腐涂料，静置 30 min 后可以涂装使用。

2. 环氧树脂涂料性能表征

（1）吸水率测定　取三块试验材料，在涂装前称量三块试验材料的质量。涂装且漆膜干燥后，在浸水之前再次称其质量，将试验样品浸入装有温度为 25℃的蒸馏水的玻璃容器中，然后放入温度为 25℃的恒温水浴锅中。浸水 24 h 后，将试验样品取出，用滤纸在最短时间内吸干试验样品表层附着的水分，随即称重，且每块试验样品从离开水到称量完成这段时间不得超过 2 min。同一配方平行测试三组，测试结果取三次数据的平均值，并保留两位有效数字。

（2）漆膜附着力测试　使用附着力测试专用的百格刀在试验样品表面划格，必须划至材料裸露基体，且做相交的平行线，形成网络图形，之后用专用透明胶带粘到划好的格子上，保证胶带与涂层接触良好，并之后在 0.5～1s 的时间里将胶带撕下。

（3）耐中性盐雾测试　盐雾测试所用的盐雾箱的体积应大于等于 0.4m³，并且对盐雾试验箱的一些参数提出要求，温度参数为（35±2）℃，腐蚀溶液为 5%NaCl 溶液（pH=6.5～7.2）。喷雾落在盐雾箱底层的 NaCl 溶液不能重复使用，为保证每块试板的腐蚀环境一样，试板应尽量距喷雾的距离一致且尽量不相互接触，每块试板与垂线夹角最佳为（20±5）°。

六、结果计算

涂膜吸水率 W 的计算：

$$W = \frac{M_2 - M_1}{M_1 - M} \times 100\% \tag{6.2}$$

式中　W——涂膜吸水率，%；

M_1——试验底材的质量，g；

M——试验待测样品浸水前的质量，g；

M_2——试验待测样品浸水后的质量，g。

七、数据处理

如表 6.16 所示。

表 6.16　涂料涂膜的性能

序号	吸水率/%	漆膜附着力等级	耐盐雾时间/h
1			
2			
3			
平均值			

八、思考题

1. 为什么最常用的防腐涂料用环氧树脂配制？
2. 防腐涂料的配方设计原理和金属防腐的机理一致吗？
3. 环氧防腐涂料最大的缺点是什么？

第七节　实验四十二　隔热涂料的制备

随着社会的不断发展，能源问题越来越受到人们的关注。世界能源需求量以每年 2% 的速率增长，而这些能源有近 30% 消耗在建筑物上，在这些建筑能耗中，建筑物采暖以及空调的耗能占有较大比重，而通过门窗流失的能量占整个建筑采暖以及空调耗能的一半，同时，通过门窗的热损失主要是由远红外线经建筑玻璃传递的，因此建筑玻璃被赋予了新的发展要求：既要求其在可见光区透明性好，又要求其能够阻挡太阳光的辐射热量。

透明隔热涂料是一种涂覆后可以形成透明隔热涂层的涂层材料。所得涂层对不同波长的光有不同的作用，它能吸收绝大部分紫外光，反射长波长的红外光，对可见光有良好的通过率，既能达到保温隔热的效果，又不影响采光，是一种新型绿色建筑材料。

一、实验目的

(1) 掌握透明隔热涂料的制备方法。
(2) 掌握透明隔热涂料的表征手段。
(3) 掌握基本的涂层性能表征方法。

二、实验原理

太阳辐射的波长主要在 200 ~ 4000nm 之间，在这个波长范围内，可以分为三个主要区域：紫外区，波长范围为 200 ~ 380nm，其能量占太阳总辐射能量的 5%；可见光区，波长范围为 380 ~ 760nm，能量占太阳总辐射能量的 45%；近红外区，波长范围为 760 ~ 1500nm，能量占太阳总辐射能量的 50%。在波长为 480 nm 处，太阳辐射的强度达到最大值。由此可知，太阳光的辐射能量主要分布在近红外区和可见光区。因此，如果能够有效地反射近红外区间的红外光，就能大大降低从太阳辐射获得的热量，从而达到隔热的效果。

透明隔热涂层本质上是一类透明半导体薄膜，它们普遍具有较大的禁带宽度，高的载流子浓度，是电的良导体，在可见光区有着高的透过率，在红外光区有着高的阻隔率，并且能够吸收绝大部分紫外光。

三、实验原料

ATO 纳米粉体、水性聚氨酯、KH-570、消泡剂、增稠剂、流平剂。

四、仪器设备

激光粒度分析仪（mastersize 3000）、分光光度计（T9 UV-VIS）、线棒涂布器（30μm）、高速分散机、不锈钢桶、超声波分散器。

五、实验步骤

1. 纳米 ATO 粉体及浆料的制备

称取制备的 ATO 粉体与水按质量比为 1:20 混合，调节混合溶液的 pH 值为 7 ~ 9，再加入总质量 1%的三聚磷酸钠和聚丙烯酸钠 [m（三聚磷酸钠）:m（聚丙烯酸钠）=1:1]，在 1000r/min 的条件下磁力搅拌 30 min 后，再超声分散 30 min，得到 ATO 水性分散浆料。

2. 纳米 ATO 透明隔热涂料的制备

将水性聚氨酯在搅拌器上分散 30min，然后按照 V（ATO 水性浆料）:V（水性聚氨酯）=1:4 加入自制的 ATO 水性分散浆料，使用超声分散约 30 min，在分散过程中加入少量增稠剂、流平剂和消泡剂，分散搅拌均匀制得纳米 ATO 透明隔热涂料。

3. 纳米 ATO 透明隔热涂料的性能测试

(1) 纳米 ATO 涂料薄膜的透光性测试　将制成的隔热玻璃涂膜和未添加 ATO 的水性聚氨

酯涂膜分别利用分光光度计进行透过率测试，以%表示。

（2）纳米 ATO 涂料薄膜的隔热性能测试　使用隔热效果测试装置对涂料的隔热效果进行检验，以白炽灯为热光源，模拟太阳光对玻璃涂膜的照射，每隔 30min 记录温度显示屏的读数，测定保温箱内温度的变化，检验其隔热效果。

注意：① 采用的底基板应是高透亮的 PET 膜或无色玻璃板（以石英玻璃板为最好）。

②隔热率=1−光的透过率

红外阻隔率=（$\Delta T_1/\Delta T_2$）×100%

式中，ΔT_1 为隔热涂层与参照涂层指定时间的最大温差；ΔT_2 为参照涂层在指定时间内最终温度与起始温度的差值。

六、数据处理

如表 6.17 所示。

表 6.17　涂料漆膜的性能

序号	隔热率/%	红外阻隔率/%	备注
1			
2			
3			
平均值			

八、思考题

1. ATO 填料在透明隔热涂料中起到哪些作用？

2. 透明隔热涂层与一般的隔热涂层相比，在隔热机制上有哪些不同？

3. 如何制备彩色的透明隔热涂层？

第八节　实验四十三　重防腐涂料的制备

重防腐涂料是相对于常规防腐涂料而言的，是能应用于更为严苛的腐蚀环境，且与常规防腐涂料相比保护期更长的一类防腐涂料。重防腐涂料在腐蚀防护中应用十分广泛，施工方法比较简单，不受底材形状限制，而且成本相对低廉，在腐蚀防护中具有不可替代的地位。目前，常用作重防腐涂料的基体树脂有聚氨酯、氟碳树脂以及环氧树脂等。环氧树脂与钢铁等基材的附着力好、收缩率低、抗渗透性优异、固化物性能稳定，奠定了其在重防腐涂料发展等领域举足轻重的地位。近年来，通过物理和化学改性方法，其易粉化、耐候性差等缺陷逐步得到改善，环氧树脂基重防腐涂料在国内外研究广泛。

水性涂料具有 VOC 含量低、环保、无污染、易存储和运输的特点，现已成为涂料行业的发展趋势。水性环氧防腐涂料结合了两者的优点，在一定程度上具有与溶剂型环氧防腐涂料相当的综合性能。

目前水性双组分环氧防腐涂料的研究，主要分为两个方向：一个是合成树脂层面，即通过分子设计将水性环氧树脂或固化剂改性，合成一种性能更加优异的水性环氧树脂或固化剂，从而提高水性双组分环氧防腐涂料的综合性能，例如丙烯酸改性、聚乙二醇改性等；另一个是配方层面，即通过不同种类的原材料的选择、复配，通过各原材料的性能协调及工艺改善，使得漆膜的综合性能更加优异。环氧涂料的性能优异，因此其既可作为底漆又可作为面漆。

一、实验目的

(1) 掌握水性环氧树脂防腐涂料的制备。
(2) 掌握防腐涂料的表征手段。
(3) 掌握防腐涂料的性能测试方法。

二、实验原理

随着水性树脂技术的不断进步，新型改性防腐颜料和水性助剂的不断涌现，使得水性涂料性能更加优异。传统环氧树脂具有高硬度和良好的附着力等特点，同时耐溶剂性、耐磨性和化学稳定性优异；而水性环氧涂料在施工安全和环保方面较传统溶剂型环氧涂料极具优势，同时在保证良好涂装和固化条件下，防腐性能可以媲美传统溶剂型环氧涂料。广泛应用于钢结构装配建筑和储罐内表面的防腐涂装，在保证性能的同时兼顾环保和安全。

水性环氧树脂是指环氧树脂以微粒或液滴的形式，分散在以水为连续相的分散介质中而配得的稳定分散体系。由于环氧树脂是线型结构的热固性树脂，所以施工前必须加入水性环氧固化剂，在室温环境下发生化学交联反应，环氧树脂固化后就改变了原来可溶可熔的性质而变成不溶不熔的空间网状结构，显示出优异的性能。水性环氧树脂涂料具有溶剂型环氧树脂涂料的诸多优点。

(1) 适应能力强，对众多底材具有极高的附着力，固化后的涂膜耐腐蚀性和耐化学药品性能优异，并且涂膜收缩小、硬度高、耐磨性好、电气绝缘性能优异等。

(2) 环保性能好，不含有机溶剂或挥发性有机化合物含量较低，不会造成空气污染，因而满足当前环境保护的要求。

(3) 真正水性化，以水作为分散介质，价格低廉、无气味、不燃，存储、运输和使用过程中的安全性也大为提高。

(4) 操作性佳，水性环氧树脂涂料的施工操作性能好，施工工具可用水直接清洗，可在室温和潮湿的环境中固化，有合理的固化时间，并保证有很高的交联密度。这是水性丙烯酸涂料和水性聚氨酯涂料所无法比拟的。水性环氧树脂以其突出的性能优势，使制备得到的水性环氧树脂涂料同样具有优异的性能，从而在水性产品大家族中越来越重要。

三、实验原料

水性环氧树脂乳液、水性改性胺环氧固化剂、磷硅酸锶防锈颜料、防闪锈剂、磷酸锌铝防锈颜料、颜填料、pH值调节剂、润湿分散剂、消泡剂、聚氨酯增稠剂、助溶剂、去离子水等。

四、仪器设备

搅拌砂磨分散多用机、电子天平、盐水喷雾试验机、涂膜冲击器、高低温试验箱。

五、实验步骤

高性能水性环氧防腐涂料配方如表6.18所示。

表 6.18 高性能水性防腐涂料基础配方

组分	原料	质量/g
甲组分	水性改性胺环氧固化剂	8 ~ 15
	润湿分散剂	1.5 ~ 2.5
	消泡剂	0.2 ~ 0.4
	pH 值调节剂	0.2 ~ 0.3
	醇醚类助剂	0.5 ~ 1
	防闪锈剂	0.3 ~ 0.6
	防锈颜料	6 ~ 8
	着色颜料及填料	40 ~ 50
	增稠流变剂	0.5 ~ 1.5
	去离子水	21 ~ 35
	总量	100.0
乙组分	水性环氧树脂乳液	100.0

（1）先将去离子水与水性改性胺环氧固化剂搅拌均匀，加入润湿分散剂、消泡剂、pH 值调节剂、防闪锈剂、助溶剂，低速搅拌均匀。

（2）加入防锈颜料、填颜料，高速搅拌研磨（＞800r/min）至细度合格，然后将浆料加入调漆罐（若使用预制色浆，可跳过研磨步骤，直接进行分散）。

（3）加入增稠剂、去离子水，低速（＜200r/min）搅拌均匀（整个制备过程温度不宜大于40℃）；检测合格后过滤包装。

工艺流程如图 6.2 所示。

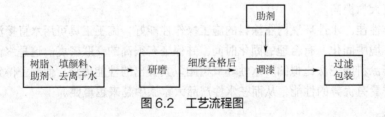

图 6.2　工艺流程图

六、性能测试

经过对制备获得的高性能水性环氧防腐涂料进行性能测试，以 HG/T 4759—2014《水性环氧树脂防腐涂料》进行判定，评定制备涂料的性能等级。检测结果见表 6.19。

表 6.19　高性能水性环氧防腐涂料的性能

序号	检测项目	标准指标	检测结果	性能等级判定
1	表干/h	≤4		
2	实干/h	≤24		
3	柔韧性/mm	≤3		
4	耐冲击/（kg·cm）	≤40		

序号	检测项目	标准指标	检测结果	性能等级判定
5	划格试验/级	≤1		
6	贮存稳定性（50±2）℃，14d	通过		
7	VOC含量/（g/L）	≤200		
8	闪锈抑制性	正常		
9	耐水性	240h不起泡、不脱落、 不生锈、不开裂		
10	耐盐雾	300h不起泡、不脱落、 不生锈、不开裂		

七、思考题

1. 如何优化和完善水性环氧树脂的防腐性能？
2. 环氧防腐涂料为何不适用于阳光直射的表层？

第九节　实验四十四　抗菌涂料的制备

随着社会和科技的快速发展，尽管人们的生活水平得到了提高，但是越来越多的细菌、霉菌以及病毒等有害微生物严重危害人类健康，致使人们对抗菌涂料，特别是聚丙烯酸酯抗菌涂料提出了更高的要求。为了阻止细菌、病毒的感染和传播，采用抗菌涂料可以对材料进行保护，从而达到抗菌和杀菌的目的。

聚丙烯酸酯抗菌涂料一般由聚丙烯酸酯树脂与抗菌剂复合制备而成。常见的聚丙烯酸酯树脂通常采用溶液聚合或乳液聚合获得。而抗菌剂主要有天然抗菌剂、有机抗菌剂和无机抗菌剂三类。抗菌剂的选择需要考虑到树脂特性，以利于抗菌特性充分发挥为基准。抗菌剂在涂料基材中均匀有效分散，才能在涂装后形成长久抗菌的涂层。

一、实验目的

（1）掌握抗菌涂料配方设计的原理、制备方法。
（2）掌握抗菌涂料抗菌性能的检测方法。

二、实验原理

纳米 TiO_2 作为新型抗菌剂，自身无毒、无味、无刺激性；热稳定性与耐热性好，不燃烧且为白色，因其优异的抗菌性能成为开发研究的热点之一。抗菌纳米 TiO_2 可广泛应用于抗菌涂料、抗菌塑料、抗菌水处理装置、化妆品、纺织品、抗菌性餐具及空气净化、医用设备等领域。材料表面负载有纳米 TiO_2 光催化剂的灯罩可分解灯表面的油渍、空气中的菌类异臭，并将其成功应用于油烟污染严重而排除困难的公路隧道照明；也可以制备具有光催化性能的抗菌、防污、防臭的钛建材。抗菌涂层不仅能将房间内新建材、黏结剂等产生的甲醛、吸烟产生的乙醛、家庭灰尘等产生的甲硫醇等有机异臭在紫外光照射下分解消除掉，而且能分解油污和其他有机的表面污染。

三、实验原料

抗菌纳米 TiO_2、金红石型钛白粉、纳米氧化锌粉、立德粉、滑石粉、煅烧高岭土、苯-丙乳液，其他溶剂、助剂。

四、仪器设备

搅拌砂磨分散多用机、黏度计、刮板细度计。

五、实验步骤

纳米 TiO_2 抗菌涂料的配方如表 6.20 所示。

表 6.20　抗菌涂料的基础配方

序号	组分	配比（质量分数）/%	备注
1	抗菌纳米 TiO_2	1.0	
2	分散剂	0.1	
3	pH 调节剂	适量	
4	消泡剂	适量	
5	成膜助剂	0.8	
6	乙二醇	0.8	
7	金红石型钛白粉	5.0	
8	立德粉	6.0	
9	滑石粉	17.6	
10	高岭土	6.6	
11	苯-丙乳液	24.9	
12	4%的羟乙基纤维素浆	13.2	
13	增稠剂	1.1	
14	去离子水	补足 100 用量	

（1）将去离子水、分散剂、助溶剂、消泡剂等混合，低速搅拌。

（2）高速搅拌下加入抗菌纳米 TiO_2、金红石型钛白粉、立德粉、滑石粉、煅烧高岭土，混合均匀砂磨至一定细度出料。

（3）低速搅拌下加入 4% 羟乙基纤维素浆（若在实际操作中，因环境温度过低导致纤维素溶解不完全，可将其配制成 2%～2.5%，并按比例计算用量），使其均匀分布，产生一定稠度。

（4）低速搅拌下缓慢加入苯-丙乳液、成膜助剂，形成涂料浆。加入 pH 调节剂调节 pH 值至 8.5～9.5。

（5）补充增稠剂，调整至适当黏度，过滤，出料备用。

六、性能测试

经过对制备获得的纳米 TiO_2 抗菌涂料进行性能测试，以合成树脂乳液内墙涂料标准

（GB/T 9756—2018）进行系统性能测试。按照 GB/T 21866—2008 评定制备的涂料的抗菌性能等级。检测结果见表 6.21。

表 6.21　涂料抗菌的性能

供试微生物菌株	细菌含量/（cfu/cm²）		杀菌率/%
	接触 0 h	接触 24 h	
大肠杆菌			
金黄色葡萄球菌			
枯草芽孢杆菌黑色变种			

七、思考题

1. 抗菌涂料如何提高杀菌效率？
2. 抗菌剂用量对涂料抗菌性能的影响有哪些？

第十节　实验四十五　耐高温涂料的制备

　　耐高温涂料，一般是指能长期承受 380℃以上温度，并能保持一定物理化学性能，使被保护对象在高温环境中能正常发挥作用的特种功能性涂料。随着现代工业的迅速发展，需要在高温条件下使用的设备越来越多，高温下设备的防护就显得十分重要。相比使用铝、钛等高温合金进行热防护，使用耐高温涂料进行防护的成本更低，施工更加方便。耐高温涂料已广泛应用于高温电熨斗、电饭锅、微波炉、烤盘等产品上，与金属的附着力非常好，非常坚硬，高温煅烧后强度更加显著，而且不开裂，具有良好的耐油性能和耐酸耐碱性。因此，研究开发性能优异的耐高温涂料，延长高温条件下设备的使用寿命，具有良好的应用前景。

　　环氧有机硅树脂，因具有有机硅树脂的耐热特性，并兼具环氧树脂优良的附着力、防腐蚀性能和耐化学介质性，在高温设备的涂装保护中得到了广泛应用。因此，可以采用环氧改性有机硅树脂来制备耐高温涂料，此种方法制得的耐高温涂料具有更好的耐热性能，并且在高温环境中拥有出色的耐腐蚀能力。

一、实验目的

（1）掌握环氧有机硅耐高温涂料的配方设计原理和制备方法。
（2）掌握环氧有机硅树脂耐高温涂料的性能测试方法。
（3）熟悉耐高温涂层综合性能的表征方法。

二、实验原理

　　有机硅树脂由于具有优异的耐热特性，常作为高温涂料的基料。有机硅树脂制备的涂料，满足了在更高温度下的防腐性能要求，但由于其本身力学性能、附着力、耐磨性、耐溶剂性差，对于现代电机、电器、宇航以及耐特种介质的更高要求无法满足，从而出现了一系列可获得耐温更高、其他综合性能均好的杂环聚合物，并成功应用于特种耐高温工程塑料、模塑料、薄膜、层压材料及涂料中。为了使其耐热、耐辐射、耐油、耐水解、耐磨性能更好，除对纯硅氧主链进行改造，在主链中引入 N、Ti、P、B 等外，还可以对有机硅树脂进行杂化改性。环氧树脂是重防腐涂料的常见基料，强度高、与基材附着力高、防腐性能优异，用其改性有机硅树脂，获得的环氧改性有机硅综合了二者的优点，不仅具有优异的耐热性，而且涂料的防腐性能也大幅度提高。

三、实验原料

W304 环氧改性有机硅树脂（固含量 >50%）、酚醛胺类固化剂、SiO_2、SiC、Al_2O_3、TiO_2、滑石粉、硅烷偶联剂、消泡剂、二甲苯（C_8H_{10}）、环己酮、正丁醇、5%HCl 溶液、5%NaOH 溶液。

四、仪器设备

研钵、圆底烧瓶、磁力搅拌器、马口铁、烧杯、马弗炉等。

五、实验步骤

1. 环氧改性有机硅树脂耐高温涂料的制备

按配方（见表 6.22）准确称取 SiO_2、SiC、Al_2O_3 放入研钵中研磨，然后加入 TiO_2、滑石粉继续研磨一定时间；按配方准确称取树脂溶液、混合溶剂于烧杯中，放于磁力搅拌器上分散均匀；加入研磨好的颜填料高速分散均匀，再加入消泡剂等助剂；加入适量固化剂，搅拌均匀，用毛刷在磷化好的铁片上涂膜，涂装完毕后干燥并养护。

表 6.22　环氧改性有机硅树脂耐高温涂料的基础配方

组成	原料	质量分数/%
配方	W304 环氧改性有机硅树脂	34
	SiC	12
	SiO_2	27
	Al_2O_3	9
	滑石粉	6
	TiO_2	6
	固化剂（树脂用量的百分比）	3.4
	硅烷偶联剂	1
	消泡剂	适量

2. 涂层制备

将获得的耐高温涂料用 120μm 的线棒辊涂在马口铁上，经干燥获得耐高温涂层板。为快速获得涂层可在 60℃的烘箱中升温干燥，获得的涂层降温至 23℃，待测性能。

也可以采用在铝箔上用线棒辊涂的方法获得涂层。

3. 耐高温涂料性能测定

（1）耐高温性能　将养护后的试片放入马弗炉中，程序升温至测定温度并恒温 2h，自然冷却至室温后取出，用放大镜观察涂层表面状况。提高测试温度测漆膜的最大承受温度，观察高温烘烤后漆膜有无起皮、开裂现象，并做记录。依据《色漆和清漆-耐热性的测定》（GB/T 1735—2009）来判定其性能的优劣。

（2）耐溶剂性能

① 耐酸/碱性能：将样板的 2/3 分别浸入 5%盐酸和 5%NaOH 溶液中，48h 后取出，放置在空气中自然干燥，观察其表面是否均匀致密，有无起层、发泡、脱落现象，并做记录。依据《色漆和清漆-耐液体介质的测定》（GB 9274—1988）判定其耐酸/碱性能的优劣。

② 耐水性：将样板的 2/3 分别浸入去离子水、自来水、海水中，48h 后取出，放置在空气中自然干燥，观察其表面是否均匀致密，有无起层、发泡、脱落现象，并做记录。依据《漆膜耐水性测定法》（GB/T 1733—1993）判定涂膜耐水性能的优劣。

六、结果计算

树脂胶膜的吸水率参照《漆膜吸水率测定法》（HG/T 3344—2012）进行测定。按标准制膜，将涂膜试板在规定的条件下进行浸水试验，结果以浸水试验后胶膜质量增加的质量分数表示，即胶膜的吸水率（W），W 按下式计算：

$$W = \frac{G_2 - G_1}{G_1 - G} \times 100\%$$

(6.3)

式中　W——胶膜的吸水率，%；

　　　G——底板的质量，g；

　　　G_1——浸水前底板和胶膜的质量，g；

　　　G_2——浸水后试板和胶膜的质量，g。

七、数据处理

如表 6.23 ~ 表 6.26 所示。

表 6.23　环氧有机硅耐高温涂料的耐高温性能

序号	温度/℃	时间/h	表面情况
1			
2			
3			
平均值			

表 6.24　环氧有机硅耐高温涂料的耐酸性

序号	pH值	时间/h	表面情况
1			
2			
3			
平均值			

表 6.25　环氧有机硅耐高温涂料的耐碱性

序号	pH值	时间/h	表面情况
1			
2			
3			
平均值			

表 6.26　环氧有机硅耐高温涂料的耐水性能

序号	吸水率/%
1	
2	
3	
平均值	

八、思考题

1. 耐高温涂料的耐高温性能测试除现象描述外，还有哪些测试方法？
2. 环氧有机硅树脂中环氧树脂的含量增加时，涂料的耐高温性能如何变化？
3. 采用锡箔纸上辊涂获得的涂膜，是否可以用来测定涂层的耐高温性、耐水性？

附　实验操作流程单

如表 6.27 所示。

表 6.27　环氧有机硅耐高温涂料制备的实验操作流程单

步骤	实验原料	质量/g	温度	要求
步骤1	SiC	12.0	室温	研磨
步骤2	SiO_2	27.0	室温	研磨
步骤3	Al_2O_3	9.0	室温	研磨
步骤4	滑石粉	6.0	室温	研磨
步骤5	TiO_2	6.0	室温	搅拌均匀
步骤6	固化剂	1.2	室温	搅拌均匀
步骤7	硅烷偶联剂	1.0	室温	搅拌均匀
步骤8	W304环氧改性有机硅树脂	34.0	室温	搅拌均匀
步骤9	消泡剂	适量	室温	搅拌均匀

第十一节　实验四十六　医疗器械用涂料的制备

随着现代医学的飞速发展，各种医疗装置，如各类医用聚合物导管、手术导引线、金属支架和其他非侵入装置，已广泛应用于各种医疗手段中，并极大地丰富了现代医学诊疗手段。然而，现有的装置在临床应用中，依然存在感染、凝血和术后组织增生等问题。通过对生物医用装置的表面修饰，在保持原有性能的条件下，改善生物医用装置的生物相容性，成为现代医疗装置应用中的重要技术方向。此时，选用具备高亲水性、高流动性，且具有良好生物惰性的高分子材料聚氧乙烯可以有效解决这个问题。采用聚氧乙烯制备的聚合物涂层，应用到各种医疗器械上可以有效地减少多种蛋白质和血细胞的黏附，是一种改善高分子材料血液相容性的理想材料。这种涂层的制备和应用将会有效地提升医疗设备使用过程中的医疗效用，减轻对患者的伤害。

一、实验目的

(1) 掌握医疗器械用涂料的配方设计原理和制备方法。
(2) 掌握医疗器械用涂料制备过程和特征性能测试。
(3) 熟悉医疗器械用涂层性能常规表征方法。

二、实验原理

医疗器械用涂料是运用到各种医疗器械上的涂料，抗菌、耐水、耐溶剂、具有良好生物惰性、耐摩擦而且环保。由于医疗设备应用环境的特殊性，且客户以病人或体弱者为主，医疗器械对涂料的环保要求越来越高，传统的油漆含有大量的有机挥发物（VOC），常温下可以释放出甲苯、苯、二甲苯等多种挥发性有机化合物。当空气中 VOC 达到一定浓度时，会引起头痛、恶心、呕吐、乏力等症状，严重时甚至引发抽搐、昏迷，伤害肝脏、肾脏、大脑和神经系统，造成记忆力减退等严重后果，对人体尤其是病人或体弱者会造成严重的健康危害。并且医疗器械经过长时间、高频率使用，以及多次接触清洁剂、消毒剂之后，往往会因日晒、日光灯照射、汗液侵蚀、化学品侵蚀等出现漆膜变色、老化等情况。与人体皮肤经常接触的医疗器械如坐便器、功能床、康复训练器械等，在使用过程中若维护不当、消毒不及时，皮肤接触部位的器械上残留的汗液或皮肤脱落碎屑中的细菌会滋生繁殖，还有可能诱发使用者之间的交叉感染，存在潜在的健康隐患。

三、实验原料

α-甲基丙烯酰-ω-羟基聚氧乙烯（MPEO，$M_n=360$）、甲基丙烯酸十八酯（SMA）、甲基丙烯酸羟丙酯（HPMA）、甲基丙烯酸（三硅氧烷）丙酯（TSMA）、偶氮二异丁腈（AIBN，经无水乙醇重结晶后使用）、异丙醇（IPA）、四氢呋喃（THF）、血小板、戊二醛、乙醇、人体血浆等。

四、仪器设备

聚合管（60mL）、液氮、酒精喷灯、恒温水浴摇床、试管（10mL）、玻璃片、升降机、玻璃试管、烘箱、医用 PET 基片、真空干燥器、微量进样器、Olympus1×70 倒置型显微镜、秒表等。

五、实验步骤

1. α-甲基丙烯酰-ω-羟基聚氧乙烯（MPEO）的制备

往一容量为 60 mL 的聚合管中加入 1.07 g MPEO、2.15 g SMA、0.46 mL HPMA、0.16 mL TSMA，溶于 IPA/THF=9∶1 的混合溶剂中，引发剂为 2%（质量分数）AIBN。反应液用液氮

冷冻；并用酒精喷灯封管；最后将聚合管置于 60 ℃的恒温水浴摇床中，反应 20 h。

2. 医用涂层的制备

称取 MPEO 四元共聚物 0.05g 溶于 10mL THF 中，配成 5mg/mL 的涂层液；置于 10mL 试管中。

玻璃和医用 PET 薄膜涂层制备：将已经预处理的玻璃片（碱液、铬酸液分别浸泡，2 次蒸馏水清洗）和医用 PET 薄膜（在丙酮中超声波清洗，2 次蒸馏水清洗）用升降机匀速浸入所配的涂层液中，然后匀速提起，在空气中静置一段时间，待 THF 挥发后，重复操作 6 次。

（1）玻璃试管涂层　将配好的涂层液倒入处理过的 75mm×12mm 的玻璃试管（碱液、铬酸液分别浸泡，2 次蒸馏水清洗）中，浸泡 1 min，然后边旋转边倒出，自然挥发、晾干。

（2）涂层的热处理交联　将以上玻璃和医用 PET 薄膜涂层和玻璃试管涂层在 90℃烘箱中热处理 6h，涂层在热处理过程中发生交联反应，获得稳定的聚合物涂层。

3. 医用涂层的抗凝血性能测定

血小板黏附实验：首先在洁净玻璃、医用 PET 基片上成膜，然后在室温（28℃）下将经水处理（去离子水中浸泡一晚）和未处理（保存于真空干燥器中）的样品膜片分别置于洁净滤纸上，用微量进样器滴加 20μL 新制富血小板血浆，与膜片接触 30 min，然后用 PBS（pH=7.2）缓冲溶液小心清洗膜片表面，除去吸附不牢固的血小板。将膜片浸入 1% 戊二醛固定液中固定 30 min，然后用三蒸水清洗膜片表面数次；再依次用 30%、40%、50%、60%、70%、80%、90%、100%（体积分数）乙醇/水梯度溶液浸洗，使表面的血小板脱水，在空气中自然干燥后，用 Olympus1×70 倒置型显微镜摄像计数。

复钙化凝血时间测定：将 1mL 已预热至 37℃的人体血浆（已除去 Ca^{2+}）加入内表面涂覆了聚合物膜的玻璃试管中，在 37℃水浴中静置 10min，然后加入 1mL 已预热的 0.025mol/L 的 $CaCl_2$ 溶液，同时开动秒表计时，将一根不锈钢小钩伸入溶液中均匀缓慢地搅动，并检查是否有纤维蛋白形成，记录小钩上刚开始出现丝状物的时间，此时间即为复钙化时间，每个样品平行测定 3 次，取平均值。

六、数据处理

如表 6.28 和表 6.29 所示。

表6.28　医疗器械用涂层血小板黏附数的测试

序号	血小板数量	图片或文字描述
1		
2		
3		
平均值		

表6.29　医疗器械用涂层复钙化凝血时间

序号	时间	图片或文字描述
1		
2		
3		
平均值		

七、思考题

1. 医疗器械用涂料除了聚氧乙烯作基料外，还有什么其他树脂?
2. 如何制备微创手术用超滑导丝外层的"泥鳅"涂层? 如何表征其"泥鳅"特性?

附　实验操作流程单

如表 6.30 所示。

表 6.30　医疗器械用涂料实验操作流程单

步骤	实验原料	用量	温度/℃	时间/h	要求
步骤1	MPEO	1.07g			
步骤2	SMA	2.15g			反应液用液氮冷冻，并用酒精喷灯封管，持续反应20 h
步骤3	HPMA	0.46mL	60	20	
步骤4	TSMA	0.16mL			
步骤5	AIBN	2%（质量分数）			
步骤6	MPEO	0.05g	室温		溶解配成涂层液
步骤7	THF				

第七章

涂料的本征综合性能测定

实验四十七　不挥发分含量的测定

涂料的不挥发分含量即涂料组分中的固体含量，指的是在规定的试验条件下，样品经挥发而得到的剩余物的质量分数。它的含量高低对形成的涂膜质量和涂料使用价值有直接影响。现在为了保护环境，减少挥发有机物对大气的污染，大力提倡生产高固体分水性涂料，其固体分含量越高，在涂装时成膜就越厚，可节约稀释剂用量和减少涂装道数，具有一定的经济价值和使用意义。另外，对于防腐蚀涂料，挥发组分含量小有利于减少由于溶剂挥发带来的涂膜缺陷，提高抗渗性能。因此，分析水性涂料不挥发分含量测定的影响因素，对于生产和环境保护来说显得尤为重要。

一、实验目的

（1）掌握涂料不挥发分含量的测定方法。
（2）对涂料的不挥发分含量进行测定。

二、实验原理

不挥发分含量用固体组分所占涂料总质量的百分比来表示。

三、实验原料

任一涂料样品。

四、仪器设备

称量瓶、烘箱、天平。

五、实验步骤

称取一定量的涂料放入已恒重的称量瓶中，置于105℃烘箱内加热1h。不同涂料的烘烤温度和时间可参考表7.1。

表7.1　不同涂料的烘烤温度和烘烤时间

加热时间/min	温度/℃	试样量/g	试样类别示例
20	200	1±0.1	粉末树脂

加热时间/min	温度/℃	试样量/g	试样类别示例
60	80	1±0.1	硝酸纤维素、硝酸纤维素喷漆、多异氰酸酯树脂
60	105	1±0.1	纤维素衍生物、纤维素涂料、空气干燥型涂料、多异氰酸酯涂料
60	125	1±0.1	合成树脂（包括多异氰酸酯树脂）、烘烤涂料、丙烯酸树脂（首选条件）
60	150	1±0.1	烘烤型底漆、丙烯酸树脂
30	180	1±0.1	电泳涂料
60	135	3±0.5	液态酚醛树脂

固含量用质量分数表示：

$$A = \frac{W_2 - W_0}{W_1 - W_0} \times 100\% \tag{7.1}$$

式中　A——涂料不挥发分含量，%；

　　　W_0——称量瓶质量，g；

　　　W_1——涂料干燥前质量，g；

　　　W_2——涂料干燥后质量，g。

六、结果计算

按照实验步骤中的计算式进行计算。

七、数据处理

测量三次取平均值。

八、思考题

1. 水性涂料不挥发分含量测定的影响因素有哪些？
2. 不挥发分含量越高越好吗？为什么？

第二节　实验四十八　细度的测定

研磨细度是涂料中颜料及体质颜料分散程度的一种量度，是色漆重要的内在质量之一，对成膜质量、漆膜的光泽、耐久性和涂料的贮存稳定性均有很大的影响。在细度检测过程中测得的数值并不是单个颜料或体质颜料粒子的大小，而是色漆在生产过程中颜料研磨分散后形成的凝聚团的大小。测量研磨细度可以评价涂料生产中研磨的合格程度，也可以比较不同研磨程序的合理性以及所使用的研磨设备的效能。

一、实验目的

（1）掌握涂料细度的测量方法。

（2）对涂料的细度进行测定。

二、实验原理

刮板细度计测定的原理是，利用刮板细度计
上的楔形沟槽，将涂料刮出一个楔形层，用肉眼
辨别湿膜内颗粒出现的显著位置，以得出细度
读数。

三、实验原料

任一涂料样品。

四、仪器设备

刮板细度计如图 7.1 所示。

刮板细度计的磨光平板是由工具合金钢（牌
号 Cr_{12}）制成，板上有一条长沟槽（长 155mm±
0.5mm，宽 12mm±0.2mm），在 150 mm 长度内刻

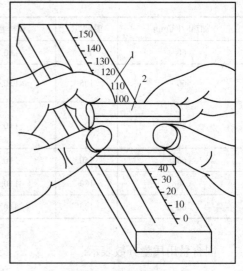

图 7.1　刮板细度计
1—磨光平板；2—刮板

有 0～150μm（最小分度 5μm，沟槽倾斜度 1:1000）、0～100μm（最小分度 5μm，沟槽倾斜度
1:1500）、0～50μm（最小分度 2.5μm，沟槽倾斜度 1:3000）的表示槽深的等分刻度线。

五、实验步骤

细度在 30μm 及 30μm 以下时应用量程为 50μm 的刮板细度计；细度在 31～70μm 时应用
量程为 100μm 的刮板细度计；细度在 70μm 以上时应用量程为 150μm 的刮板细度计。

刮板细度计在使用前须用溶剂仔细洗净擦干，在擦洗时应用细软的布。将符合产品标准黏
度指标的试样用小调漆刀充分搅匀，然后在刮板细度计的沟槽最深部分滴入试样数滴，以能充
满沟槽而略有多余为宜。以双手持刮刀横置在磨光平板上端（试样边缘处），使刮刀与磨光平
板表面垂直接触。在 3 s 内，将刮刀由沟槽深的部分向浅的部分拉过，使涂料充满沟槽而平板
上不留余漆。刮刀拉过后，立即（不超过 5 s）使视线与沟槽平面成 15°～30°角，对光观察沟
槽中颗粒均匀显露处，记下读数（精确到最小分度值）。当有个别颗粒显露于其他分度线时，
则读数以与相邻分度线范围内不超过三个颗粒为准，如图 7.2 所示。

六、结果计算

直接在刮板细度计上读取数值。

七、数据处理

（1）平行试验三次，试验结果取两次相近读数的算术平均值。
（2）两次读数的误差不大于仪器的最小分度值。

八、思考题

1. 研磨细度对涂膜的哪些性能有重要影响？
2. 哪些生产工艺条件会影响研磨细度？

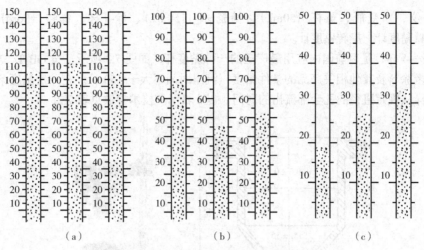

图 7.2　刮板细度计上细度测试分布图

实验四十九　黏度的测定

黏度是涂料产品的重要指标之一，是反映涂料中聚合物分子量大小的可靠指标。涂料制备过程中黏度过高，会产生胶化，黏度过低则会使应加的溶剂无法加入，严重影响涂膜性能。同样，在涂料施工过程中，黏度过高会使施工困难，涂膜的流平性差，黏度过低会造成流挂及其他弊病。因此，测定涂料黏度对于涂料生产过程中的控制以及保证涂料产品质量都是必要的。

一、实验目的

(1) 掌握涂料黏度的测定方法。
(2) 对涂料的黏度进行测定。

二、实验原理

液体涂料的黏度检测方法很多，分别适用于不同的品种。
(1) 流出法　其原理是利用试样本身的重力流动，测出其流出时间以换算成黏度。
(2) 垂直式落球法　其原理是在重力作用下，利用固体球在液体中垂直下降速度的快慢来测定液体的黏度。
(3) 设定剪切速率法　其原理是用圆筒、圆盘或桨叶在涂料试样中旋转，使其产生回旋流动，测定其达到固定剪切速率时所需的应力，从而换算成黏度。

三、实验原料

丙烯酸乳液涂料、丙烯酸乳液、水性聚氨酯涂料。

四、仪器设备

水银温度计（温度范围 0 ~ 50℃，分度为 0.1℃、0.5℃）、秒表（分度为 0.2s）、永久磁铁、水平仪、承受瓶、量杯（50mL）、搪瓷杯（150mL）、涂-4杯、福特（Ford）杯、ISO杯、斯托默黏度计、旋转黏度计。

（1）涂-4杯　是目前国内应用最广泛的一种黏度杯，如图7.3所示，按GB/T 1723设计，适用于测量涂料及其他相关产品的条件黏度（流出时间不大于150 s）。在一定温度条件下，测量定量试样从规定直径的孔全部流出的时间，以s表示。技术参数见表7.2。

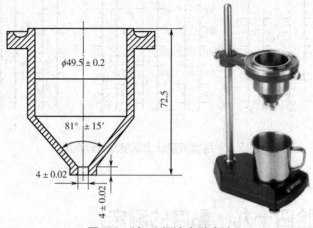

图7.3　涂-4杯流出黏度计

表7.2　涂-4杯流出黏度计产品参数

材质	杯体为铝合金；流出嘴为不锈钢
容量/mL	100±1
杯体内径/mm	Φ49.5±0.2
内锥体角度	81º ± 15′
漏嘴长/mm	4±0.02

（2）福特（Ford）杯　按美国材料试验学会油漆及原材料标准ASTM D1200、D333、D365中的规定制作，用来测量油墨、涂料、油漆的黏度。它由底部开有小孔、容量约为100 mL的优质铝杯精制而成。福特（Ford）杯通过测定铝杯中一定量的试料由底部的小孔流出所需要的时间来评价物料的黏性，在欧洲和北美洲一些国家使用比较广泛。技术参数见表7.3、表7.4。Ford杯结构如图7.4所示。

图7.4　Ford杯结构

表7.3　Ford杯的技术参数

材质	杯体为铝合金；流出嘴为不锈钢
容量/mL	100
杯体内径/mm	50 ± 0.05
杯体外径/mm	86 ± 0.1
流出孔长度/mm	10 ± 0.1

表 7.4　不同类型的 Ford 杯的技术参数

技术参数	福特2号杯	福特3号杯	福特4号杯	福特5号杯	便携式福特4号杯
内部垂直高度/mm	43 ± 0.1	43 ± 0.1	43 ± 0.1	43 ± 0.1	43 ± 0.1
流出口孔径 φ/mm	2.53	3.4	4.1	5.2	4.1
测量范围/cSt	25～120	49～220	70～370	215～1413	70～370
流出时间/s	（40～100）±0.2	（25～105）±0.2	（20～105）±0.2	（20～105）±0.2	（20～105）±0.2

注：$1cSt=1mm^2/s$。

（3）ISO 杯　按 ISO 2431—1993 和 GB/T 6753.4—1998 设计，是国际上比较通用的一种测试黏度的工具，用于测量牛顿型或近似牛顿型液体的流出时间（流出时间在 100s 以内）。技术参数见表 7.5、表 7.6。ISO 杯结构如图 7.5 所示。

表 7.5　ISO 杯的技术参数

材质	杯体为铝合金；流出嘴为不锈钢
测量范围/cSt	7～2000

表 7.6　不同类型的 ISO 杯的技术参数

技术参数	ISO-3	ISO-4	ISO-5	ISO-6	ISO-8
孔径 φ/mm	3	4	5	6	8
量程/s	25～150	30～100	30～100	30～100	30～100
量程/cst	7～42	34～135	91～326	188～684	600～2000

图 7.5　ISO 杯结构

（4）斯托默黏度计　斯托默黏度计是利用砝码的质量经过一套机械转动系统而产生的力矩带动桨叶型转子转动。改变砝码的质量，使桨叶型转子克服涂料的阻力转动。当其转速达到 200r/min 时，可在频闪计时器上看到一个基本稳定的条形图案，此时砝码的质量可对应转化为被测涂料的黏度值，即 KU 值。它适用于测定建筑涂料的黏稠度。斯托默黏度计如图 7.6 所示。

（5）旋转黏度计　如图 7.7 所示。

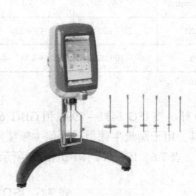

图 7.6 斯托默黏度计　　　　　　　　图 7.7 旋转黏度计

五、实验步骤

1. 涂-4 杯、Ford 杯、ISO 杯测定涂料黏度

每次测定之前须用纱布蘸取溶剂将黏度计内部擦拭干净，在空气中干燥或用冷风吹干，对光观察黏度计漏嘴应清洁。调整水平螺钉，使黏度计处于水平位置。在黏度计漏嘴下面放置塘瓷杯，用手堵住漏嘴孔，用试样装满黏度计，用玻璃棒将气泡和多余的试样刮入凹槽。然后松开手指，使试样流出，同时开启秒表，当试样流丝中断时停止秒表，试样从黏度计流出所用的全部时间（s）即为试样的条件黏度。两次测定值之间的差值应不大于平均值的 3%。测定时试样温度为（25±1）℃。

若需将流出时间（s）换算成运动黏度（mm²/s）可参照下面的公式：

对于涂-4 杯：

$$t = 0.154v + 11 \quad (t < 23s) \tag{7.2}$$

或

$$t = 0.223v + 6.0 \quad (23s \leqslant t < 150s) \tag{7.3}$$

式中　t——流出时间，s；

　　　v——运动黏度，mm²/s。

对于 ISO 杯和 DIN 杯：

$$v = Kt - \frac{C}{t} \tag{7.4}$$

式中　t——流出时间，s；

　　　v——运动黏度，mm²/s；

　K、C——系数。

对于 Ford 杯：

$$v = K(t - C) \tag{7.5}$$

式中　t——流出时间，s；

v——运动黏度，mm^2/s。

表 7.7 列出了 Ford 杯、ISO 杯及 DIN 杯相应的 K、C 的值。

表 7.7　K、C技术参数参考值

Ford 杯			ISO 杯		
型号	K	C	型号	K	C
BGD 125/2（2#）	1.24	770	BGD 128/3（3#）	0.443	200
BGD 125/3（3#）	2.31	550	BGD 128/4（4#）	1.37	200
BGD 125/4（4#）	3.7	400	BGD 128/2（5#）	3.28	200
BGD 125/5（5#）	—	—	BGD 128/3（6#）	6.9	570
DIN 杯	4.57	452	BGD 128/4（8#）	21.78	306

2. 旋转黏度计测定涂料黏度

（1）准备被测液体，置于直径不小于 70mm、高度不小于 130 mm 的烧杯或直筒形容器中，准确地控制被测液体温度。

（2）将保护架装在仪器上（向右旋入装上，向左旋出卸下）。

（3）依据涂料性能，选取合适的转子和转速。

（4）接通电源，将选配好的转子旋入轴连接杆（向左旋入装上，向右旋出卸下）。旋转升降旋钮，使仪器缓慢下降，转子逐渐浸入被测液体中，直至转子液面标志和液面平为止，再精调水平。

（5）按下指针控制杆，转子转动，等读数稳定后记录数据。

3. 斯托默黏度计测定涂料黏度

将涂料充分搅匀移入容器中，温度保持在（25±0.2）℃，下压手柄，使涂料液面刚好达到转子轴的标记处，转子转动，直接读取显示器上的读数，即为斯托默黏度。

六、结果计算

记录下时间读数或者直接由显示器读取读数。

七、数据处理

测量三次取平均值。

八、思考题

1. 涂料黏度的影响因素有哪些？测定时为什么要求温度保持在（25±0.2）℃？

2. 涂料黏度是本征性能还是施工性能？对判断施工工艺条件有何影响？

3. 如何测定涂料的稀释黏度曲线？

第四节　实验五十　密度的测定

密度是指在特定温度下单位体积物质的质量。它被用于质量控制，因为涂料的组分不同，会具有不同的密度。测定密度有助于预测涂料涂层厚度的大小，计算涂刷面积。

一、实验目的

（1）掌握涂料密度的测量方法。
（2）对涂料样品的密度进行测定。

二、实验原理

常用的测试涂料密度的密度杯有时也称为比重杯，它一般是由一个特定容积的不锈钢材质杯体（目前市面上比较通用的有 50mL 和 100mL）和一个精密的不锈钢盖组成。测试时，将待测样品倒入比重杯中直至溢满，然后盖上不锈钢盖，不锈钢盖有一个向上的斜坡至顶部中央的小孔，可使多余的样品材料溢出而不产生气泡。然后称取装入样品的质量，再除以杯体的体积，即为该样品的密度。

三、实验原料

丙烯酸乳液外墙涂料、丙烯酸乳液内墙涂料、丙烯酸乳液、水性聚氨酯涂料。

四、仪器设备

密度杯（见图 7.8）。

图 7.8　密度杯

五、实验步骤

（1）选取合适的密度杯，记录密度杯的体积。
（2）称重并记录清洁的密度杯的质量。
（3）调节密度杯和测试液的温度（20℃±0.5℃）。
（4）将样品装入密度杯，无倾斜地盖上盖子，避免产生气泡，用吸水的布吸去溢出的液体。
（5）称量装满液体的密度杯的质量。

六、结果计算

$$\rho = \frac{W_1 - W_0}{V} \tag{7.6}$$

式中　ρ——涂料密度，g/mL。
　　　W_1——装满涂料的密度杯质量，g；
　　　W_0——空密度杯质量，g；
　　　V——密度杯体积，mL。

七、数据处理

测量三次取平均值。

八、思考题

1. 哪些情况下会考虑涂料的密度影响？
2. 如何用涂料密度判断其湿膜涂层与干膜涂层厚度之间的关系？如何计算指定厚度的涂刷面积？

第五节　实验五十一　遮盖力的测定

同样重量的涂料产品，在相同的施工条件下，遮盖力高的产品可比遮盖力低的产品涂装更大的面积。为了克服目测黑白格板遮盖力的不准确性，用反射率仪对遮盖力进行测定。将被测试样以不同厚度涂布于透明聚酯膜上，干燥后置于黑、白玻璃板上，分别测定其反射率，其比值为对比率，对比率等于 0.98 时，即为全部遮盖，根据涂膜厚度就可求得遮盖力。此方法适用于白色及浅色漆。

一、实验目的

（1）掌握涂料遮盖力的测定方法。
（2）对涂料样品的遮盖力进行测定。

二、实验原理

把涂料均匀地涂刷在物体表面上，使其底色不再呈现的能力称为遮盖力。一般用两种方式来表示遮盖力：测定遮盖单位面积所需的最小涂料用量，以 g/m^2 表示；遮盖住底面所需要的最小湿膜厚度，以 μm 表示。

三、实验原料

任一涂料样品。

四、仪器设备

遮盖力测定板如图 7.9 所示。

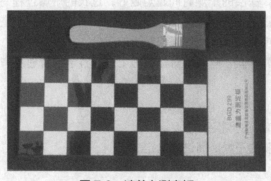

图 7.9　遮盖力测定板

遮盖力测定板为一块尺寸为 250mm×100mm、交叉涂有黑白方格（黑色方格和白色方格各16 个，其中黑色部分反射值小于 1，白色部分反射值为 80±2）的玻璃板。

五、实验步骤

测试时先称取未涂刷前盛有涂料的杯子和漆刷的总质量，记录为 W_1，然后开始用漆刷将涂料均匀地涂刷在遮盖力测定板上，然后在标准规定的观测条件下观察，以刚好看不见黑白格为终点，此时再称取剩余涂料的杯子和漆刷的总质量，记录为 W_2。

六、结果计算

按下式计算涂料的遮盖力（g/m²）：

$$遮盖力 = \frac{W_1 - W_2}{S} \tag{7.7}$$

式中　W_1——未涂刷前盛有涂料的杯子和漆刷的总质量，g；

　　　W_2——剩余涂料的杯子和漆刷的总质量，g；

　　　S——涂刷面积。

七、数据处理

测量三次取平均值。

八、思考题

1. 颜料的细度与遮盖力有什么关系？影响涂料遮盖力的因素有哪些？
2. 颜料的色彩和遮盖力是一个概念吗？透明彩色涂料有遮盖力吗？

第六节　实验五十二　干燥时间的测定

干燥时间是指，在一定条件下，一定厚度的涂层从液态到达规定干燥状态所需要的时间。涂层的干燥状态一般分为表面干燥、实际干燥和完全干燥三个阶段。但也可根据其不同的干燥程度划分得更细，如将其划分成指触干燥、不黏尘干燥、指压干燥、表干、硬干、干透或实干，此外还有重涂干燥和无压痕干燥。

对于涂装施工来说，涂层的干燥时间越短越好，过长的干燥过程易使涂层在干燥期间沾上雨露尘土等杂质，并且占用生产场地，拖长施工周期。而对于涂料制造，由于受涂料材料的限制，往往要求一定的干燥时间，才能保证成膜后的质量。

正确测定涂层的干燥时间，有利于对涂装施工进行科学的管理及产品涂装质量的提高。

一、实验目的

（1）掌握涂料干燥时间的测定方法。

（2）对涂料形成涂膜的干燥时间进行测定。

二、实验原理

涂料的干燥过程根据涂膜物理性状（主要是黏度）的变化过程分为不同阶段，习惯上分为表面干燥、实际干燥和完全干燥三个阶段。目前测定涂膜的干燥时间，是通过直线干燥时间记录仪记录整个涂层的干燥轨迹来判定，这对于分析涂料的干燥性能非常有用。

对普通的液体涂料而言，其干燥过程中的四个阶段大致如下：第一阶段是所谓的梨形视觉印象，这相当于溶剂蒸发所需时间；第二阶段是连续性的切断，这相当于溶胶-凝胶跃迁过渡；第三阶段是径迹的中断，这相当于表面干燥时间；第四阶段针不再穿透薄膜，这相当于最终干燥时间。

三、实验原料

任一涂料样品。

四、仪器设备

涂层干燥时间记录仪如图 7.10 所示。

图 7.10　涂层干燥时间记录仪

该仪器装有一个能夹持六条针（各具有球形端部）的针座，并通过一个恒速电机向针座提供动力。仪器上装有六条玻璃测试带（300mm×25mm）；针座需要花一定的时间才能匀速走完该测试带（时间由操作者选定，有 6h、12h、24h 和 48h 四种），时间刻度是安装在侧板上的，其上的刻度适用于四种不同的速度（6h、12h、24h 或 48h），这些速度是通过调节仪器上的可调电机得到的。同时仪器也附带液晶屏显示针座的运行时间。试验结束后，操作者只需取下玻璃条对照时间刻度，即可判断该样品发生在各个时间段的干燥特性。

五、实验步骤

（1）使用涂膜器在玻璃条上涂膜。
（2）将仪器杆放在起始的位置，将玻璃片放在其位置上。
（3）将划针放在样品玻璃片上，调整速度钮选择合适的速度。
（4）打开干燥时间记录仪，仪器会在测试的终点自动关闭。
（5）评价结果，记录干燥时间。

六、结果计算

直接读取时间刻度即可。

七、数据处理

测定三次取平均值。

八、思考题

1. 湿涂层形成干涂膜，干燥过程可分为哪几个阶段？
2. 可交联固化涂层的干燥时间和干燥过程与非交联涂层有区别吗？有何区别？
3. 干燥时间越短越好吗？为什么？

流体在受到外界作用时会发生变形，这是流变性。流平性是湿的涂膜在外界作用后能够流动而消除涂痕的性能。流挂性与流平性差不多，只不过流挂是在垂直状态下测试，流平则是在水平状态下测试。一般而言，流变性好的，后两者也较好。它们的区别，可以简单理解为性质与应用。流挂性影响涂布/涂刷表面的均匀性，好的流挂性/流变性使涂层光滑均匀，同时增强涂料的展色性（使涂料的颜色鲜艳）。

溶剂型涂料和水性涂料都有一定的黏稠度，在形成湿涂层之后，若涂板处于水平状态，则涂料的重力对涂膜的流动性影响不大，仅仅因其黏稠度的大小会影响流平性（水平方向）。将样板垂直放置，涂料的重力将对涂料的流动有重要影响。当涂料的黏稠度较小时，不足以支撑涂料的重量，则涂料受力会在重力方向加速流动，涂层中厚度较大的部分流动加速较大，厚度较小的部分流动加速较小，因此会产生流挂。尤其是溶剂（或水）挥发时，挥发速度不合适，不同区域黏稠度不同时，也会造成流挂条纹的产生。

通过添加流变剂，有效改善涂料的流动特性，有效控制环境因素对涂层干燥过程的影响，可避免流挂现象的发生，获得流平性较好的涂膜。

一、实验目的

了解流挂产生的原因，掌握涂料流挂性能的测试方法。

二、实验原理

在试板上涂上一定厚度的涂膜，将试板垂直放置，涂料在未干燥前受重力影响产生流坠，采用流挂测试仪对流挂性进行测试。

三、实验原料

任一涂料样品。

四、仪器设备

流挂测试仪也称为流挂涂布器，由高级耐腐蚀不锈钢精制而成，能将待测色漆涂刮成10条不同厚度的平行湿膜，湿膜宽度为6 mm，条膜间距为1.5mm，相邻条膜厚度差为25μm。图7.11为典型的涂料流挂测试图。

五、实验步骤

试验时，在两块试板上施涂被测涂料，并沿导向板拖拉流挂涂布器。将试板垂直放置，记下每块试板上没有流挂痕迹的最厚的一条涂膜，在第三块试板上测量该涂膜的实际湿膜厚度，记录为该涂料产生流挂的临界湿膜厚度。

六、结果计算

同一试样以三块样板进行平行试验。试验结果以不少于两块样板测得的涂料流挂的最大湿膜厚度一致来表示（以 μm 计）。

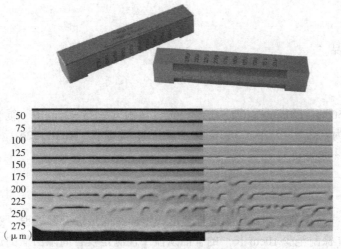

图 7.11　典型的涂料流挂测试图

七、数据处理

测量三次取平均值。

八、思考题

1. 影响涂料流挂性能的外部环境因素有哪些?
2. 产生流挂的原理是什么？

第八节　实验五十四　流平性测试

流平性是指涂料施涂后，湿涂膜能够流动而消除涂痕的性能，是涂料施工性能中的一项重要指标。流平性与涂料的黏度、表面张力和使用的溶剂等有关。涂料中若加入硅油、醋丁纤维素等助剂，流平性可得到改善。因各国标准不同，相应所规定的流平性测定方法也不同。

一、实验目的

(1) 了解涂料制备配方调节原理和流平性测定方法。
(2) 了解流平剂含量对涂料流平性的影响。

二、实验原理

涂料在力的作用下，按其流动的特性流成涂膜，但液态涂膜在无外力作用时会自动流平，这种促使涂膜流平的力就是表面张力。所以涂料在成膜和成膜后流平时的力是不相同的。剪切的外加力使涂料通过流动变成涂膜，表面张力是涂膜通过流平，由不规则的表面变成光滑平整的涂膜。流平是涂料的运动形式。涂料要得到光滑平整的表面，需要涂料具有良好的流动与流平性。流平剂是能定向排列到液/气界面的表面活性物质。它们在表面积聚的原理与传统的亲水、亲油性的两亲结构表面活性剂不同。它们可能是树枝状的产品，靠与树脂基料的有限相容性迁移至界面，与空气形成一个新的具有低表面能的界面，从而控制表面的状态。

三、实验原料

任一涂料样品。

四、仪器设备

马口铁板 [50mm×120mm×（0.2~0.3）mm]，漆刷（宽25~35mm）、辊涂线棒（120μm）、秒表（分度值为0.2s）、天平、玻璃板、流平性测定仪 [BGD 226-1（100~1000μm）；BGD226-2（250~4000μm）]。

五、实验步骤

试验时先把样品按预剪切程序（搅拌速度和搅拌时间）进行预处理，然后立即将足够量（确保每条条纹能涂刮至少10cm长）的样品从流平性测定仪各间隙凹槽的边缘处倒入，两手握住流平性测定仪两端（必要时使用导向板），以恒定的速度和稳定向下的压力使流平性测定仪均匀刮拉样品，以形成互相分开的湿膜条带。

将刮涂的样板水平放置在规定的环境中，涂层干燥后观察五组涂膜条中哪几组的两条涂膜条完全流平且涂层表面没有任何刮痕，用最薄厚度的那组间隙深度（微米）来表示，也可以用对应于该间隙深度上实际测得的湿膜厚度（微米）来表示。

六、结果计算

流平性试验平行测量三次，试验结果取两次相近读数的算术平均值。

七、数据处理

流平性试验平行测量三次，试验结果取两次相近读数的算术平均值。

八、思考题

1. 涂料中流平剂的含量对流平性有什么影响？
2. 同种涂料在不同涂装表面涂覆时流平性一致吗？
3. 不流平的产生橘皮效应的涂层是差涂料吗？

第九节　实验五十五　贮存稳定性测试

贮存稳定性是指涂料产品在正常的包装状态和贮存条件下，经过一定的贮存期限后，产品的物理或化学性能所能达到原规定使用要求的程度。它反映涂料产品抵抗其存放后可能产生的异味、增稠、结皮、返粗、沉底、结块、干性减退、酸值升高等性能变化的程度。

一、实验目的

（1）掌握涂料贮存稳定性的测试方法。
（2）对涂料贮存稳定性进行测试。

二、实验原理

试验方法是将液态色漆和清漆密闭在容器中，在自然环境或加速条件下贮存后，测定所产生的黏度变化、色漆中颜料沉降、色漆重新混合以适于使用的难易程度以及其他按产品规定所需检测的性能变化。

三、实验原料

丙烯酸乳胶涂料（清漆）、白色丙烯酸内墙涂料、红色环氧防锈底漆、杂化超支化硅丙涂料。

四、仪器设备

烘箱（保持在 50℃±2℃）、压盖式金属漆罐（0.4L）、天平（分度值为 0.0001g）、黏度计、（涂-4 黏度计、涂-1 黏度计或其他适宜的黏度计）、秒表（分度值为 0.1s）、温度计（0～100℃，分度值 0.5℃）、调刀（长 100mm 左右，刀头宽 20mm 左右，质量约为 30g）、狼毛刷（宽 25mm）、辊涂线棒（120μm）、平玻璃板 [120mm×90mm×（2～3）mm]。

五、实验步骤

（1）按取样规定，取出三份试样装入三个容器中，装样量以离罐顶 15mm 左右为宜。

（2）贮存试验前先测定一罐原始试样的黏度，并检查容器中的状态和涂料颗粒、胶块及刷痕等，以便对照比较。

（3）将另两罐试样盖紧盖子后，称量试样质量，准确至 0.2g，然后放入恒温干燥箱内，在（50±2）℃加速条件下贮存 30d，也可在自然环境条件下贮存 6～12 个月。

（4）试样贮存至规定期限后，从恒温干燥箱中取出试样，在室温放置 24h 后，称量试样质量，如与贮存前的质量相差超过 1%，则可认为是由于容器封闭不严密所致，其性能测试结果不可信。

六、结果计算

1. 结皮、压力、腐蚀及腐败味的检查与评定

在开盖时，注意容器是否有压力或真空现象，尤其注意是否有胀听。打开容器后检查是否有结皮、容器腐蚀及腐败味、恶臭或酸味。每个项目的质量分别按下列六个等级记分：10 = 无；8 = 很轻微；6 = 轻微；4 = 中等；2 = 较严重；0 = 严重。

2. 沉降程度的检查与评定

如有结皮，应小心地去除结皮，然后在不振动或不摇动容器的情况下，将调刀垂直放置在涂料表面的中心位置，调刀的顶端与涂料罐的顶面取齐，从此位置落下调刀，用调刀测定沉降程度。如果颜料已沉降，并在容器底部形成硬块，则将上层液体的悬浮部分倒入另一清洁的容器中，存之备用。用调刀搅动颜料块使之分散，加入少量倒出的备用液体，使之重新混合分散，搅匀。再陆续加入倒出的备用液体，进行搅拌混合，直到颜料被重新混合分散，形成适于使用的均匀色漆，或者已确定用上述操作不能使颜料块重新混合分散成均匀的色漆为止。沉降程度的评定如下：10 为完全悬浮，与色漆的原始状态比较，没有变化；8 为有明显的沉降触感并且在调刀上出现少量的沉积颜料，用调刀刀面推移没有明显的阻力；6 为有明显的沉降的颜料块，以调刀的自重能穿过颜料块落到容器的底部，用调刀刀面推移有一定的阻力，凝聚部分的块状物可转移到调刀上；4 为以调刀的自重不能落到容器的底部，调刀穿过颜料块，再用调刀刀面推移有困难，而且沿罐边推移调刀，刀刃有轻微阻力，但能够容易地将色漆重新混合成均匀的状态；2 为当用力使调刀穿透颜料沉降层时，用调刀刀面推移很困难，沿罐边推移调刀，刀刃有明显的阻力，但色漆可被重新混合成均匀状态；0 为结成很坚硬的块状物，通过手

工搅拌，在 3～5min 内不能再使这些硬块与液体重新混合成均匀的色漆。

3. 涂膜颗粒、胶块及刷痕的检查与评定

将贮存后的有色涂料刷涂于一块试板上，待刷涂的涂膜完全干燥后，检查试板上直径为 0.8 mm 左右的颗粒及更大的胶块，以及由这种颗粒或胶块引起的刷痕。对不适宜刷涂的涂料，可用 200 目滤网过滤调稀的被测涂料，观察颗粒或胶块情况。每个项目分别按下列六个等级评定：10=无；8＝很轻微；6＝轻微；4＝中等；2＝较严重；0＝严重。

注：如试验样品显著增稠，允许用 10% 以内的溶剂或按产品规定的稀释剂稀释后再进行刷涂试验。

4. 黏度变化的检查与评定

如果试样按上述 2 搅拌后能使所有的沉淀物均匀分散，则立即用黏度计测定色漆的黏度。如有未分布均匀的沉淀物或结皮碎块，可用 100 目筛网过滤之后再行测试。测定黏度时，试样的温度可按产品规定的要求，保持在（23±2）℃或（25±1）℃（应注明温度），黏度以时间（s）表示，精确到 0.1s。在色漆搅拌均匀并经过滤后，用产品规定的适宜的黏度计测定黏度，根据贮存后黏度与原始黏度的比值，按下列等级评定黏度变化值：10 为黏度变化值不大于 5%；8 为黏度变化值不大于 15%；6 为黏度变化值不大于 25%；4 为黏度变化值不大于 35%；2 为黏度变化值不大于 45%；0 为黏度变化值大于 45%。

七、数据处理

将结果记录于表 7.8。

表 7.8　涂料样品贮存稳定性测试

序号	结皮、压力、腐蚀及腐败味等级评定	沉降程度等级评定	涂膜颗粒、胶块及刷痕等级评定	黏度变化等级评定
1				
2				
3				
总评结果				

八、思考题

1. 涂料贮存稳定性受其组成结构、颜料特性和增稠剂品种影响的机理是什么？

2. 环境对涂料贮存稳定性有哪几方面影响？

第十节　实验五十六　冻融稳定性测试

由于乳液体系主要由聚合单体、水、乳化剂及溶于水的引发剂等基本组分组成，其中约有一半是水，乳液及由其配制的涂料在很多情况下要被暴露于冻结的气候条件下，当聚合物乳液遇到低温条件时会发生冻结。冻结和融化会影响乳液的稳定性，轻则造成乳液表观黏度上升，重则造成乳液的凝聚。冻融稳定性即指乳液经受冻结和融化交替变化时的稳定性。

一、实验目的

（1）掌握水性涂料冻融稳定性的测试方法。

（2）对涂料样品的冻融稳定性进行测试。

二、实验原理

水性涂料中重要的组成之一是水，水在0℃或更低的温度时会冻结成冰晶。水结冰时溶解或混合在水中的小分子物质如表面活性剂会因水的结晶而析出。水性涂料冻结时，分散介质水减少，水相中的水溶性物质被浓缩的同时乳胶粒子间的距离减小，原有的稳定体系被打破。随着冰晶粒子的生成，乳胶粒子逐渐被挤压，互相压缩引起凝聚。进而产生析出、沉降、结块、分色等现象。温度升高，冰晶融化，水相增加，但凝聚的乳胶粒子无法自行解聚，沉淀的粒子无法重新分散，从而造成冻冰融化后，涂料无法恢复到原来的均一状态，这种因乳胶涂料冻融结冰恢复不到原来状态的现象叫作冻融破乳，表现出来的现象叫作冻融稳定性差。反之，乳胶涂料冻融后，乳胶粒子不会发生凝聚，冰晶融化后，乳胶涂料能恢复到原来的均一状态，则称涂料的冻融稳定性良好。

涂料的冻融稳定性与涂料的其他稳定性密切相关，比如机械稳定性、贮存稳定性、稀释稳定性等，所以对涂料冻融稳定性的研究及测试是很有必要的。

涂料的冻融稳定性通常以结冰融化保持其均一稳定性的循环次数来表示。

三、实验原料

任一涂料样品。

四、仪器设备

冰箱、烘箱、计时器、密封的玻璃容器。

五、实验步骤

将一定量的涂料装入圆筒状的玻璃容器中，注意不要混入气泡，盖上盖子密封。将其放入−5℃低温冰箱中，18h后取出，再在23℃下放置6h，如此反复三次，打开容器，用玻璃棒搅拌，观察试样有无结块、凝聚等现象。

六、结果计算

观察试样有无结块、凝聚等现象。

七、数据处理

反复三次，记录结果。

八、思考题

1. 影响乳胶涂料冻融稳定性的因素有哪些？如何提高乳胶涂料的冻融稳定性？
2. 寒冷的北方有长达六个月的冰冻期，而海南、福建等地方温度较高，无冰冻期，这些地区对涂料冻融稳定性的要求一样吗？
3. 涂料的货架期与涂料的冻融稳定性有何关联？

第八章

基材前处理及漆膜制备

实验五十七　基材前处理

一、基材前处理的重要性

基材表面处理包括用涂料涂装被涂物件表面之前的一切准备工作，是涂料施工的第一道工序，也是最基础的工作。基材表面在被涂覆前的处理，直接关系到整个涂层体系的防腐蚀性能和防护寿命。长期的实践证明，许多防护体系提早失效，70%以上的原因是基材涂覆处理不当。英国钢铁研究协会曾经对 2 层红丹油性底漆 、2 层油性面漆的涂层体系在工业大气环境下进行曝晒试验，得出了各种因素对涂层体系保护寿命影响的关系，如表 8.1 所示。

表 8.1　涂层质量的影响因素和所占比例

影响因素	所占的比例/%
底材表面处理的质量	49.0
涂层层次及厚度	19.0
选用的同类品种质量差异	5.0
涂装方法和技术	20.0
环境条件	7.0

涂装前表面预处理主要包括以下三个方面的内容。

（1）从基材表面清除各种污物，以保证涂层具有优良的防腐蚀性能，确保涂层与基材表面具有良好的附着力。基材表面污物可分为无机污物和有机污物两大类。前者包括氧化皮、锈蚀产物、焊渣、灰尘、各种盐分等，后者主要包括旧的有机涂层和各种油污。污物的处理方法主要是脱脂、除尘、除锈、清除旧涂层等。

（2）对经清洗处理过的基材表面进行各种化学处理，以提高涂膜的附着力和耐腐蚀性。如对钢铁制件在涂装前进行磷化处理，对铝制品在涂装前进行氧化处理，对塑料、橡胶等制件进行涂装前的化学、火焰、等离子体处理等。

（3）采用机械方法消除被涂物的机械加工缺陷和创造涂装所需的表面粗糙度。如用锤平的方法平整钢板表面凸起的缺陷，锉掉毛刺等；对木材表面进行打磨、抛光处理等。

二、基材处理的作用

1. 提高涂层对基材表面的附着力

当基材表面与油、水接触时，由于油、水与涂料相容性差，难以形成连续涂层，即使形成连续涂层，附着力也大大降低，使涂层过早脱落。当基材表面有灰尘时，轻者使涂层产生麻点，重者更会形成腐蚀中心，缩短涂层寿命；当基材表面存在氧化皮、锈蚀和失效旧涂层时，会造成涂层与基材表面附着不良。因此，表面预处理的作用之一是增强涂层与基材表面的附着力，为涂装创造良好的基底，同时为得到一个光滑、平整、美观的涂层做好准备。

根据吸附理论，物理吸附强度与距离的六次方成反比，所以涂料应该与基材有充分的浸润才能形成良好的涂膜附着力。浸润是在接触表面上发生的，与不同物体间的内聚能和表面张力有关。接触角越小涂料与基材越能充分浸润，能产生良好的附着力。通常清洁钢铁表面的表面张力比任何涂层的表面张力都要高，因而可以较好地被涂料润湿。而当基材上附着一些油污、油脂时，会使表面张力变得非常低，从而使涂料不能充分润湿基材，导致附着效果不好，其结果是涂层整片脱落或产生各种外观缺陷，所以涂装前必须将基材表面的污染物完全清除干净。

2. 提高涂层对金属基体的防腐蚀保护能力

当钢铁涂层表面有微孔存在时，海水可缓慢穿过涂层，涂层部分成为阴极，不含涂层部分成为阳极，从而发生电化学腐蚀，生成 Fe^{2+} 和 H_2。Fe^{2+} 进一步反应生成 Fe_3O_4 和 Fe_2O_3，导致涂层鼓起被破坏。正常情况下，在涂层未损坏或失效时，这一过程十分缓慢。当涂层下存在未除尽的氧化皮、锈蚀物时，由于氧化皮和锈蚀物的电极电位比钢铁约高 0.15 ~ 0.26V，成为阴极，而钢铁本身为阳极发生腐蚀。根据未除尽锈蚀物含量的多少，腐蚀速度不同程度地加快。

钢铁生锈以后，锈蚀产物中含有很不稳定的铁酸（α-FeOOH），它在涂层下仍会使锈蚀扩展和蔓延，导致涂层迅速被破坏而丧失保护功能。如果经过除锈处理再涂装，那么涂层保护的可靠性会大幅度提高。近年来虽然出现了一些不需对基材除锈的带锈涂料，但到目前为止带锈涂料的长期可靠性仍然缺少保证。

3. 提高基体表面的平整度

铸件表面的型砂、焊渣及铁锈等都会严重影响涂层的外观，必须通过喷砂、打磨等方法除去。粗糙表面涂漆后，涂层因表面凹凸不平而变得暗淡无光，所以，对装饰性要求很高的被涂物，首先必须要通过表面处理的方法使其变得平整。

4. 增强涂层与底材的配套性和相容性

表面预处理除了除锈等清洁工作外，还可包括金属表面的化学转化，主要是氧化、磷化、钝化等。经化学转化后的表面能够形成类似喷砂后具有一定表面粗糙度的结构，扩大了涂层与底材表面的接触面积和附着力，提供一个与涂层和底材结合的新界面，增强涂层与底材的相容性，对于难以直接进行涂装的底材更有意义。同时，经处理后的表面增加了一层防护层，也提高了总体的防护性能。

第二节　实验五十八　基材表面处理

为了得到更好的涂层性能，必须重视对基材表面的预处理。它的好坏不仅关系到能否直接进行涂刷，还极大地影响涂层的附着力、外观、耐湿性等，以及能否有效阻止锈蚀。

一、常见的几种基材表面处理方法

1. 手工工具清理

手工工具清理是一种原始的除锈方式，用简单的工具敲松、铲除底材表面厚的和疏松的锈蚀物。用这种方法可以除去附着不牢的氧化皮、松散的旧涂层和其他杂物。常用的清理工具有榔头、铲刀、刮刀、锉刀、钢丝刷、砂布和砂纸等。

手动工具清理操作开始时，首先要检查表面的状况，如是否有厚的锈层和油类、油脂或其他沾污物；然后用铲刀除去较厚的油污和附着不牢的异物、铁锈；再用溶剂清洗或擦拭掉残留的油污；有锈层存在时，要用榔头敲松厚的锈层，并用刮刀或铲刀除去；用锉刀除去毛刺、焊渣和各种突出物；用砂纸打磨平面和突出部位的铁锈；用钢丝刷清理缝隙和麻坑内的铁锈；用铲刀除去翘起和附着不牢的旧漆层；用砂纸磨去粉化的旧漆层，尚未失效的韧性漆层可以保留。最后要用压缩空气吹去浮尘，或用抹布清洁表面，尽快涂装底涂，以保证所清洁的表面的状态。

2. 砂轮机

砂轮机主要用于清除铸件的毛刺，清理焊缝，打磨厚锈层。它的除锈工件是砂轮盘，分为直柄型和端型。工作原理是依靠砂轮的高速旋转来磨削和敲击底材表面，起到清除杂质和平整底材表面的作用。

3. 动力钢丝刷

根据不同的用途，钢丝刷刷面有轮形、杯形、伞形等形状，钢丝刷使用灵活方便，使用电或压缩空气作为动力，依靠钢丝刷运动时产生的摩擦和剪切力除去钢材表面的异物。它适用于除锈，除旧涂层，清理焊缝，去除毛刺、飞边、凹陷处的沾污物等。但用它不能除去氧化皮、焊接飞溅物等附着牢固的异物。

4. 抛丸

抛丸是指通过抛丸设备高速旋转的叶轮把钢丸、砂粒和钢丝段等磨料以很高的速度和一定的角度抛射到工作表面上，让丸料冲击工作表面，产生冲击和磨削作用，起到清除钢材表面异物、消除应力和产生粗糙度的作用。抛丸机操作时，通过控制和选择丸料的颗粒大小、形状，以及调整和设定机器的行走速度，控制丸料的抛射流量，可以得到不同的抛射强度，从而获得不同的表面处理效果。

5. 喷砂

喷砂处理是最常用的一种表面处理方法，其原理是：利用压缩空气为动力，磨料被高压空气推入或吸入管道，并在管道内被气流不断加速，形成磨料流，从喷枪喷出，磨料流以极高的速度冲击底材表面，依靠冲击和磨削等作用除去金属底材表面的铁锈、氧化皮等污物，并在表面形成一定粗糙度。喷砂被广泛用于钢结构、储罐等涂装前的底材处理和现场组装后的二次底材处理，以及小面积修补涂层时的底材处理等。

二、不同基材表面具体处理方式

1. 马口铁片表面处理

若马口铁片表面含有油污等物质，对涂层与基材表面的作用力会产生影响，因此，需要对基材表面进行处理。

首先用砂纸对基材进行打磨，磨至铁片表面平整光滑，再使用纸巾蘸取无水乙醇进行擦拭，并且朝向同一方向擦拭三遍。

2.金属表面化学前处理

金属零件表面往往附有氧化皮、油脂、灰尘等沾污物，如果在涂装前不把这些异物去除，将影响涂层固化或造成涂层龟裂、剥落，尤其是残留的氧化皮还会在涂层下继续生长而失去涂装的意义。因此，涂装前处理的目的就是除去金属表面附着的各种沾污物，以提高金属与涂层的附着力，从而保护金属不受腐蚀破坏。通常把金属涂装前需要进行的脱脂、除锈、磷化这3道工序通称为"前处理"。

（1）脱脂　由于防锈或加工的需要，在金属表面往往涂有防锈油、压延油、切削油等油性物质，灰尘极易附着在上面。涂装前要把这些沾污物去掉，常用碱性脱脂剂、有机溶剂、乳化液脱脂剂或溶剂蒸气进行清洗，必须在酸洗（除锈）、磷化工序前完成。

（2）酸洗（除锈）　采用各种酸液去掉金属表面覆盖的氧化皮或锈蚀物，这就是酸洗。为了防止过酸洗（pH值过低或者温度过高造成金属酸化）或氢脆（因酸化产生氢气造成孔洞使得表面脆性增加），需要添加缓蚀剂（调节pH值，降低酸化速率）。

（3）磷化（氧化）　金属表面与磷化液反应，可使其表面生成一层稳定难溶的无机化合物。这种化合物可提高涂层的附着力和耐腐蚀性。

（4）处理效果检测

① 除油效果的检测　除油效果的好坏，可用多种方法判断，最常用且较简便的方法是水膜中断法，即工件经过彻底水洗后，观察水能否在表面完全润湿。如果除油彻底，水洗后表面应形成连续的水膜，否则除油不彻底。此外，还有荧光染料法、喷雾器法和放射性同位素法等。

② 磷化膜质量评定方法

a. 外观目测法　目测法是用肉眼观察磷化膜的表面颜色、结晶粗细、膜层的连续性及缺陷。好的磷化膜外观均匀完整细密，无金属亮点，无白灰。锌系磷化膜为灰色膜，铁系磷化膜为彩虹色膜。

b. 厚度（或重量法）测定　测定磷化膜厚度可直接采用磁性测厚仪，使用方便、快速，但是磷化膜厚度在 3μm 以下，测厚仪精度有限，有时误差较大。采用重量法测定较为准确，但相对比较费时。重量法具体操作为：将磷化板浸泡在75℃、浓度为5%的铬酸溶液中 10～15min，除去磷化膜，然后根据除去膜层前后的质量差求得膜重，单位以 g/m^2 表示。

③ 腐蚀性测定　最简便的腐蚀性测定方法是点滴法，点滴测试液的组成如下：

硫酸铜（$CuSO_4 \cdot 5H_2O$）41g/L

氯化钠（NaCl）35g/L

0.1mol/L 盐酸（HCl）13mL/L

用脱脂棉蘸冰醋酸或汽油去除磷化膜表面的油污，然后滴一滴测试溶液在其表面上，当试液的天蓝色变成土红色时即为终点，记录所需时间。

对于薄膜磷化，应将磷化与其后序的涂层复合起来进行耐盐雾试验、耐湿热试验。

④ 脱脂剂总碱度及游离碱度的测定

a.试剂及仪器：酚酞指示剂、甲基橙指示剂、HCl溶液(0.1mol/L)、滴定管、移液管、锥形瓶（250mL）。

b. 操作步骤：用移液管吸取 10mL 脱脂工作液于锥形瓶中，加入 10mL 的蒸馏水，滴入三滴酚酞指示剂，用 0.1mol/L 的 HCl 溶液滴定至颜色由粉红色变为无色为终点，消耗的 HCl 溶液的体积（mL）为游离酸度的点数；滴入三滴甲基橙指示剂，用 HCl 溶液继续滴定至溶液颜色由橙色变为红色为终点，所用 HCl 溶液的体积（mL）即为总碱度点数。

⑤ 表调剂含量（比色法测定）

a. 试剂及仪器：98% H_2SO_4、H_2O_2、比色管（50mL）、移液管。

b. 操作步骤：准确配制质量分数为 0.1% 的表调剂水溶液，取 25mL 置于 50mL 的比色管中，加入 5mL 浓度为 98% 的 H_2SO_4 摇匀，再加 H_2O_2 5mL，摇匀即显出黄色，即质量分数为 0.1% 的表调剂标准溶液的颜色。按上述方法分别配制质量分数为 0.15%、0.30% 的标准溶液，观察其颜色。

取工作液 25 mL，按上述方法加 H_2SO_4 和 H_2O_2 制出工作液并观察其颜色。将工作液颜色与标准颜色进行目视比色，以确定工作液的浓度范围。

在生产线上使用表调剂时，也可用 pH 值、碱度来控制槽液浓度。

⑥ 总酸度的测定　取处理液 10mL，酚酞作为指示剂，以 0.1mol/L 的 NaOH 标准溶液滴定至溶液变为粉红时（pH=8.5）所耗用的 NaOH 标准溶液的体积（mL）称为总酸度，用"点"来表示。例如，磷化总酸度控制范围为 18~24 点。

⑦ 游离酸度的测定　取处理液 10 mL，溴酚蓝作为指示剂，以 0.1 mol/L 的 NaOH 标准溶液滴定至溶液变蓝时为终点，所耗用 NaOH 标准溶液的体积（mL）为游离酸度的"点"数。

以上滴定属中和滴定法，通常根据指示剂颜色变化来判断滴定终点，因此难免因操作者不同而产生某些误差。如果要求结果更为精确，可采用 pH 值为 3.8 的溴酚蓝标准液比色来确定终点，即 pH 值为 3.8 作终点的 pH 滴定法。

⑧促进剂的点数　用发酵管装满槽液，把空气排出，加入 2~3g 的固体氨基苯磺酸，放置数秒后，从发酵管刻度上读出发气量的体积（mL），即促进剂的点数。

3. 混凝土的表面处理

（1）清除表面油污和其他脏物质　用洗涤剂擦洗基材；或先用溶剂清洗一遍，再用洗涤剂擦洗；或用质量分数为 5%~10% 的火碱水清洗，然后用清水洗净。

（2）清除水泥浮浆、泛碱物及其他松散物质　用钢丝刷刷除或用毛刷清除，对泛碱、析盐的基材可用 3% 的草酸溶液清洗，然后用清水洗净。对泛碱严重或水泥浮浆多的部位，可用质量分数为 5%~10% 的盐酸溶液刷洗，但酸液在表面存留的时间不宜超过 5min，必须用清水彻底洗净。泛碱和析盐清洗后应注意观察数日，如再出现析盐和泛碱，应重复进行清洗，并推迟刷涂涂料，直至泛碱物消失为止。

（3）清除光滑表面的方法　混凝土表面过于光滑，不利于涂料的渗透和附着。酸蚀、喷砂、钢丝刷刷毛，或自然风化，或在表面涂一层 3% 氯化锌和 2% 磷酸的混合液，或涂一层 4% 聚乙烯醇溶液或 20% 的弹性乳液，均可增加基材和涂层的附着力。

（4）混凝土表面气孔及缝隙的处理　混凝土表面的气孔需要挑破并填平，否则空气会拱破跑出，毁坏涂层。手工和机械打磨清除气孔比较费工，且效果也不理想，一般须采用喷砂处理。混凝土表面的孔隙及挑破的气孔要填平，室外和潮湿环境要用水泥或有机黏结剂的腻子填充，室内干燥环境可使用普通的石膏或聚合物腻子。对粉化或多孔隙表面，为黏附住松散物质和封闭住表面，可先涂刷一层耐碱的渗透性底漆，如稀释的乳胶漆。为减少收缩沉陷，腻子中体质颜料的比例可稍大于黏结剂。

4. 塑橡表面处理

塑料及橡胶表面预处理总的目的是提高涂层与塑料及橡胶表面的结合力，预处理主要有以下四个方面。

（1）去除表面沾污物　溶剂清洗对与涂层附着良好的塑料，如 ABS、聚苯乙烯、有机玻璃等，这些热塑性耐有机溶剂差的塑料，可简单用肥皂水、去污粉等擦洗；对耐溶剂性好的塑料，如聚烯烃和热固性塑料，可用三氯乙烷、三氯乙烯等含氯溶剂和甲苯等芳香族溶剂进行蒸气清洗 1~3min 即可；利用等离子流中红外线、紫外线、离子、游离基的高能反应性，与塑料及橡胶表面起各种反应，使表面沾污物除去，并生成双键和其他官能团。

（2）极性化　对非极性塑料，如聚乙烯、聚丙烯等结晶性高的塑料，可用强酸强氧化物组成的酸性液处理，令其表面氧化而导入碳基、羧基等官能团，以提高对涂层的附着力，同时使塑料表面形成粗糙面，提高附着力。通常酸液配方是：重铬酸钾 4.5%；水 8.0%；浓硫酸 87.5%。先将前两者配成溶液，然后缓缓加入浓硫酸，混合均匀即可。

（3）表面粗化　非极性塑料表面粗化可用酸液处理。对坚硬光滑的热固性塑料可用喷砂处理。质软的硬质聚氯乙烯的处理方法可视增韧剂的品种、含量及用途等情况而定。一般可在三氯乙烯溶液中浸渍几秒钟，去除表面游离的增韧剂，然后轻擦干燥。

（4）消除内应力　内应力不消除，漆膜易产生细纹。其原因是塑料表面因溶剂渗透，内聚力下降，导致应力释放。消除内应力的方法是将塑料在热变形温度以下进行一定时间的退火。

表面处理的检测方法有如下几种。

（1）甲酰胺溶液实验法　用棉花球棒蘸取甲酰胺和乙二醇乙醚（乙基溶纤剂）的混合液，在被处理过的薄膜上涂布约 6.5cm^2（直径约 2.9cm）。若此薄膜上的液膜保持 2s 以上不破，再用表面张力高的混合液实验；若薄膜在 2s 内破裂成小液滴，则再用张力低的混合液实验，从而获得适当的表面张力值。张力值大，说明薄膜与涂料的亲和性良好。对涂装来说，表面张力应为 48～54mN/m。

（2）乙醇溶液实验法　将经过火焰处理的塑料表面浸入清洁的冷水或 3 份乙醇和 1 份水组成的溶液中，若水膜能保持 30s，则认为处理合适。

（3）染料溶液实验法　用染料（如纯色靛蓝）的硝基乙烷溶液（4g/L）涂刷，若润湿的表面不形成液滴，则为合格。

5. 木材前处理

木材的性质和构造随树种的不同有所不同。当涂装木材表面时，应注意木材的硬度、纹理、空隙度、水分、颜色以及是否含有树脂、单宁酸等物质。

木材的表面处理方法有以下几种。

（1）木材的干燥　新木材通常都含有很多水分，并且在储存过程中还会从潮湿空气中继续吸收水分，所以在施工之前，要将木材存放在通风良好的地方自然晾干或在烘房内用低温烘干。木材经干燥处理时，应控制含水量在 8%～12% 之间，防止涂层发生开裂、起泡和回粘等弊病。

① 人工干燥　将木材密封在蒸汽干燥室内干燥，可使木材含水量达 3%。但经高温蒸发后的木质发脆，失去韧性，容易损坏而不利于雕刻。

② 自然干燥　将木材（板材、方才或圆木）分类放置于通风处，搁置或码垛，垛底离地 60cm 左右，中间留有空隙，使空气流通带走水分，木材逐渐干燥。自然干燥一般要经过数年或数月，才能达到一定的干燥要求。

③ 简易人工干燥　一是将原木按类别堆放在烘房内，通过锅炉供热的方式强制烘干木材内的水分，控制水分含量在 8%～12% 以内；二是将原木用水煮或浸泡在水中去除木材中的树脂成分，然后放在空气中晾干或烘干，该法干燥时间会缩短，但浸水的木材易变色，有损木质。

（2）清除木脂　针叶树材如各种松材和云杉等都含有树脂，在节缝处树脂更多。松脂含松香和松节油，木材含松脂会降低涂层的附着力，影响涂层的干燥和颜色的均匀性，如树脂从木材内部向表面渗出，还会使涂层发黏、损坏。因此，涂装前应将树脂去除。

清除树脂的方法如下。

① 将松脂富集部位挖掉，再补上同样大小的木材，但应保持纤维方向一致。

② 用有机溶剂溶解除去松脂，同时刷 1～2 道虫胶漆作为阻挡层，防止松脂从木材内部渗出。常用的有机溶剂有乙醇、松节油、汽油、甲苯及丙酮等。

③用碱液清洗。可用 5% ~ 6%的碳酸钠水溶液或 4% ~ 5%的苛性钠水溶液清洗，使松脂皂化，再用热水洗，待表面干燥后，刷 1 ~ 2 道虫胶漆。

④用碱液-丙酮混合溶液清洗。将 80g 浓度为 5% ~ 6%的碳酸钠碱液和 200g 丙酮水溶液（50g 丙酮+150g 水）混合均匀，涂抹在松脂处，然后用水洗干净，待干燥后刷 1~2 道虫胶漆。

（3）防霉 为了避免木材长时间受潮而出现霉菌，可在木材涂装前先薄涂一层防霉剂，例如用氯化酚、对甲苯氨基磺酰的溶液来处理，待干透以后再进行涂装。

（4）漂白 木材含有天然色素，有时这种色素可作为装饰，需要保留，可以省去漂白工序。但是木材的固有颜色，特别是深色往往会影响着色色调的鲜明性，因此需要漂白。漂白的目的是：使芯材与边材颜色一致；使木材的本色变得更白或使被污染的木材颜色变淡；对于要求明亮着色加工的制品，漂白可以提高着色的效果；可获得与木材固有颜色无关的任意颜色的涂层。

第三节　实验五十九　表面粗糙度的测定

涂层附着在物体表面主要是依靠涂料中的极性分子与底材表面分子间的相互吸引力。基材在喷砂处理后，会使表面变粗糙，随着表面粗糙度值增大，表面积也显著增加，单位面积上涂层与钢铁表面的吸引力也成倍增大，同时还为涂层附着提供了合适的表面形状，增加了机械齿合作用，对涂层附着十分有利。但表面过于粗糙，也会带来不利影响。与光滑表面相比，使用相同的涂料量，其涂层厚度要小得多，涂层厚度往往不足，造成涂层过早被破坏。此外，表面粗糙度过大还会在涂装时截留空气，造成涂层过早起泡、脱落，所以表面粗糙度直接影响涂层与底材的附着力和涂层厚度分布。

一、实验目的

掌握基材表面粗糙度测试的原理和方法。

二、实验原理

制板为底材和涂膜的黏结创造一个良好的条件，同时还能提高和改善涂膜的性能。刷板的质量直接影响涂膜的质量和性能。制板之前需要对基材进行表面处理，以获得良好的涂装效果。

1. 表面粗糙度的定义

表面粗糙度是指加工表面具有的较小间距和微小峰谷的不平整度。其两波峰或两波谷之间的距离（波距）很小（在 1mm 以下），它属于微观几何形状误差，具体指微小峰谷 Z 高低程度和间距 S 状况。一般按 S 分：$S < 1mm$ 为表面粗糙度；$1mm \leq S \leq 10mm$ 为波纹度；$S > 10mm$ 为 f 形状。图 8.1 为表面粗糙度示意图。

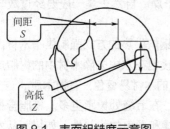

图 8.1　表面粗糙度示意图

2. VDI3400、R_a、R_{max} 对照表

国家标准规定，常用三个指标来评定表面粗糙度（单位为 μm）：轮廓的平均算术偏差 R_a、微观不平整度 R_z 和最大微观高度偏差 R_y，在实际生产中多用 R_a 指标。轮廓的最大微观高度偏差 R_y 在日本等国家常用 R_{max} 符号来表示，欧美常用 VDI 指标。图 8.2 为表面粗糙度仪的运行原理。

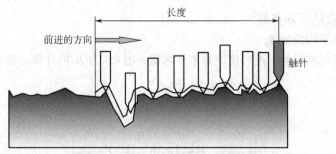

图 8.2　表面粗糙度仪的运行原理

3. 表面粗糙度的影响因素

表面粗糙度一般是由采用的加工方法和其他因素决定的。例如，加工过程中刀具与零件表面间的摩擦；切屑分离时，表面层金属的塑性变形；工艺系统中的高频振动、电加工的放电凹坑等。由于加工方法和工件材料的不同，被加工表面留下痕迹的深浅、疏密、形状和纹理都有差别。

4. 表面粗糙度对零件的影响

影响耐磨性。表面越粗糙，配合表面间的有效接触面积越小，压强越大，摩擦阻力越大，磨损就越快。

影响配合的稳定性。对间隙配合来说，表面越粗糙，就越易磨损，使工作过程中间隙逐渐增大；对过盈配合来说，由于装配时将微观凸峰挤平，减小了实际有效过盈，降低了连接强度。

影响疲劳强度。粗糙零件的表面存在较大的波谷，像尖角缺口和裂纹一样，对应力集中很敏感，从而影响零件的疲劳强度。

影响耐腐蚀性。粗糙的零件表面，易使腐蚀性气体或液体通过表面的微观凹谷渗入到金属内层，造成表面腐蚀。

影响密封性。粗糙的表面之间无法严密地贴合，气体或液体可通过接触面间的缝隙渗漏。

影响接触刚度。接触刚度是零件结合面在外力作用下，抵抗接触变形的能力。机器的刚度在很大程度上取决于各零件之间的接触刚度。

影响测量精度。零件被测表面和测量工具测量面的表面粗糙度都会直接影响测量的精度，尤其是在精密测量时。

此外，表面粗糙度对零件的镀涂层、导热性和接触电阻、反射能力和辐射性能、液体和气体流动的阻力、导体表面电流的流通等都会有不同程度的影响。

5. 表面粗糙度的评定依据

（1）取样长度　取样长度是评定表面粗糙度时规定基准线的长度，基准线的选取应根据零件实际表面的形成情况及纹理特征，选取能反映表面粗糙度特征的部分，量取取样长度时应根据实际表面轮廓的总的走向进行。

（2）评定长度　评定长度是评定轮廓所必需的一段长度，它可包括一个或几个取样长度。由于零件表面各部分的表面粗糙度不一定很均匀，一个取样长度往往不能合理地反映某一表面粗糙度特征，故需在表面上取几个取样长度来评定表面粗糙度。评定长度一般包含 5 个取样长度。

（3）基准线　基准线是用以评定表面粗糙度参数的轮廓中线。基准线有两种：一种是轮廓的最小二乘中线；即在取样长度内，轮廓线上各点的轮廓偏距的平方和为最小，具有几何轮廓形状；另一种是轮廓的算术平均中线，即在取样长度内，中线上下两边轮廓的面积相等。理论上最小二乘中线是理想的基准线，但在实际应用中很难获得，因此一般用轮廓的算术平均中线代替，且测量时可用一根位置近似的直线代替。

6. 表面粗糙度的评定参数

（1）轮廓算术平均偏差 R_a

在一个取样长度内纵坐标绝对值的算术平均值。图 8.3 为 R_a 的计算原理。

$$R_a = \frac{1}{n} \sum_{i=1}^{n} |y_i| \tag{8.1}$$

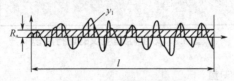

图 8.3 　R_a 的计算原理

（2）微观不平整度 R_z（十点高度值）　　在一个取样长度内，5 个最大的轮廓峰值与 5 个最大的轮廓谷值的平均值之和。

$$R_z = \frac{\sum_{i=1}^{5} y_i + \sum_{v=1}^{5} y_v}{5} \tag{8.2}$$

（3）轮廓均方根偏差 R_q　　在一个取样长度内，纵坐标值的均方根值。

$$R_q = \left(\frac{1}{n} \sum_{i=1}^{n} y_i^2 \right)^{\frac{1}{2}} \tag{8.3}$$

（4）轮廓谷总高度 R_t　　在评定长度内，最大轮廓峰高和最大轮廓谷深之和。图 8.4 为 R_t 的计算原理。

$$R_t = |y_{imax}| + |y_{vmax}| \tag{8.4}$$

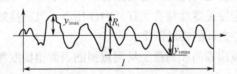

图 8.4 　R_t 的计算原理

在实际测量中，测量点的数目越多，R_a 越准确。在幅度参数常用范围内优先选用 R_a。

三、仪器设备

数显粗糙度仪。仪器外观及按键如图 8.5 所示。

（a）

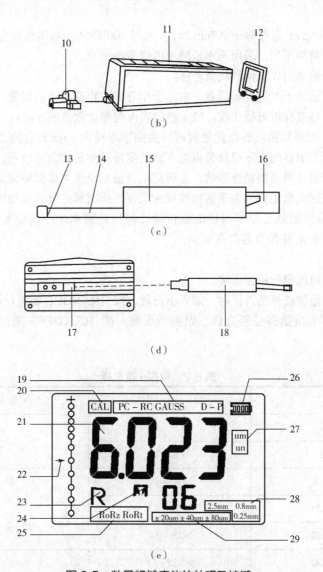

图 8.5　数显粗糙度仪的外观及按键

1—取样长度选择键；2—参数选择键；3—显示器；4—电源开关；5—测量键；6—测量范围选择键；7—向上/存储键；8—向下/浏览键；9—删除/菜单键；10—探针保护套；11—面板；12—调节架；13—触针；14—保护套管；15—主机；16—传感器插座；17—连接套；18—传感器；19—滤波器指示；20—校准指示符；21—测量值；22—触针位置光标；23—浏览状态指示；24—记忆状态指示；25—测量参数指示；26—电池状态指示；27—测量单位指示；28—取样长度指示；29—量程选择指示

四、样品

抛光平板玻璃板（100mm×100mm×5mm）、钢板 [50mm×100mm×（0.2～0.3）mm]、无石棉纤维水泥加压板（200mm×150mm×5mm）。

五、实验步骤

打磨（磨光）制板：通过砂纸打磨除去表面不平整及溶剂不能除去的表面沾污物而获得平整光滑的表面。

为保证原表面层被磨去，磨去的表面厚度应不少于 0.7μm，以试板质量的减少量来计算

（单位面积质量 5 ~ 6g/m² 近似等于 0.7μm 厚）。采用 200#砂纸，顺试板任何一边的平行方向平直均匀地打磨。打磨结束后，采用无水乙醇或丙酮清洗表面。

表面粗糙度一般采用以下两种测量方法。

（1）比较法 适用于车间现场测量，常用于中等或较粗糙表面的测量，是将被测量表面与标有一定数值的粗糙度样板进行比较，确定被测表面粗糙度数值的方法。

（2）触针法 表面粗糙度的测量是利用针尖曲率半径为 2μm 左右的金刚石触针沿被测表面缓慢滑行，金刚石触针的上下位移量由电学式长度传感器转换为电信号，经放大、滤波、计算后由显示仪表指示出表面粗糙度数值，也可用记录器记录被测截面轮廓曲线。一般将仅能显示表面粗糙度数值的测量工具称为表面粗糙度测量仪，同时能记录表面轮廓曲线的称为表面粗糙度轮廓仪。这两种测量工具都可用电脑自动计算出轮廓算术平均偏差 R_a、微观不平整度 R_z、轮廓均方根偏差 R_q 和轮廓谷总高度 R_t。

测试步骤如下。

（1）开机检查电池电压是否正常。

（2）检查测量范围选择是否正确，如果不正确，按［RANGE］键进行选择。

（3）检查取样长度选择是否合适，如果不正确，按［CUTOFF］进行选择。取样长度选择，参考表 8.2。

表 8.2 取样长度选择

R_a	R_z	取样长度/mm
>5 ~ 10	>20 ~ 40	2.5
>2.5 ~ 5	>10 ~ 20	
>1.25 ~ 2.5	>6.3 ~ 10	0.8
>0.63 ~ 1.25	>3.2 ~ 6.3	
>0.32 ~ 0.63	>1.6 ~ 3.2	
>0.25 ~ 0.32	>1.25 ~ 1.6	
>0.20 ~ 0.25	>1.0 ~ 1.25	
>0.16 ~ 0.20	>0.8 ~ 1.0	
>0.125 ~ 0.16	>0.63 ~ 0.8	
>0.1 ~ 0.125	>0.5 ~ 0.63	
>0.08 ~ 0.1	>0.4 ~ 0.5	
>0.063 ~ 0.08	>0.32 ~ 0.4	0.25
>0.05 ~ 0.063	>0.25 ~ 0.32	
>0.04 ~ 0.05	>0.2 ~ 0.25	
>0.032 ~ 0.04	>0.16 ~ 0.2	
>0.025 ~ 0.032	>0.125 ~ 0.16	
>0.02 ~ 0.025	>0.1 ~ 0.125	

（4）擦干净工件被测表面。

（5）按照图 8.6 放好仪器，确保接线准确可靠。传感器的滑行轨迹必须垂直于工件被测表面的加工纹理方向。

（6）当物件被测部分表面小于仪器底部表面时，传感器护套和支架能够用于辅助支撑，进行正确测量。图 8.7 为仪器与被测工件正确设置示意图。

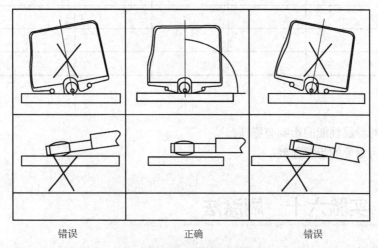

错误　　　　　　　　　　正确　　　　　　　　　　错误

图 8.6　仪器正确放置示意图

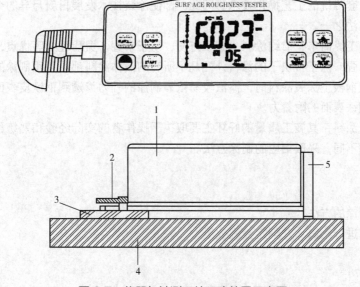

图 8.7　仪器与被测工件正确放置示意图

1—粗糙度测定仪；2—传感器保护套；3—被测工件；4—测量平台；5—可调支架

（7）准备工作做好，按［START］电源键开始测量，首先在显示器上看到……，同时传感器在被测表面上滑行，然后传感器停止滑行，向后滑动，直到传感器回复原位后，测量值显示在显示器上。按［R_a，R_z……］键，可以查看 R_a、R_z、R_q、R_t 的值。

六、数据处理

如表 8.3 所示。

表 8.3　测量数据汇总

样品名称	序号	R_a	R_z	R_q	R_t	备注
	1					
	2					
	3					
	4					
	5					
平均值						

七、思考题

1. 粗糙度对涂层性能的影响有哪些？
2. 如何获得需要的粗糙程度？

第四节　实验六十　刷涂法

刷涂法是借助漆刷与被涂物表面的直接接触，使涂料均匀地涂布在被涂物表面，形成涂层的涂布方法。刷涂是最古老、最简单的涂装方法，适用于涂装任何形状的被涂物，经过长期的应用，形成了一套传统的工艺操作技术。因此，即使涂装技术发展日新月异的今天，刷涂仍然是普遍采用的方法之一。

刷涂法具有工具简单、节约涂料、施工方便、易于掌握、灵活性好等优点，而且对于涂料品种的适应性也强，除了特快干的涂料外，几乎所有的液体涂料都可以用刷涂的方法施工。而且，用刷涂法在钢板上涂装涂料时，漆液较易依靠刷涂的外力渗透到钢铁皮表面的微孔，因而增强了涂料对钢铁表面的附着力。

用漆刷涂刷涂料，其施工质量的好坏主要取决于操作者的实际经验和熟练程度，同时还要根据涂料的性能不同，采取相应的刷涂方法。

一、实验目的

（1）掌握刷涂的方法。
（2）对基材进行涂刷，并判定涂刷效果。

二、实验原理

采用漆刷将涂料涂覆在基材的表面，形成连续均匀的涂层。

漆刷的种类很多，形状各异。按照刷毛的质地可以分为硬毛刷和软毛刷，硬毛刷多为猪鬃或马鬃制作，也有用人的头发制作的；软毛刷一般为羊毛制作，也有用狸毛、獾毛和狼毛制作的，但价格较高，很少使用；目前还有用尼龙或聚酯等合成材料代替天然毛制作的，综合品质好。天然鬃毛刷通常适用于溶剂型涂料的涂装，但不适于水性涂料的涂装；羊毛刷用于涂刷水性涂料，既适用于涂刷墙面也适用于涂刷木器；合成材料刷多用于涂刷水性涂料。按照形状漆刷可以分为扁形刷、圆形刷、板刷、歪柄刷和排比刷等。

三、实验原料

水性涂料、溶剂型涂料。

四、仪器设备

羊毛刷、处理的马口铁片。

五、实验步骤

1. 涂装前的准备

刷涂前必须将涂料搅拌均匀，并调到适当的黏度，防腐涂料黏度一般以 30~35s 最为适宜。用漆刷蘸取少许涂料，自上而下，自左至右，先里后外，先难后易，先斜后直，纵横涂刷，然后用毛刷轻轻地修饰涨筋、波纹和接头处，形成薄而均匀、光亮、平滑的涂层，涂层不流挂、不皱、不漏、不露刮痕。图 8.8 为刷涂示意图。

图 8.8　刷涂示意图

2. 刷涂的基本操作方法

刷涂方法有三阶段法和棒涂法。其中三阶段法最常用，适用于大多数涂料的刷涂，棒涂法适用于快干涂料。

刷涂前要准备一个干净的容器，将涂料搅拌均匀，用稀释剂调整好涂料的黏度，去除涂料表面的颗粒；操作者站在被涂物的前面，摆正姿势。

执刷方法：刷涂时要紧握手柄的中心，拇指在前，食指和中指在后并抵住木柄，手握漆刷要牢固，不能使漆刷任意松动，如图8.9 所示。在刷涂过程中，刷柄应始终与被涂物表面处于垂直状态，以使长度约一半的刷毛顺一个方向贴附在被涂物表面，漆刷运行时用力要适度，速度要均衡。

刷涂前要将漆刷放入涂料至刷毛的 1/3 ~ 2/3 处，使漆刷蘸上涂料，刷柄不要接触容器内壁，蘸漆后应以刷尖轻触罐壁数次，以使漆刷含漆饱满而又不会淌下。

（1）三阶段法　三阶段法主要包括涂布、抹平、修整三个刷涂步骤，如图 8.10 所示。

涂布是将刷毛黏附的涂料涂布在漆刷所触及范围内的被涂物表

图 8.9　执刷方法

面上，漆刷的运行轨迹可根据所用涂料在被涂物表面的流平情况，保留一定的间隔。抹平是将已经涂布在被涂物表面的涂料展开抹平，将漆刷前后未触及的所有保留的间隔面均涂布上涂料，不能露底，一般垂直于涂布方向。修整是按照一定方向涂刷均匀，消除刷痕与膜厚不均匀的情况。

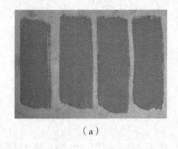 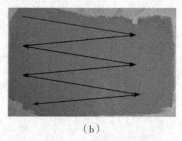 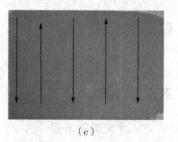

（a） （b） （c）

图 8.10　三阶段法刷涂步骤

(a) 涂布；(b) 抹平；(c) 修整

（2）棒涂法　棒涂法将涂布、抹平、修整三个步骤合为一体。

每次刷涂的宽度比较窄，不能反复刷涂，必须在将涂料涂布在被涂物表面的同时，尽可能快地将涂料抹平，修整好涂膜，漆刷宜采用平行轨迹，并重叠漆刷的 1/3 的宽度。图 8.11 为棒涂法刷涂示意图。

3. 刷涂的操作技巧

刷涂操作的基本原则是先里后外、先左后右、先上后下、先难后易、先线角后平面，要一面一面地顺序刷涂，以免遗漏。

刷涂时关键的控制指标是黏度。涂料黏度的高低影响漆刷的蘸漆量、涂层的厚度、涂膜的流平和立面的流挂等，刷涂前要仔细反复试涂，以达到良好的刷涂效果。

刷涂时漆刷蘸涂料、涂布、抹平、修整等几个步骤应该是连贯的，不能有停顿，熟练的操作者可以将涂布、抹平、修整三个步骤连贯地完成，形成良好的涂层。

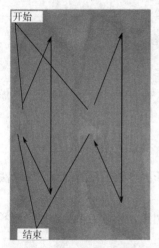

图 8.11　棒涂法刷涂示意图

在进行涂布和抹平操作时，漆刷要始终垂直于被涂物表面，并用力使刷毛大部分贴附在被涂物表面。在修整时，用力要小，漆刷应向刷涂运行的方向倾斜，用刷毛的前端轻轻地刷涂修整，以便达到满意的修整效果。涂布、抹平、修整三个步骤应该纵横交替进行，但对于被涂物的垂直面，最后的修整方向应该是沿着垂直方向进行竖刷；木质被涂物最后的修整步骤应该与木纹走向一致；刷涂每次黏附的涂料量最好保持一致，每次黏附的涂料刷涂面积也要保持一致。刷涂要均匀，厚度要适当，过薄易漏底，过厚则易起皱或流挂。

刷涂面积较大的被涂物时，通常先从左上角开始刷涂，每蘸一次涂料，按照涂布、抹平、修整三个步骤完成一定的刷涂面积后，再蘸涂料刷涂下一块面积。对于面积较大、形状复杂的被涂物，最好先对死角等不易刷涂的部位进行预涂；仰面刷涂时，漆刷每次黏附的涂料要少一点，刷涂用力也不要太重，速度也不要太快，以免涂料掉落。

刷涂施工结束后，漆刷要及时清洗干净，晾干保存，以备下次使用。

六、思考题

1. 快干涂料的涂刷方法是什么？
2. 为什么有时涂刷高黏度涂料要采用稀释剂调节黏度？

实验六十一　辊涂

辊涂是用辊筒将涂料辊涂在被涂物表面的涂装方法，用以代替刷涂法，可提高涂装效率，是一种常用的涂装方法。建筑涂料，尤其是内墙建筑涂料以辊涂施工为多，因而辊筒是建筑涂料中重要的、常见的施工工具。辊筒施工方法主要用于墙面和顶棚的水性涂料的涂装，该方法使用不同类型的辊筒将涂料辊涂到基材上，使用不同的辊筒可以达到不同的装饰效果。

一、实验目的

（1）掌握辊涂的方法。
（2）对基材进行辊涂，并判定辊涂效果。

二、实验原理

辊筒辊涂用的辊子是直径不大的空心圆柱体，表层通常用合成纤维或羊毛之类吸附性强的材料制成，大致可分为刷辊、布料辊和花样辊三种。不同辊筒的区别只在于长毛、短毛，不过毛的种类较多，按照工艺方法大致分为花样、平刷、面料布料三种。在施工角度上，辊筒相对于刷子比较容易操作，涂抹的纹路也比较浅，但是比较容易出现不均匀的现象，而且一些死角涂刷不到。通常用于船舶、桥梁、各种大型机械设备和建筑涂装等，最适用于水乳胶漆大面积涂装和建筑物的内外墙装修，也适用于防锈漆、调和漆的涂装施工。图8.12为墙面施工用辊筒与自动化辊涂机。

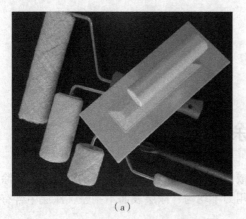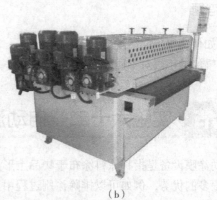

（a）　　　　　　　　　　　　　　（b）

图 8.12　墙面施工用辊筒（a）与自动化辊涂机（b）

三、实验原料

水性涂料。

四、仪器设备

辊筒、处理的马口铁片。

五、实验步骤

(1) 准备 辊涂施工前首先应该根据涂料的特性和被涂物的大小及形状来选择辊刷的大小、辊筒的形状、刷毛的长短等。同时要准备好盛放涂料的辊涂盘，辊涂盘的大小要和辊刷相匹配。

(2) 蘸料 将涂料注入辊涂盘，涂料量以能够淹没辊刷外径的一半为宜。辊刷在盘内滚动蘸上涂料后，要在辊涂盘内反复滚动，使含漆层均匀地黏附涂料，并去除纤维层中夹带的气泡。

(3) 施工 施工时要用力握住辊刷，然后轻轻用力让辊刷在被涂物表面按照 W 形轨迹运行，将涂料先大致分配在被涂物表面（见图 8.13）；之后逐渐用力，将涂料均匀地黏附在被涂物的表面；最后用辊刷沿一定的方向辊饰，尽量消除辊痕。为了避免涂料流淌，整个涂装过程要对辊刷逐渐加力。

(4) 清洗 辊刷使用后，应将辊筒从辊芯上取下，去除辊筒和辊芯上的涂料，并将各部分用相应的稀释剂清洗干净，晾干后妥善保存。

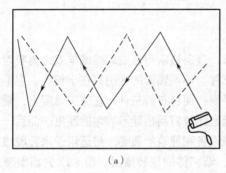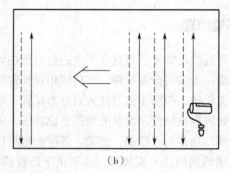

图 8.13 辊涂路线

六、思考题

1. 如何选择辊筒的规格?
2. 辊涂的手法对不同基材有哪些影响?

第六节 实验六十二 自动涂膜

自动涂膜设备是指将涂料涂布于物品上形成固态连续漆膜的机器。自动涂膜和人工涂膜相比，有很多的优势，例如可以排除涂刷过程中用力不均匀、涂层表面不平整、涂层中含有气泡等问题。

一、实验目的

(1) 掌握自动涂膜机的使用方法。
(2) 了解自动涂膜机的工作原理。

二、实验原理

采用无级变速电动机的自动涂膜器，采用横杆推动湿膜制备器或线棒涂布器将涂料涂布在不同的基材上，可以精确控制涂布速率，避免涂膜过程中人为因素的误差，有效地提高制膜的重现性。

三、实验原料

水性涂料。

四、仪器设备

自动涂膜仪有多种型号，如不干胶涂膜机、自动滚涂机、自动匀胶机等。其中 AFA-Ⅱ型自动涂膜机最为常用，它主要由主机、湿膜制备器、废料收集盘等组成，如图 8.14 所示。

主机主要由真空泵、底板和横向推杆装置等部分组成。控制面板上有电源开关、调速旋钮、涂布长度旋钮、开始按钮（绿色）、复位按钮（红色）和吸附-脱离开关。

图 8.14　AFA-Ⅱ型自动涂膜机外观

湿膜制备器是自动涂膜机的关键设备，决定了涂布的宽度和厚度，有多种结构和型号。图 8.15（a）是一种扁平刃结构，四面固定式湿膜制备器，它有 50μm、100μm、150μm、200μm 四种涂布厚度。扁平刃底端离涂布平面的距离就是涂布厚度，如图 8.15（b）所示。

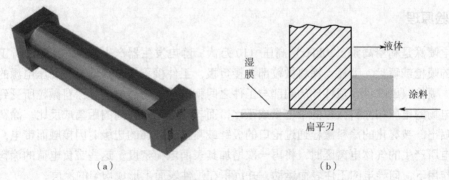

（a）　　　　　　　　　　　　　　　　　（b）
图 8.15　湿膜制备器（a）及其涂布原理（b）

五、实验步骤

（1）先用 200# 砂纸对马口铁样片进行均匀打磨，达到表面比较粗糙的程度，用酒精擦拭表面并清理干净。

（2）将马口铁样片安放在底板上，打开"吸附"开关，将其吸附在涂布底板上。如果样板比底板小，要用胶布或纸张贴住底板上多出的小孔，保证吸附牢固。

（3）将横向推杆放置在底板两侧的固定杆上，选择适当的涂布长度之后（Ⅰ表示 250mm，Ⅱ表示 370mm），按下"复位"按钮，使横向推杆到达涂布的起始位置。

（4）将湿膜制备器放置在横向推杆的前方，调节调速旋钮，确定涂布速度。

（5）在湿膜制备器的马口铁样板上滴加一定量的水性涂料，按下"开始"按钮后开始涂布。

（6）待涂布停止后，将剩余涂料刮入废料收集盘，关闭"吸附"开关，置于"脱离"位置，取下制好的马口铁样板。

（7）在室温或烘箱中对马口铁样板进行干燥，即可得到涂层。制备好的涂层应平整，没有气泡。

六、思考题

1. 采用自动涂膜机制备的涂膜相对于辊涂和刷涂获得的涂膜有哪些优缺点？
2. 自动涂膜机制备涂层时，有哪几个关键的操作？

第七节　实验六十三　静电喷涂

粉末涂料是一种固含量为 100%，且没有有机挥发物（VOC）产生的环保型涂料。粉末涂料始于 20 世纪 50 年代，由环氧树脂、聚酯树脂、聚氨酯、聚丙烯酸等聚合物与颜料、添加剂等均匀混合而成。粉末涂料经喷涂、固化后才真正成为最终涂膜产品。粉末涂装是指粉末涂料通过静电涂布到表面经过处理的清洁的被涂物上，并经过烘烤熔融形成光滑涂膜的工艺过程。环氧树脂粉末涂料是典型的热固性塑料，广泛采用静电喷涂方式进行涂装。

一、实验目的

（1）掌握粉末涂料的静电喷涂原理和方法。
（2）使用粉末涂料涂装基材获得粉末涂料涂层，并判定涂膜性能。

二、实验原理

静电喷涂是利用高频（20kHz）高压（10 万伏）静电发生器产生直流高压电源，工作时静电喷涂的喷枪或喷盘、喷杯，涂料微粒部分接负极，工件接正极并接地，在高压电源的高电压作用下，喷枪（或喷盘、喷杯）的端部与工件之间就形成一个静电场。涂料微粒所受到的电场力与静电场的电压和涂料微粒的带电量成正比，而与喷枪和工件间的距离成反比。涂料经喷嘴雾化后喷出，被雾化的涂料微粒通过枪口的极针或喷盘、喷杯的边缘时因接触而带电，当经过电晕放电所产生的气体电离区时，将再一次增加其表面电荷密度。这些带负电荷的涂料微粒在静电场作用下，向导电的工件表面运动，并沉积在工件表面上形成均匀的涂层。

粉末静电喷涂中，影响喷涂质量的因素除了工件表面前处理质量的好坏以外，还有喷涂时间、喷枪的形式、喷涂电压、喷粉量、粉末电导率、粉末粒度、粉末和空气混合物的速度梯度等。

三、实验原料

环氧树脂粉末涂料。

四、仪器设备

静电喷涂设备、带孔马口铁片（120mm×50mm×0.28mm）、烘箱。

图 8.16 为粉末涂料静电喷涂机及其工作原理。

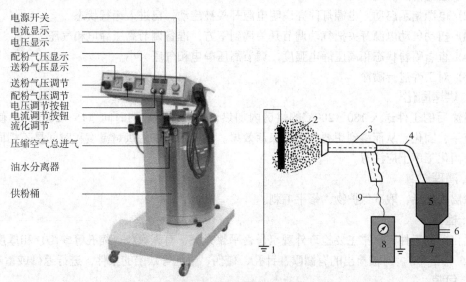

图 8.16　粉末涂料静电喷涂机及其工作原理

1—接地装置；2—工件；3—粉末静电喷枪；4—输粉管；5—供粉器；6—压缩空气；7—振动器；
8—高频高压静电发生器；9—高压电缆

五、实验步骤

用静电喷粉设备把粉末涂料喷涂到工件的表面，在静电作用下，粉末会均匀地吸附于工件表面，形成粉状的涂层，粉状涂层经过高温烘烤流平固化，变成效果各异的最终涂层。喷涂效果在机械强度、附着力、耐腐蚀、耐老化等方面优于喷漆工艺。

1. 表面预处理

前处理工艺质量好坏直接影响粉末涂膜质量，前处理不好，造成涂膜易脱落、鼓泡等现象。因此，前处理工作必须予以重视。

（1）对于钣金冲压件可采用化学前处理法，即去油→去锈→清洗→磷化（或钝化）等。大部分锈蚀或者表面较厚的工件，采用喷砂、抛丸等机械方法去锈，但机械除锈后应确保工件表面清洁，无污垢。

（2）刮腻子。根据工件缺陷程度，涂刮导电腻子，干燥后用砂纸打磨平滑，即可进行下道工序。

（3）保护（也称覆蔽）。工件上若某些部位不要求有涂层，在预热前可采用保护胶等掩盖起来，以避免喷上涂料。

（4）预热。一般不需预热。如果要求涂层较厚，可将工件预热至 100～160℃（具体涂料品种不同所预热温度不同），这样可以增加涂层厚度。

2. 喷涂

工件通过输送链进入喷粉房的喷枪位置准备喷涂作业。静电发生器通过喷枪枪口的电极针向工件方向的空间释放高压静电（负极），该高压静电使从喷枪口喷出的粉末和压缩空气的混合物以及电极周围的空气电离（带负电荷）。工件接地（接地极），这样就在喷枪和工件之间形成一个电场，粉末在电场力和压缩空气压力的双重推动下到达工件表面，依靠静电吸附在工件表面上形成一层均匀的涂层。

（1）在操作前首先要检查各部分的连接和连接线路是否正常，一定注意机壳、工件的正常接地，以避免高压静电。

（2）电源指示启动，电源灯闪亮说明电源开关被启动，已进入运行状态。

（3）扭动气动电源开关把气动调节开关调到下方，准备调节高压静电和气压。

（4）查看喷粉状态和高压静电强度，调节高压静电和气压大小。

（5）对工件进行喷涂。

3. 烘烤固化

喷涂后的工件送入 180~200℃ 的烘房内加热，并保温相应的时间（15~20min），使之熔化、流平、固化，从而得到想要的工件表面效果。不同的粉末的烘烤温度和时间是不相同的，在烘烤固化工序上应注意。

4. 清理

涂层固化后，取下保护物，修平毛刺。

5. 检查

固化后的工件，日常主要检查外观（是否平整光亮、有无颗粒、缩孔等缺陷）和厚度（控制在 55~90 μm）。对被检出的有漏喷、针孔、碰伤、气泡等缺陷的工件，进行返修或重喷。

6. 包装

检查后的成品分类摆放在运输车、周转箱内，相互之间用发泡纸、气泡膜等软包装缓冲材料隔离，以防止划伤磨损。

六、思考题

1. 如何快速准确地确定粉末涂料的固化时间和固化温度？
2. 静电喷涂涂层厚度与设置的电压有什么关系？与喷涂时间有什么关系？

第八节　实验六十四　喷涂法

喷涂法是一种常用的涂料施工工艺，是将涂料装在喷枪里，采用喷涂的形式进行大面积涂装。喷出来的涂料比较薄并且均匀，对于几何形状各异，有小孔、缝隙、凹凸不平的工件，涂料均能分布均匀。用于喷涂大物面，此方法较刷涂更为快速有效，所以被广泛使用在装修行业中。喷涂法有以下特点。

（1）设备简洁实用。空气喷枪的价格比较低，与一台空压机组合即可构成一套喷涂系统，可以在不同场地很方便地完成喷涂作业。

（2）涂膜品质好。空气喷涂的雾化效果较好，喷涂后可得到均匀美观的涂膜。

（3）操作适应性强。空气喷涂几乎适用于各种涂料和被涂物。

（4）涂装效率较高。空气喷涂每小时可喷涂 150~200 m²，为刷涂的 8~10 倍。

一、实验目的

（1）掌握喷涂的方法。

（2）对基材进行喷涂，并判定喷涂效果。

二、实验原理

采用喷涂法,将涂料涂覆在基材的表面,形成连续均匀的漆膜。其中较常用的喷涂法有空气喷涂法和无气喷涂法两种。

空气喷涂法是以压缩空气为动力,通过压缩空气在喷枪中流动,将涂料雾化并喷到被涂物表面的涂装方式。最早用于快干的硝基漆施工,而后陆续用于其他涂料的施工中。这种方法使用效率高、所得涂膜表面均匀平滑,是目前使用最广泛的一种涂装方法。空气喷涂法的缺点是涂装损失率较高。

高压无气喷涂也称为无气喷涂,在密闭的系统中给涂料施加高压,当涂料从枪嘴喷出时,急速的体积变化使涂料雾化成极小的微粒,雾化的涂料喷射到被涂物的表面形成连续涂膜。这种涂装方法在涂料雾化过程中涂料不和空气混合,故称为无气喷涂。无气喷涂的涂料利用率和涂装作业效率都比较高。它是船舶、集装箱、桥梁、钢结构件、建筑等普遍采用的涂装方法。

三、实验原料

水性涂料、溶剂型涂料。

四、仪器设备

空气喷枪、无气喷涂设备(动力源、喷枪、高压泵、蓄压过滤器)。

五、实验步骤

1. 空气喷涂

(1) 喷涂前的准备 在喷涂前要认真做好准备。首先要准备一个干净的容器,将涂料搅拌均匀,用稀释剂调整好涂料的黏度,去除涂料表面的颗粒;将涂料加入喷枪的加料筒中,控制喷涂距离,调节喷枪运行速度、喷枪位置,选择喷枪嘴口径,确定喷涂压力。

(2) 喷涂的基本操作方法 喷枪运行时应保持喷枪与被涂物面垂直,并一直保持平行运动。喷枪的移动速度一般控制在 30~60cm/s,且应保持匀速运动,否则会造成涂层厚薄不均匀,喷枪距离被涂物表面应在 20~30cm 之间。

喷涂操作时,每一喷涂幅度的边缘,应当在前面已经喷好的幅度边缘上重复 1/3~1/2 (即两条漆痕之间搭接断面宽度或面积),且搭接的宽度应保持一致,否则涂层厚度不均匀,有时可能产生条纹或斑痕。在进行多道重复喷涂时,喷枪的移动方向应与前一道漆的喷涂方向相互垂直,这样可使涂层更均匀。

2. 无气喷涂

(1) 喷涂前的准备 在喷涂前要认真做好准备。首先,启动压缩空气设备,先用溶剂循环清洗,并检查是否有泄漏处。准备一个干净的容器,将涂料搅拌均匀,用稀释剂调整好涂料的黏度,去除涂料表面的颗粒;将涂料加入喷枪的加料筒中,控制喷涂距离,调节喷枪运行速度、喷枪位置,选择喷枪嘴口径,确定喷涂压力。

(2) 喷涂的基本操作方法 喷涂操作时,喷枪与被涂物的距离通常为 30~50cm,以均匀的速度移动喷枪,移动速度快慢要依涂层厚度的要求而定,通常要求高膜厚时移动速度要慢,要求低膜厚时移动速度要稍快。在整个喷涂过程中,喷枪与被涂物表面应始终保持垂直,喷枪左右上下移动时,身体也要随之运动,保证喷枪与被涂物间的距离不变。整个喷涂过程中要经常用湿膜计测量湿膜厚度,并根据测量结果修正移枪速度,保证涂膜厚度控制在要求的范围内。

六、思考题

1. 空气喷涂法与无气喷涂法最重要的区别是什么?
2. 喷涂时为何要保证喷枪与被涂物间的距离不变?

第九节　实验六十五　紫外光固化成膜

紫外光(UV)固化是利用光引发剂(或光敏剂)的感光性,在紫外光照射下,光引发形成激发态分子,分解成自由基或离子,使不饱和有机物进行聚合、接枝、交联等化学反应达到固化的目的。紫外光固化过程是指液态树脂经光照后变成固态材料的过程,光固化反应大多数是光引发的链式聚合反应。光引发聚合反应主要包括光引发自由基聚合反应和光引发阳离子聚合反应,其中光引发自由基聚合反应占大多数。自由基聚合反应历程可分为链引发、链增长、链转移和链终止四个阶段。能够采用紫外光固化的单体在指定条件下固化,可获得紫外光固化涂层。通过配方调节和固化条件调节可获得设计性能的涂层。这是一种新型的制备和涂装技术,也是未来涂料技术发展的重要方向之一。

一、实验目的

(1) 了解紫外光固化涂料的制备方法和紫外光固化原理。
(2) 掌握紫外光固化涂料配方与涂膜性能间的关系,考察紫外光固化工艺对涂膜的影响。

二、实验原理

紫外光固化涂料经紫外光照射后,首先光引发剂吸收紫外光辐射能量被激活,由基态变为激发态,在极短的时间内生成活性自由基,然后活性自由基与树脂中的不饱和基团作用,使得树脂和活性稀释剂中的双键断开,发生交联聚合反应,从而得到固化涂膜。

与热固化相比,紫外光固化反应能在短时间内、温度比较低的情况下完全固化成膜,且不需加热,可提高生产效率,降低能源消耗,符合涂料环境友好的发展趋势。

此外,也可以制备兼具阴极电泳涂料和紫外光固化涂料优点的光固化阴极电泳漆,其不仅能保留阴极电泳漆的膜厚可精准控制的特点,还可以延展电泳涂料在其他方面的应用。

三、实验原料

紫外光固化涂料。

四、仪器设备

紫外光固化机、马口铁片、真空干燥箱。

五、实验步骤

(1) 采用320#砂纸打磨基材,达到一定的粗糙程度,采用乙醇或丙酮清洗表面。
(2) 调节紫外光固化涂料的施工黏度(涂-4杯/25℃)至25~35s。
(3) 将紫外光固化涂料喷涂在马口铁片上,涂布量为90~100g/m²,常温流平2~3min。
(4) 采用紫外光固化机对喷涂的马口铁片进行光固化,采用能量为300MJ/m²的紫外光照射 3~5 s 即可。

六、思考题

1. 紫外灯的功率大小和光照时间长短对形成的涂膜性能有什么影响?
2. 紫外光固化涂料在应用上有什么缺点? 在什么场合不能使用紫外光固化涂料?

第十节　实验六十六　电泳涂装

电泳涂装是利用外加电场,使悬浮于电泳液中的颜料和树脂等微粒定向迁移,沉积于电极基材表面的涂装方法。电泳涂装发明于 20 世纪 30 年代末,但开发这一技术并获得工业应用是在 1963 年以后,电泳涂装是近年来发展起来的一种特殊涂膜形成方法,具有水溶性、无毒、易于自动化控制等特点,是对水性涂料最具有实际意义的施工工艺,在汽车、建材、五金、家电等行业得到了广泛应用。

一、实验目的

(1) 掌握电泳涂装制备涂层的方法。
(2) 对基材进行电泳涂装,并判定涂装效果。

二、实验原理

电泳涂装是指槽液中分散于水中的电泳涂料形成带电荷的胶体粒子,在直流电场的作用下,胶体粒子移向并沉积在电极表面,形成致密的湿涂层的过程。将被涂物浸在阴极电泳涂料槽中作为阴极,在槽中另设置与其相对应的阳极,此时在两极间通直流电,可观察到在被涂物上析出均一、不溶于水的湿涂层。电泳涂装技术广泛应用于汽车、仪表、电器等底漆的涂装。

阴极电泳漆的涂装原理:首先是阴极电泳漆发生溶解,其次是发生水解,最后便是改性后的环氧树脂开始逐渐析出,并且会发生阴极电泳漆的一系列沉积,在被涂物(极板)上沉积成膜。阴极电泳漆的电泳涂装过程需要电泳、电解、电沉积和电渗同时进行才可以完成。多次反复形成多层复合涂层,直至达到指定的厚度,电泳过程不再发生,新的涂层不再沉积,电泳涂装完成。目前,阴极电泳涂装和粉末静电喷涂一样,是涂装过程最有效控制涂层厚度的涂装方式。

三、实验原料

树脂乳液、颜填料、助剂、醋酸、去离子水。

四、仪器设备

电动搅拌器、电导率仪、真空干燥箱、电泳涂装设备。

五、实验步骤

(1) 将树脂乳液、颜填料和助剂按照 600:100:8(质量比)的比例混合均匀,然后加入一定量的去离子水、10%的醋酸来调节其 pH 值,制得所需的阴极电泳漆。

（2）在电泳涂装开始前，首先要测量漆液的 pH 值、电导率值，倘若达到要求，下一步将经过预处理的钢板和碳棒分别连接在阴极和阳极上。

（3）开启搅拌装置，启动电源，进行电泳涂装。完成后，将工件先用去离子水缓慢冲洗几次，然后再用自来水冲去浮漆，沥干表面水分后放入烘箱，在 150℃下烘 20 min。

（4）得到固化后的阴极电泳涂膜。

六、思考题

1. 电泳涂装的电压和时间对涂层厚度的影响各是什么？

2. 电泳涂料的温度会影响黏度的大小，那槽液温度对形成指定厚度的涂膜所需要的时间有什么影响？会影响涂膜外观吗？

第九章

涂膜性能测定

涂料固化成膜后,需要对所得到的涂膜进行性能测试,来评定其是否具有保护基材的作用或满意的涂膜外观。

一般而言,如果对涂膜进行不破坏的无损伤测试,则定义为物理性能测试;如果是用机械力学等测试涂膜的性能,则定义为机械性能测试。表 9.1 为涂膜性能主要检测仪器和设备。

表 9.1　涂膜性能主要检测仪器和设备

性能种类	性能名称	仪器设备	用途
物理性能	涂膜厚度	涂膜测厚仪	测试涂膜的厚度
	颜色	色差仪	测试涂膜表面颜色的差异
	光泽	光泽度仪、雾影仪、橘皮仪、鲜艳性仪	测试涂膜表面的光泽度
	其他性能	防静电工程测量套件	测试涂膜的防静电性能
机械性能	附着力	涂膜划格器、拉开法测试仪	测试涂膜与基材的附着力
	硬度	铅笔硬度计、摆杆硬度计、自动划痕仪、巴克霍尔兹压痕硬度试验仪	测试完全固化后的涂膜的硬度
	柔韧性	涂膜柔韧性测试仪、圆柱弯曲试验仪、圆锥弯曲试验仪	测试涂膜在其所依附基材发生形变时的延展性能
	抗冲击性能	涂膜冲击器、弹性冲击器、重型冲击器、杜邦冲击器、杯突试验仪	测试涂膜抗外界瞬间应力破坏的能力
	耐磨性能	涂膜磨耗仪、涂膜耐溶剂擦洗仪、落砂耐磨试验仪	测试涂膜耐某些特殊材料的磨损能力

第一节　实验六十七　涂膜厚度的测定

控制涂膜厚度是涂料施工时非常重要的一道工序。一般来说,可以通过测量刚刚涂覆完的涂膜(湿膜)和完全固化后的涂膜(干膜)来监控整个涂膜的厚度。

涂膜的厚度对于涂料的应用有着很大的影响。涂膜太厚,在膜本身材质形变的影响下容易脱落;涂膜太薄不利于发挥其本身的作用,涂膜厚度不仅与涂布厚度有关,也与涂料性能有关。所以,测定涂料涂膜的厚度是衡量涂料性能的重要任务。

一、实验目的

测定涂膜的厚度，掌握测试过程，了解涂膜厚度的影响因素。

二、实验原理

干膜厚度的测量，必须在涂膜完全干燥后，采用干膜测厚仪进行测定，常用的涂膜测厚仪有以下几类。

1. 磁性金属底材涂膜测厚仪

该测厚仪只能测试钢、铁等铁磁性（Fe）金属基体上的非磁性涂镀层的厚度，如油漆层、各种防腐涂膜、涂料、粉末、塑料、橡胶、合成材料、磷化层、铬、锌、铅、铝、锡、镉等。它主要是利用电磁场磁阻的原理，通过测量流入钢铁底材的磁通量大小，即磁体与磁性底材之间间隙的变化引起的磁通量改变来测定涂膜厚度。

2. 非磁性金属底材涂膜测厚仪

该测厚仪用来测量铜、铝、不锈钢等非铁磁性（NFe）基体上的所有非导电层的厚度，如油漆层、各种防腐涂膜、涂料、粉末、塑料、橡胶、合成材料、氧化层等。它利用高频交流信号在测量探头线圈中产生电磁场，测量探头靠近导体时就在其中形成涡流，探头离导电基体愈近，则涡流愈大，反射阻抗也愈大。这个反馈作用量表征了探头与导电基体之间距离的大小，也就是导电基体上非导电覆层的厚度。

三、实验原料

涂膜样板。

四、仪器设备

涂膜测厚仪。

五、实验步骤

仪器经置零和调校后，将测头置于被测涂膜上即可测定，具体操作步骤如下。

第一步：在随机所带的对零试块上对涂膜测厚仪进行零位校准，零位正确后，用随机所带的标准试块对仪器进行误差校准，误差值不超过 5%。

第二步：将涂膜测厚仪的探头压在未涂布的马口铁片（表面进行打磨处理，无涂膜）上，对仪器进行零位校准。

第三步：将涂膜测厚仪探头垂直压在涂膜试片表面上，待数据稳定后读取数据。注意探头不能滑动，并保持合适的压力。测定时取样位置要在距涂膜试片边缘 1cm 以上，分上、中、下三个位置进行测量，其平均值即为涂膜厚度。

涂膜测厚仪如图 9.1 所示。

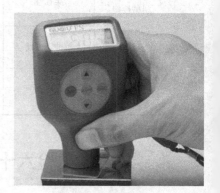

图 9.1　涂膜测厚仪

六、数据处理

如表 9.2 所示。

表 9.2　涂膜厚度的测定

序号	涂膜厚度/μm	备注
1		
2		
3		
平均值		

七、思考题

1. 涂膜的厚度与防腐性能有什么关系?
2. 涂膜的厚度还有其他测定方法吗?

第二节　实验六十八　光泽度的测定

光泽是物体表面的一种特征。当物体受光的照射时,由于物体表面光滑程度不同,光朝一定方向反射的能力也不同,这种光线朝一定的方向反射的性能称为光泽。光泽是一个物体表面的视觉效果。直接反射的光越多,光泽的感觉越明显。光滑和高抛光的表面能清晰地反射影像,入射光直接在表面反射。在粗糙的表面上,光线朝各个方向上漫反射,成像质量降低,反射的物体不再明亮,而是模糊的。照明入射角对反射效果有很大影响,为了清楚地区分从高光泽到低光泽的整个测量范围,国际上常用以下三个不同入射角度:

20°:高光泽表面,如汽车面漆、金属闪光漆、抛光金属和塑胶等。

60°:所有表面都广泛适用的光泽测量角度。

85°:哑光表面,如汽车内饰、建筑涂料和木器漆等。

一般涂料分为有光、半光和无光三种。有光涂料指光泽在 40°以上,半光涂料的光泽为 20°~40°,光泽在 10°以下的为无光涂料,这是按涂料在实际应用中对光泽的不同要求划分的。

一、实验目的

测定涂膜的光泽度,掌握测试过程,了解光泽度的影响因素。

二、实验原理

光泽度计有台式和便携式两种。台式光泽度计由测头和主机组成,多用于实验室。便携式既可用于实验室又可在施工现场使用,目前使用得较为广泛。根据测试角度(光路)的不同,又可分为多角度(或三角度)光泽度计和单角度光泽度计。

光泽度计的测量原理如图 9.2 所示。由光源部分和接收部分组成,光源所发射的光线经透镜变成平行光线或稍微汇聚的光束以一定角度射向试板涂膜表面,被测表面以同样的角度反射的光线经接收部分的透镜汇聚,经视场光栏被光电池所吸收,产生的光电流借助于检流计就可得到光泽的读数。光电池所接收的光通量大小取决于样板的反射能力。

目前主要使用的标准角度有 20°、60°和 85°三种。60°适用于所有色漆涂膜的测定,但对于光泽很高的色漆或接近无光泽的色漆,20°或 85°则更为适宜。20°适用于高光泽(60°测量高于 70 光泽单位)的色漆,85°适用于低光泽(60°测量低于 30 光泽单位)的色漆。

标准板通常包括高光泽和低光泽两种。高光泽板采用高度抛光的黑玻璃板或采用背面和边缘磨砂并涂以黑漆的透明玻璃板，有定标标准值用于校标。低光泽陶瓷板只用于检查仪器工作是否良好，不能作定标用。

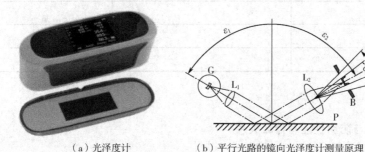

（a）光泽度计　　　　　　（b）平行光路的镜向光泽度计测量原理

图 9.2　光泽度计及测量原理

三、实验原料

涂膜样板。

四、仪器设备

光泽度计。

五、实验步骤

（1）接通仪器电源，并使之稳定 30 min 左右。

（2）将光泽探测头的测量窗口置于基准标准板上，调节读数装置使读数显示为基准标准板的标示值。

（3）将光泽探测头的测量窗口置于工作标准板上，仪器的读数显示应符合工作标准板的标示光泽度值（显示值与标示值之差不能超过 ±1.5 光泽单位）。

（4）充分清洁试样的测试部位，必要时用清洁软纱布沾上镜头清洁剂后，擦去表面的油污杂质。

（5）以试样中心为圆心、25mm 为半径的圆周上的 4 个平分点为测试点。将光泽探测头的测量窗口置于测试点上，逐个读出各点的光泽度显示值。结果以一定角度下的光泽单位值表示。

六、数据处理

如表 9.3 所示。

表 9.3　光泽度的测定

序号	光泽度	角度	备注
1			
2			
3			
平均值			

七、思考题

1. 影响涂膜光泽度的因素有哪些？
2. 光泽度计测试光泽度采用的是什么原理？

第三节 实验六十九 附着力的测定

涂膜附着力是油漆涂膜的最主要的性能之一。所谓附着力，是指涂膜与被涂物表面结合在一起的坚牢程度，附着强度的产生是由于涂膜中聚合物的极性基团（如羟基或羧基）与被涂物表面的极性基团相互结合所致。因此，影响附着力大小的因素很多，比如表面污染、有水等。目前测附着力的方法可分为三类，即划圈法、百格法、拉开法。

一、实验目的

测定涂膜的附着力，掌握测试过程，了解附着力的影响因素。

二、实验原理

1.划圈法

采用划圈法评定涂膜与基材之间的附着力是我国最传统的一种方法。该方法通过一台特殊设计的仪器在待测试的涂膜上连续画出许多相同直径的圆圈，这些圆圈以一定的距离相互交叉，然后按圆圈相交部分面积大小分为七个部分。评定时检查各部分涂膜的完整程度，以某部位的面积有 70%以上的涂膜完好来评定相应等级。这种仪器不适合在施工现场进行操作。

将样板固定在一个前、后可移动的平台上，在平台移动时，做圆圈运动的唱针划透涂膜，并能划出重叠的圆滚线，按圆滚线划痕范围内的涂膜完整程度评级，以级表示。所用主要仪器为附着力测定仪，如图 9.3 所示。该仪器试验台丝杠螺距为 1.5 mm，其转动与转针同步；转针采用三五牌唱针，空载压力为 200g；荷重盘上可放砝码，其质量为 100g、200g、500g、1000g；转针回转半径可调，标准回转半径为 5.25mm。

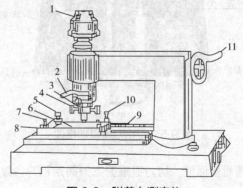

图 9.3 附着力测定仪

1—荷重盘；2—升降棒；3—卡针盘；4—回转半径调整螺栓；5—固定样板调整螺栓；6—试验台；7—半截螺帽；8—固定样板调整螺栓；9—试验台丝杠；10—调整螺栓；11—摇柄

评级方法：附着力分为 7 个等级，如图 9.4 所示，以样板上划痕的上侧为检查的目标，依次标出 1、2、3、4、5、6、7，按顺序检查各部位涂膜的完整程度，如某一部位有 70%以上的涂膜完好，则认为该部位是完好的，否则应认为损坏。例如，第一部位内涂膜完好者，则此涂膜附着力最好，为一级；第二部位涂膜完好者，则为二级，余者类推，七级的附着力最差，涂膜几乎全部脱落。

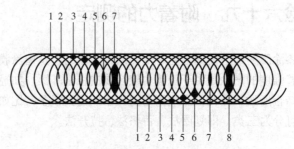

图 9.4　划圈法附着力测试仪的划线图

2. 百格法

采用划格法测试涂膜与基材的附着力是目前全世界最通用的一种方法。其原理是，根据涂膜的厚度和底材类型在涂膜上均匀划出一定规格尺寸的方格，通过评定方格内涂膜的完整程度来评定涂膜对基材的附着程度，以级表示。

主要工具有切割刀具、软毛刷、透明胶带和放大镜（见图 9.5）。测量时首先根据底材及涂膜厚度选择适宜的刀具，并检查刀刃是否锋利，若不锋利应予更换。膜厚为 0 ~ 60μm 并施工于硬底材上的涂膜，用刀刃间隔为 1mm 的划格器；膜厚为 0 ~ 60μm 并施工于软底材上的涂膜和厚度为 61 ~ 120μm 并施工于硬或软底材上的涂膜，用刀刃间隔为 2mm 的划格器；膜厚为 121 ~ 250μm 并施工于硬或软底材上的涂膜，用刀刃间隔为 3mm 的划格器。比较常用的检测工具有以下三种。

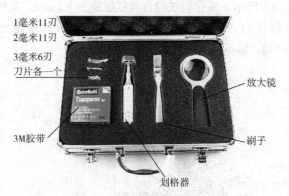

图 9.5　百格刀涂膜划格仪

（1）有 6 个切刀面的圆周多面型　切刀面根据刀刃间距和刀齿数又分为五种（见表 9.4）。

表 9.4　常用的涂膜划格器的品种

仪器型号	刀齿数	切刀面数	刀齿间距
BGD 502/2	11	6	1 mm
BGD 502/3	6	6	1 mm

仪器型号	刀齿数	切刀面数	刀齿间距
BGD 502/4	11	6	2 mm
BGD 502/5	6	6	2 mm
BGD 502/6	6	6	3 mm

（2）单面刀片简易型　这些刀均由坚硬的合金钢制成。根据刀刃间距和刀齿数不同同样分为五种。

（3）划格板型　有时也被称为附着力划格导板，这是一块金属板，上面有四种不同的割痕间距：1mm、1.5mm、2mm、3mm（如图9.6所示）。使用时，操作者根据涂膜的厚度选取合适的割痕间距，然后放置在涂膜上，用专用的切割刀片顺着割痕边缘划破涂膜，评价方法与划圈法一样。

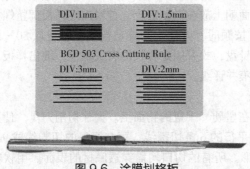

图9.6　涂膜划格板

3. 拉开法

试验样品或体系以均匀厚度施涂于表面结构一致的平板上，涂膜体系干燥/固化后，用胶黏剂将试柱直接黏结到涂膜的表面上，胶黏剂固化后，将黏结的试验组合置于适宜的拉力试验机上，黏结的试验组合经可控的拉力试验（拉开法试验），测出破坏涂膜/底材间附着所需的拉力，常使用拉拔测试仪（见图9.7）进行测试。拉开法所测定的附着力是指在规定的速度下，在试样的胶结面上施加垂直、均匀的拉力，以测定涂膜间或涂膜与底材间附着被破坏时所需的拉力。用破坏界面（附着破坏）的拉力或自身破坏（内聚破坏）的拉力来表示试验结果，附着/内聚破坏有可能同时发生。

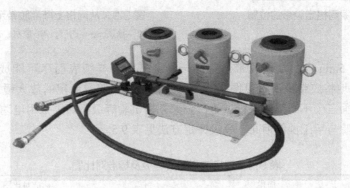

图9.7　拉拔测试仪

三、实验原料

涂膜样板、胶黏剂。

四、仪器设备

划圈法附着力测试仪、百格刀、涂膜划格仪、拉开法附着力试验机。

五、实验步骤

1. 划圈法

测试前先检查附着力测定仪的针头，如不锐利，应予更换。提起半截螺帽，抽出试验台，即可换针。再检查划痕与标准回转半径是否相符，不符时应调整回转半径。调整方法是松开卡针盘后面的螺栓、回转半径调整螺栓，适当移动卡针盘后，依次紧固上述螺栓，将划痕与标准圆滚线图进行比较，一直调整到与标准回转半径为 5.25mm 的圆滚线相同为止。

测定时，将样板涂漆面朝上放在试验台上，拧紧固定样板调整螺栓，向后移动升降棒，使转针的尖端接触到涂膜，按顺时针方向均匀摇动摇柄，转速以 80~100r/min 为宜，划完后，向前移动升降棒，提起卡针盘，松开固定样板的有关螺栓，取出样板，用漆刷除去划痕上的漆屑，以 4 倍放大镜检查划痕并评级。

2. 百格法

样板涂漆面朝上放置在坚硬、平直的物面上。握住切割刀具，使刀垂直于样板表面，均匀施力，以平稳的手法划出平行的 6 条切割线。再与原先的切割线成 90°角垂直交叉划出平行的 6 条切割线，形成网格图形。所有的切口均需穿透底材的表面。用软毛刷沿着网格图形的每一条对角线，轻轻地向后扫几次，再向前扫几次。在硬底材的样板上施加胶带，根据网格定胶带的位置（见图 9.8），除去胶带最前面一段，然后剪下长约 75 mm 的胶带，将其中心点放在网格上方压平，胶带长度至少超过网格 20 mm，并确保其与涂膜完全接触。

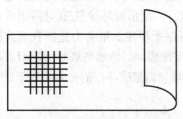

图 9.8　根据网格定胶带的位置

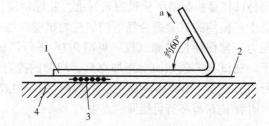

图 9.9　从网格上撕离胶带示意图

1—胶带；2—涂层；3—切口；4—底材；a—撕裂方向

在贴上胶带 5min 内，拿住胶带悬空的一端，并以与样板表面尽可能成 60°的角度，在 0.5~1.0s 内平稳地将胶带撕离（见图 9.9）。然后目视或用双方商定的放大镜观察涂膜脱落的情况。在试样表面三个不同部位进行试验，记录划格试验等级。如果采用电动机驱动的刀具切割涂膜，操作步骤与手工操作相同。等级评定方法见表 9.5。

表 9.5　划格法附着力等级及标准对比图

等级	描述	标准对比图
0	完全光滑，无任何剥离	—

等级	描述	标准对比图
1	交叉处有小块的剥离,影响面积在5%以内	
2	交叉点沿边缘剥落,影响面积为5%~15%	
3	沿边缘整条剥落,部分或全部以大碎片脱落,影响面积为15%~35%	
4	沿边缘整条剥落,有些格子部分或全部剥落,影响面积35%~65%	
5	任何大于根据4来进行分级的剥落级别	—

3. 拉开法

在温度为(23±2)℃、相对湿度为(50±5)%的环境下进行试验。胶黏剂固化后,立即把试验组合置于拉力试验机下,小心放置试柱,使拉力能均匀地作用于试验面积上面没有任何扭曲动作,在与涂漆底材平面垂直的方向上施加拉伸应力,该应力以不超过 1MPa/s 的速度稳步增加,试验组合的破坏应从施加应力起 90 s 内完成。记录破坏试验组合的拉力,在准备的每个试验组合上重复进行拉力试验,至少进行 6 次测量,即至少使用 6 个试验组合。实验结果可按照图 9.10 进行描述。

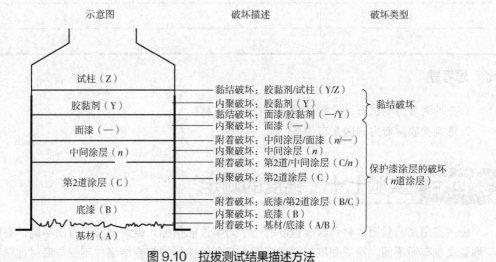

图 9.10 拉拔测试结果描述方法

六、数据处理

如表 9.6~表 9.8 所示。

表 9.6　划圈法附着力的测定

序号	附着力/级	备注
1		
2		
3		
平均值		

表 9.7　百格法附着力的测定

序号	附着力/级	备注
1		
2		
3		
平均值		

表 9.8　拉开法附着力的测定

序号	附着力/MPa	备注
1		
2		
3		
4		
5		
6		
平均值		

七、思考题

1. 三种附着力测试方法分别适用于什么样的底材?
2. 影响涂膜附着力的因素有哪些?

第四节　实验七十　硬度的测定

硬度是用来衡量固体材料软硬程度的一个力学性能指标。硬度试验的方法不同,硬度值的物理意义也有所不同。涂膜硬度的测定实际上是各种性质的综合结果,不仅与底材性质和涂膜厚度有关,也与环境的温、湿度及涂膜本身的弹性和黏弹性有关,测定的结果是一个比较值。

一、实验目的

测定涂膜的硬度(铅笔硬度、摆杆硬度、划痕硬度、压痕硬度)。

二、实验原理

1. 铅笔硬度

用一个较硬的物品向另一材料的表面压入，该材料抵抗压入的能力叫作材料的硬度。涂膜硬度的大小在某种程度上反映了耐磨性、抗污性、易洗性和抗冲击性等。用铅笔测试获得涂膜的铅笔硬度是涂料行业中最通用而简单的一种方法，即用具有规定尺寸、形状和硬度铅笔芯的铅笔推过涂膜表面时，涂膜表面耐划痕或耐产生其他缺陷的性能，并依据不同硬度铅笔对涂膜的破坏情况给出涂膜硬度。

铅笔的笔芯主要由黏土和石墨组成，根据书写和画画的需要，铅笔设计成不同硬度，并用 H（hardness）表示硬，B（black）表示软（见图 9.11）。常用铅笔硬度有 14 级，6B 最软，6H 最硬，有些特殊铅笔的软硬度可以超出上述范围。测定涂膜硬度时依据不同硬度铅笔对涂膜的破坏情况给出涂膜硬度。

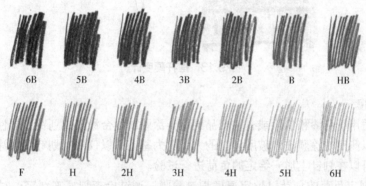

图 9.11　不同硬度铅笔颜色的深浅度

典型的铅笔硬度计有小推车式（见图 9.12）和台式，其原理都是加载一定负重在铅笔笔尖上，然后用笔尖在干燥后的涂膜上划痕，以未引起涂膜破坏的最硬铅笔标号来表示。对于某些特殊形状的工件或施工现场，可以直接用手加载力到笔尖上（不引起笔尖断裂的最大力）去测试涂膜硬度。

2. 摆杆硬度

静止在涂膜表面的摆杆开始摆动，用在规定摆动周期内测得的数值表示振幅衰减的阻尼时间，阻尼时间越短，硬度越低。此处选用的方法为双摆法式阻尼实验。

双摆法的测试原理是以一固定质量的双摆，通过摆杆的横杆下面嵌入的两个钢珠接触涂膜表面，当摆杆在规定的摆动角范围内以一定周期摆动时，摆杆通过钢珠与涂膜的接触点，对涂膜产生压迫，从而使涂膜产生抗力。根据摆杆摆幅衰减的阻尼时间，与在玻璃板上于同样摆动角范围内摆幅衰减的阻尼时间之比值即为该涂膜的硬度。

图 9.12　小车式铅笔硬度计

摆杆硬度测试是涂料行业测试涂膜硬度的一种国际通用方法。其原理是用摆杆硬度计上两个不锈钢小球支撑干燥后的涂膜并以一定周期摆动，若涂膜表面越软，则摆杆的摆辐衰减越快（表现在摆幅从某一角度衰减至另一角度的摆动时间越短）；反之衰减越慢。

目前有三种不同类型的摆杆：双摆、科尼格（KÖnig）单摆和珀萨兹（Persoz）单摆。值得注意的是，用不同结构、质量、尺寸、周期的摆杆所做的试验结果之间没有换算关系，这是因为摆杆与涂膜间的相互作用还取决于涂膜具有的复杂的弹性和黏度等。所以产品标准中测定某种涂膜的阻尼时间时，只规定使用一种摆杆。图 9.13 为摆杆硬度计。

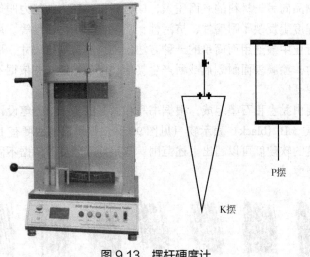

P摆

K摆

图 9.13　摆杆硬度计

3. 划痕硬度

划痕硬度适用于色漆和清漆或有关产品的单一涂膜或复合涂膜抗划针划透性能的测定。其测试原理是，以测定使涂膜被划破所消耗的力或功为基础，以仪器的划针划透涂膜所需的最小负荷表示，也可以在划针上加一给定的负荷进行试验。

将施加了规定负荷的划针以恒定速度划过涂膜，通过检查划痕来判定：对于施加的单一规定的试验负荷，涂膜是否已被划透至规定的程度；或者来测定划透涂膜所需要的最小试验负荷。

4. 巴克霍尔兹压痕硬度

巴克霍尔兹压痕硬度试验也称压痕硬度，巴克霍尔兹压痕试验仪适用于色漆、清漆的单层涂膜或多层涂膜的压痕试验。此压痕试验仪仅用于塑性变形的表面测量抗压力。它通过具有特定尺寸和形状的压痕器（硬质工具钢制的具有尖锐刀刃的金属轮）在规定实验条件下对涂膜进行压痕试验。压痕长度的测量结果以 mm 表示。以压痕长度倒数的函数表示抗压痕性试验结果。当要求涂膜的性能（抗压痕性）提高时，抗压痕性值就增大，此种方法仅适用于测量具有塑性变形行为的涂料，具有弹性变形行为的涂料不应使用该方法进行评价。

压痕试验仪主要由两部分组成（见图 9.14）。

（1）压痕装置　它是由矩形金属块、硬质工具钢制的具有尖锐刀刃金属轮以及两个尖脚所组成。

（2）测量装置　有一个 20 倍读数显微镜，并附有入射角大于 60°的光源，以在压痕长度上产生一个影像。压痕试验仪上的有效负荷重（500±5）g；读数显微镜的放大倍数为 20 倍，附带光源入射角大于 60°，读数精度为 0.1mm。

三、实验原料

涂膜样板。

图 9.14　巴克霍尔兹压痕试验仪

四、仪器设备

小车式铅笔硬度计、摆杆硬度计、划痕试验仪、巴克霍尔兹压痕试验仪。

五、实验步骤

1. 铅笔硬度的测定

（1）把涂膜试片固定在水平台面上，用手握住已削磨的铅笔（见图 9.15），使其与涂膜成 45°角，以约 1 mm/s 的速度向前推进。或者将削好的铅笔插入小车的斜孔内，旋转固定螺丝，使小车基本保持水平。把小车放在制备好的试样上，两手指捏住车轮中心，以 0.5mm/s 的速度向前推进，使笔尖刮划涂膜表面。

（2）从最硬的铅笔开始，用每级铅笔划 5 次，5 次中若有两次能破坏涂膜表面，则换用较软的铅笔，直至找出 5 次中至少有 4 次不能破坏涂膜的铅笔为止，这时铅笔的硬度即为被测涂膜的铅笔硬度。

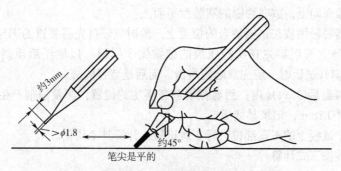

图 9.15　用铅笔测试硬度

2. 摆杆硬度的测定

（1）将玻璃板置于仪器水平工作台上，将一个酒精水平仪置于玻璃板上，调节仪器底座的垫脚螺丝，使板水平。

（2）用乙醚湿润了的软绸布（或绵纸）擦净支撑钢珠，将摆杆处于试板相同的环境条件下。

（3）将被测试板涂膜朝上，放置在水平工作台上，然后使摆杆慢慢降落到试板上。摆杆的支点距涂膜边缘不少于 20 mm。

（4）核对标准零点与静止位置时的摆尖是否处于同一垂直位置，如不一致则应予调节。

（5）在支轴没横向位移的情况下，将摆杆偏转，停在 5.5°处，松开摆杆，当摆至 5°时，开动秒表。记录摆幅由 5°到 2°的时间，以 s 计。

（6）在同一块试板的三个不同位置上进行测量，纪录每次测量的结果。

（7）涂膜硬度按下式计算：

$$X = \frac{t}{t_0} \tag{9.1}$$

式中　X——涂膜硬度值；

t——摆杆在涂膜上从 5° 到 2° 的摆动时间，s；

t_0——摆杆在玻璃板上从 5° 到 2° 的摆动时间，s。

3. 划痕硬度的测定

（1）将一块涂膜试板夹在试板架上，测试面朝上。固定试板位置以确保划痕之间的距离至少为 5mm，并且划痕距离试板边缘至少 10mm。

（2）将划针固定在载荷梁上，这样当将其放在试板上后划针能划透至底板。

（3）当划针未加负荷时，通过调节重砝码来平衡载荷梁。

（4）根据使用的仪器类型，将砝码放在载荷梁上或者滑动砝码来调整负荷所需要的值。

（5）启动划痕仪的马达，在涂膜上进行划痕。

（6）取下试板，借助放大镜，立即检查划痕，看是否被划透至规定的程度。

① 规定单一载荷　按照上述实验步骤在两块试板上的每一块板上进行三次测试操作。如果在六次试验中任何一次涂膜都没被划透至超出规定程度，记录结果为"通过"。如果在六次试验中有一次或多次涂膜被划透至超出规定的程度，则记录结果为"不通过"。

② 测试致使划透的最小负荷　按照上述实验步骤，开始先以稍低于预期引起涂膜划透的负荷进行试验，然后以适当的增量对划针逐渐增加负荷，直至涂膜被划透为止。记录划针划透涂膜至规定程度时的最小负荷。对另外两块试板进行重复测定，取三次测定的最小结果。

4. 巴克霍尔兹压痕硬度的测定

（1）将试板漆面朝上，放在稳固的实验台平面上。

（2）将压痕器轻轻地放在试板适当的位置上，放时应该首先将装置的脚与试板接触，然后小心地放下压痕器。可以事先在实验压痕的位置做个标记，以便压后重新找到压痕。放置 (30±1)s 后，装置离开试板时，应先拿起压痕器，而后是装置的脚。

（3）移去压痕器后 (35±1)s 内，用显微镜放在测定的位置，测量压痕产生的影像长度，以 mm 表示，精确到 0.1mm，记录其结果。

（4）在同一个试板上的不同部位进行 5 次试验，计算其平均值。

（5）抗压痕性按下式计算：

$$抗压压痕 = \frac{100}{L} \tag{9.2}$$

式中　L——压痕长度，mm。

六、数据处理

如表 9.9 所示。

表 9.9　涂膜硬度的测定

序号	铅笔硬度	摆杆硬度	划痕硬度	压痕硬度	备注
1					
2					
3					
平均值					
最小值					

七、思考题

1. 涂膜的硬度与涂膜的组成之间有什么关联？

2. 如何测定高弹性涂膜的表观硬度？

第五节 实验七十一 涂膜柔韧性的测定

施涂在金属等基材上的色漆、清漆或相关产品的涂膜在使用过程中，常常由于受到来自各种原因的扭曲力而随基材一同弯曲、折叠。因此，作为起保护、装饰作用的涂膜在弯曲时的抗开裂以及抗剥离的性能，也是判断一种涂料的成膜性能好坏的一项至关重要的指标。

一、实验目的

(1) 测定涂膜的柔韧性。

(2) 考察柔韧性、冲击性能、圆锥弯曲、T 弯、巴克霍尔兹压痕、杯突方法测定柔韧性的区别。

二、实验原理

1. 涂膜柔韧性测定

涂膜柔韧性也称涂膜弹性。涂膜柔韧性测定仪如图 9.16 所示，它由直径不同的 7 个轴棒固定在底座上组成。轴棒 1 直径 15mm；轴棒 2 直径 10mm；轴棒 3 直径 5mm；轴棒 4 直径 4mm；轴棒 5 截面 3mm×10mm，曲率半径 1.5mm；轴棒 6 截面 2mm×10mm，曲率半径 1.0mm；轴棒 7 截面 1mm×10mm，曲率半径 0.5mm。测试时将涂覆有涂膜的试板在不同直径的轴棒上弯曲，以不引起涂膜破坏的最小轴棒直径 (mm) 来表示涂膜柔韧性。

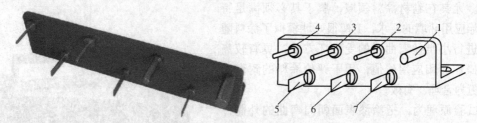

图 9.16　涂膜柔韧性测定仪

2. 涂膜耐冲击性测定

冲击试验也称耐冲击性、冲击强度，是指让自由落体的重锤冲击试样，使试样快速变形，形成凸形区域，以此测定涂膜在受高速载荷作用、急剧变形的条件下，涂膜的弹性和对基材的附着力。

管式涂膜冲击器 (见图 9.17)，包括一个带连接导管支架的牢固的基座，导管管身带狭缝而中间通过使用一个适合重物的轴圈引导圆柱形重物落下，沿狭缝旁有标注的高度以标明重物下落时对应的读数。测试是选择一定质量和尺寸的重锤 (有些冲击仪只有单一类型的重锤) 在一定高度落于涂覆有待测样品的试板上，观察不引起涂膜破坏的最大高度，以 kg·cm 表示。

3. 涂膜圆锥弯曲试验

该仪器有一条 203 mm 长的不锈钢制作的圆锥轴，圆锥轴粗端直径为 38.0mm，细端直径为 3.1mm，并配有一个刻度标尺。锥形轴水平地安装在一个底座上，有一个带拉杆的以使试板围绕锥形轴弯曲的操作杆 (见图 9.18)。

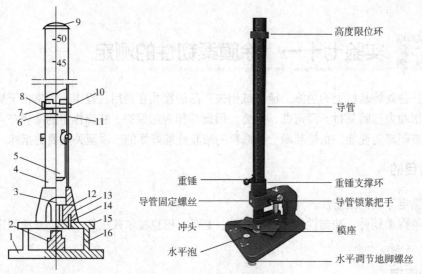

图 9.17　涂膜冲击器示意图

1—底座；2—铁砧；3—冲头；4—滑筒；5—重锤；6—制动器器身；7—控制销；8—控制销螺钉；9—管盖；
10—制动器固定螺钉；11—定位标；12—压紧螺帽；13—圆锥；14—螺钉；15—横梁；16—支柱

图中标注（左图）：9、50、45、8、10、7、6、11、5、4、3、12、13、14、15、2、16、1

图中标注（右图）：高度限位环、导管、重锤、重锤支撑环、导管固定螺丝、导管锁紧把手、冲头、模座、水平泡、水平调节地脚螺丝

4. 涂膜 T 弯折测定

T 弯作为一种条件更为苛刻、应用范围更为广泛、评价方式更为科学的耐弯曲性能试验方法已经受到越来越多的国内外涂料生产厂家及用户的关注。尤其在卷材涂料领域，鉴于其必须满足特殊实际应用环境的要求，T 弯很好地模拟了涂料随底材进行小半径弯曲时的受破坏方式，具有较高的可操作性和应用价值，用于评价涂料的耐弯曲性能更为合理、有效。

试验原理为：把涂漆表面朝向弯曲的外侧，以逐步减小的曲率半径将涂漆试板弯曲 180° 折回其背面，其中曲率半径的大小由间隔物或心轴决定。试板弯曲后，通过放大镜检查每块样板的涂膜开裂情况并通过胶带拉脱试验观察涂膜的剥落

图 9.18　圆锥弯曲试验仪

情况。以 T 弯评级来表示在不出现涂膜开裂或剥落，即通过测试的试板能够被弯曲的最小直径。T 弯折机如图 9.19 所示。

5. 杯突试验

杯突试验适用于测试色漆和清漆或有关产品的单一涂膜或复合涂膜在标准条件下经压陷逐渐变形后，其抗开裂或抗与金属底材脱离的性能。主要测试步骤：待测涂料在表面质地均匀一致的制板上制备成厚度均匀的涂膜，在干燥/固化后，首先将涂装好的试板放在两个环之间，即固定环和伸缩冲模之间，然后用半球形冲头以稳定的速率推动试板进入伸缩冲模内，使试板形成涂膜朝外的圆顶形来测定涂膜的弹性。这种变形增加到一个商定的深度或直到涂膜刚出现开裂或从底材上脱离为止，然后评定结果。图 9.20 为杯突试验仪。

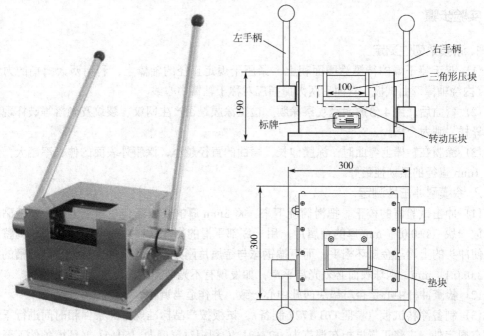

图 9.19　T 弯折机

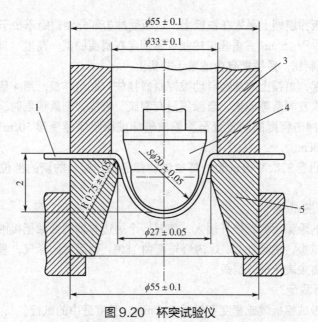

图 9.20　杯突试验仪

1—试板；2—压陷深度；3—固定环；4—冲头及球；5—冲模

三、实验原料

涂膜样板。

四、仪器设备

涂膜柔韧性测定仪、涂膜冲击器、圆锥弯曲试验仪、T 弯折机、巴克霍尔兹压痕试验仪、杯突试验仪。

五、实验步骤

1. 涂膜柔韧性测定

(1) 双手将干燥的待测涂膜面朝上，紧压于规定直径的轴棒上，利用两大拇指的力量在 2 ~ 3s 内绕轴棒弯曲试板，弯曲后两大拇指应对称于轴棒中心线。

(2) 弯曲后，用 4 倍放大镜观察涂膜，检查涂膜是否产生网纹、裂纹及剥落等破坏现象，如无异样，则为合格。

(3) 涂膜在轴棒上弯曲时，涂膜伸长，弯曲的直径越小，涂膜外表面的伸长率越大，所以通过 1mm 直径的柔韧性最好。

2. 涂膜耐冲击性测定

(1) 冲击试验器的校正。把滑筒旋下来，将 3mm 厚的金属环套在冲头上端，在铁砧表面上平放一块 (1±0.05) mm 厚的金属片，用一底部平滑的物体从冲头的上部按下去，调整压紧螺帽使冲头的上端与金属环相平，而下端钢球与金属片刚好接触，则冲头进入铁砧凹槽的深度为 (2.0±0.1) mm。钢球表面必须光洁平滑，如发现有不光洁不平滑现象，应更换钢球。

(2) 检查冲杆中心是否与垫块凹孔中心一致，并作适当调整。

(3) 制备涂料试板 (参照 GB 1727 制备)，试板按产品标准规定的条件和时间进行干燥。除另有规定外，应将干燥试板在温度为 (23±2) ℃和相对湿度为 (50±5) %环境条件下至少调节 16h。

(4) 将涂漆试板涂膜朝上平放在铁板上，试板受冲击部分距边缘不少于 15 mm，每个冲击点的边缘相距不得少于 15 mm。重锤借控制装置固定在滑筒的某一高度 (其高度由产品标准规定或商定)，按压控制钮，重锤即自由地落于冲头上。

(5) 将重锤提起，重锤上的挂钩自动被控制器挂住，取出样板，用 4 倍放大镜观察，判断涂膜有无裂纹、皱纹及剥落等现象。当涂膜没有裂纹、皱皮、剥落现象时，可增大重锤落下高度，继续进行涂膜冲击强度的测定直至涂膜被破坏或涂膜能经受起 50cm 高度之重锤冲击为止。每次增加 5 ~ 10cm。

(6) 同一试板进行三次冲击试验，每次试验都应在样板上的新的部位进行。平行试验三次，取算数平均值。

3. 涂膜圆锥弯曲试验

试验时将样板的涂漆面朝着拉杆插入，使其一个短边与轴的细端相接触，夹住试板，用拉杆均匀平稳地弯曲试板，使其在 2 ~ 3s 内绕轴弯曲 180°。然后对照标尺，量取从轴的细端到最后可见开裂处的距离来表示试验结果。

4. 涂膜 T 弯折测定

(1) 将彩色钢板或铝板做成宽度不超过 100 mm，长度适中的试板。

(2) 将仪器右边手柄转到一个角度，使当中三角形压块与下边的垫块空开距离，将制备好的试板放入，注意试板应平行放入，并且放入的距离适中，再转回右边手柄，使三角压块压紧试板。

(3) 转动左边的手柄，使其上的方块压紧试板到三角形压块的斜面上。

(4) 转动左边的手柄，使其回到原位置，再取出其中的试板。转动右边手柄，使三角形压块与垫块空开足够的距离，将已弯折后的试板放入，多次转动右边的手柄，使被弯折的部分压平。

(5) 取出试板，观察试板被弯折的折痕中彩色漆是否有脱落、剥离等现象，从而判定试板的抗弯折性能。

（6）重复上述步骤，多次进行弯折试验。

5. 杯突试验

（1）将试板牢固地固定在固定环和伸缩冲模之前，不施加额外压力，涂膜面向冲模，并使冲头半球形的顶端刚好与试板未涂漆的一面接触（冲头处于零位）。调整试板直至冲头的中心轴线与试板的交点离试板边缘至少 35 mm 为止。

（2）将冲头的半球形顶端以 0.1 ~ 0.3mm/s 的恒速推向试板，直至达到规定深度，即冲头从零位开始移动的距离。

（3）用校正过的正常视力或如果需要可采用显微镜或 10 倍放大镜检查试板的涂膜是否开裂及从底材上脱离。如果使用显微镜或放大镜，则必须在实验记录中加以说明，以免与采用正常视力观察得到的结果进行比较。

六、数据处理

如表 9.10 所示。

表 9.10　涂膜柔韧性的测定

序号	柔韧性/mm	耐冲击性/kg·cm	圆锥弯曲试验	T弯折	巴克霍尔兹压痕硬度	杯突试验
1						
2						
3						
平均值						

七、思考题

1. 影响涂膜柔韧性的因素有哪些？杯突试验过程中提升环境温度会对柔韧性的测定结果有何影响？

2. 不同测试方法测定出的涂膜柔韧性适合的应用环境有哪些？

3. 卷钢涂层采用哪种测定方法更能表达使用过程的特性？

第六节　实验七十二　涂膜耐磨性的测定

随着现代科学技术的发展，人造卫星、宇宙飞船、高速列车、汽轮机和发动机的叶轮、舰船的螺旋桨、水轮发电机的叶片以及船舶的甲板、建筑物的地板、路标漆等都受到高速气流、砂石和水流的冲刷，以及机械力的作用，材料的磨损相当严重，为延长使用寿命，材料表面需要涂覆耐磨涂料。

一、实验目的

测定涂膜的耐磨性能。

二、实验原理

在规定条件下，用固定在磨耗试验仪（见图 9.21）上的橡胶砂轮摩擦色漆或清漆的干涂膜，试验时要在橡胶砂轮上加上规定重量的砝码。耐磨性以经过规定次数的摩擦循环后涂膜的质量损耗来表示，或者以磨去该道涂膜至下道涂膜或底材所需要的循环次数来表示。

三、实验原料

涂膜样板。

四、仪器设备

磨耗试验仪、天平。图 9.21 为磨耗试验仪的基本构造。

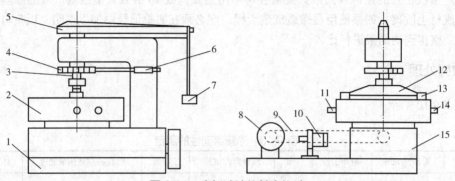

图 9.21　磨耗试验仪基本构造

1—机座；2—摩擦盘总成；3—加压轴；4—链轮；5—载荷用杠杆；6—摩擦力传感器；7—砝码；8—电机；
9—皮带；10—风机；11—进风口；12—试片支撑架；13—摩擦试片；14—进水口；15—轴承座

五、实验步骤

将涂漆试板在温度为（23±2）℃和相对湿度为（50±5）%条件下调节至少 16 h。如果涂膜表面因橘皮、刷痕等原因而不规则时，在测试前要先预磨 50 转，再用不起毛的纸擦净。如果进行了这一操作，则应在实验报告中注明。称重调节后的试板或已预磨并用不起毛的纸擦净的试板，精确到 0.1mg，记录质量，具体实验步骤如下。

（1）将试板固定在转台上，把摩擦头放在试板上，放好吸尘嘴。

（2）将计数器设定为零，打开吸尘装置，然后启动转台。

（3）经过规定的转数后，用不起毛的纸将残留在试板上的疏松的磨屑除去，再次称量试板并记录质量。检查试板的涂膜是否被磨穿。

（4）通过以一定的间隔中断试验来更精确地测量磨穿点并计算经过规定转数的摩擦循环后的质量损耗。

（5）在另外两块试板上重复以上操作并记录结果。

（6）对每一块试板，用减量法计算经商定的转数后的质量损耗。计算三块试板的平均质量损耗，精确到 1 mg。

六、数据处理

如表 9.11 所示。

表 9.11　涂膜耐磨性的测定

序号	损耗前质量/mg	损耗后质量/mg	质量损耗/mg	备注
1				

序号	损耗前质量/mg	损耗后质量/mg	质量损耗/mg	备注
2				
3				
平均值				

七、思考题

1. 涂膜的耐磨性在哪些涂料应用中是关键性能？
2. 涂膜的耐磨性能还有其他的测试方法吗？如何测定不同温度下的耐磨特性？

第七节 实验七十三 耐盐雾性能测试

涂膜的耐盐雾性是指涂膜对盐雾侵蚀的抵抗能力。本方法适用于评价涂膜在中性盐雾中的耐蚀性，是目前普遍用来检验涂膜耐腐蚀性的方法之一。模拟自然界中的盐雾腐蚀环境，采用一定压力的空气通过试验箱内的喷嘴把氯化钠盐水喷成雾状并沉降在试样表面，至规定的时间后，观察其表面起泡、锈蚀等级和腐蚀蔓延距离等情况，以此来评定涂膜的耐盐雾性能。

一、实验目的

评价涂膜在中性盐雾中的耐盐雾性，观察腐蚀过程材料表面的变化。

二、实验原理

盐雾试验箱的工作原理比较单一，主要是将带腐蚀性的溶液压缩成空气喷雾，对样品进行喷洒。喷雾尽量包裹样品的各个面，这个测试可以连续或者循环进行，直到样品出现腐蚀现象。记录下腐蚀的时间作为样品的耐腐蚀性能，时间越长，就表示样品的耐腐蚀性越好。

三、实验原料

1. 试验溶液
（1）氯化钠溶液：将氯化钠溶解于蒸馏水中，使其浓度为（50±10）g/L。
（2）用 pH 计（精度 0.1）或使用精密 pH 试纸在 25℃ 时测定配制的盐溶液的 pH 值，使其在 6.5~7.2 之间。超出范围时，溶液的 pH 值可用分析纯盐酸或氢氧化钠溶液进行调整。
注意：试验溶液注入设备的贮罐之前应予过滤，以防止固体物质堵塞喷嘴。
2. 试验样板
（1）材料和尺寸：试板应使用磨光钢板，尺寸为 100mm×150mm，如不需要划痕，也可使用 70mm×150mm 的试板。
（2）样板制备：
① 平板试样。样板四周用适当的材料（其耐蚀性应不低于试样涂膜的油漆或胶带）进行封边处理。

② 划痕试样。如需划痕，划痕应划透涂膜至底材，并使划痕离试板的任一边缘大于 20mm。

（3）样板应在温度为（23±2）℃、相对湿度为（50±5）%、具有空气循环、不受阳光直接曝晒的条件下调节至少16h，然后尽快投入试验。

四、仪器设备

盐雾试验箱主要由盐雾箱体（喷雾室）、恒温控制元件、喷嘴、盐雾收集器、试验溶液储槽、洁净空气供给器（经处理的压缩空气系统）等组成（见图9.22）。

盐雾试验箱的电器部分主要由加热系统、喷雾系统、控制系统组成。加热系统的工作原理是通过箱体底部的钛合金电加热式加热器加热底部的水，利用蒸汽直接加热。升温快，缩短待机时间。盐雾箱的喷雾系统主要由空压机来控制，空压机所产生的压力空气经滤器罐过滤后，通过调压阀再到达饱和器，然后饱和器的出气口接到喷嘴，产生湿度极高但温度适宜的气体，同时把喷塔中的盐水吸上来达到喷雾效果。控制系统主要是对盐雾沉降量和温度进行控制。盐雾沉降率可以反映盐雾的密度与盐雾的特性。盐雾试验的腐蚀产生，除腐蚀介质氯离子本身的作用外，还有金属表面液膜中氧的扩散影响。盐雾箱采用标准漏斗和计量筒回收蒸汽，分析盐雾沉降量，再通过喷嘴和喷雾塔加以调节（见图9.23）。

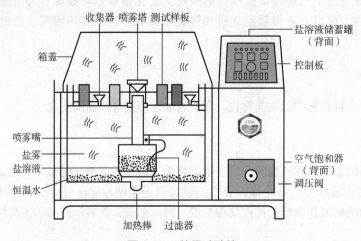

图9.22　盐雾试验箱

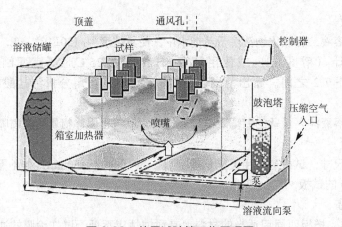

图9.23　盐雾试验箱工作原理图

五、实验步骤

(1) 调试盐雾试验箱。喷雾室内温度应为（35±2）℃；每一收集器中收集的溶液，其氯化钠的浓度为（50±10）g/L，pH 值为 6.5 ~ 7.2，在最少经 24h 后，开始计算每个收集器的溶液。每 80cm² 的面积应为 1 ~ 2 mL/h。已喷雾过的试验溶液不能再使用。

(2) 将试板排放在喷雾室内。不应该将试板放置在雾粒从喷嘴出来的直线轨迹上，可使用挡板，防止喷雾直接冲击试板。试板的被试表面朝上，每块试板在箱内的暴露角度与垂直的夹角是 20°±5°。试板的排列应不使其相互接触或与箱体接触。被试表面应暴露在盐雾能无阻碍沉降的地方。试板最好放在箱内的同一水平面上，以避免液滴从上层的试板或支架上落到下面的其他试板上。试板的支架必须由玻璃、塑料或涂漆木材之类的惰性非金属材料制成。如果试板需要悬挂，则挂具使用合成纤维、棉线或其他惰性绝缘材料制成。

(3) 关闭喷雾室顶盖，开启试验溶液储罐阀，使溶液流到储槽，进行试验。在整个试验周期内，进行连续喷雾。

(4) 在试验周期内，可定期变换试板的位置，并在报告中说明。

(5) 试板应周期性地进行目测检查，但不允许破坏试板表面。在任一个 24 h 为周期的检查时间不应超过 60 min，并且尽可能在同一时间进行检查。

(6) 在规定的试验周期结束时，从箱中取出试板，用清洁的水冲洗试板以除去表面上残留的试验溶液，立即观察试板表面的破坏情况。确有必要，采用无纺布湿巾或蘸有去离子水的面巾纸轻拭试板表面，以便拭去表面附着的浮垢。如有要求，可将试板放置在恒温恒湿[温度（23±2）℃，相对湿度（50±5）%]的标准环境中调节到规定时间，再检查试板表面的破坏现象。

对于平板试样，观察样板的破坏现象，如起泡、生锈、附着力的降低等。对于划痕试样，观察划痕处腐蚀的蔓延情况。测量划痕处至起泡和锈蚀的最大腐蚀蔓延距离，取其算术平均值，即为平均腐蚀蔓延距离，并记录划痕最大和最小腐蚀蔓延距离。进行两次平行试验。

六、数据处理

如表 9.12 所示。

表 9.12　涂膜耐盐雾测试

序号	最大腐蚀蔓延距离/μm	表观现象描述	备注
1			
2			
3			
平均值			

七、思考题

1. 为什么选用 NaCl 溶液作为试验溶液？
2. 涂膜的耐腐蚀性能还有什么其他方法进行测定？

实验七十四　耐水性测试

涂膜对酸、碱、盐等各种化学试剂腐蚀作用的抵抗能力称为涂膜耐化学试剂的稳定性。在现代化学工业生产中，往往离不开酸、碱、盐的存在。尤其是设备、管道的内外壁，经常要受到酸、碱、盐介质的溅泼或浸渍，有时还需承受各种温度和压力，使腐蚀作用加剧。在这种情况下，有的采用特设的防腐材料，如不锈钢、塑料等，来达到防腐的目的。也有的采用涂料来对设备、管道进行防腐，达到对设备、管道的保护作用。涂层的耐溶剂性直接影响被涂设备、家具等的使用寿命。现代生活中，人们对设备涂层和家具表面的耐液体侵蚀的要求也越来越高，因此需要考评涂层的耐溶剂性。本节是耐水性测试，后面几节为耐酸碱性、耐溶剂性和耐摩擦性测试。

一、实验目的

掌握涂膜耐水性能的测试方法及原理。

二、实验原理

涂料产品在实际使用中往往与潮湿的空气或水分直接接触，随着涂膜的膨胀与透水，就会产生起泡、变色、脱落、附着力下降等各种破坏现象，直接影响产品的使用性能。实验证明，水是最常见的涂膜破坏剂之一。当涂膜表面有水附着时，水分子通过涂膜向水浓度低的方向扩散，在接触底材的涂膜界面上扩散的水分子离开涂膜到达被保护的金属底材表面。在氧存在下，发生如下反应：$2e^- + H_2O + \frac{1}{2}O_2 \longrightarrow 2OH^-$，生成的 OH^- 与金属离子形成金属氢氧化物，它能继续被氧化成水合氧化物。这样，对金属底材就产生了腐蚀破坏作用。另外，在海洋环境下，高浓度的盐分也会透过涂膜而加快对金属的腐蚀破坏速度。

本实验采用常温浸水试验法，将涂膜浸泡在蒸馏水或去离子水中，观察并记录试板的变化情况。

三、实验原料

涂膜样板、去离子水（根据实际应用环境可采用海水、河水、富 K^+ 盐水、自来水等）。

四、仪器设备

玻璃水槽（或其他容器）。

五、实验步骤

方法一：

（1）在玻璃水槽中加入去离子水，调节水温为（23±2）℃，并在整个试验中保持该温度。

（2）将三块样板放入水槽中，并将每块试板长度的 2/3 浸泡于水中。

（3）在规定的浸泡时间结束时，将样板从水槽中取出，用滤纸吸干。立即或按照规定的时间状态调节后以目视检查样板。

（4）检查样板表面，记录是否有失光、变色、起泡、起皱、脱落、生锈现象和恢复时间。

方法二：

在适宜尺寸且配有盖子和恒温加热系统的水槽中加入足够量的符合 ISO 3696 要求的三级水（根据涂层的最终用途也可使用其他等级的水，如天然海水或人工海水）。将待测的试板搁置在水槽的支架上（非传导性材料，且能使试板与垂直方向保持 15°~20°角），并确保试板四分之三浸泡于水中。试板的试验面向上并平行于水流方向，且各试板间、试板与水槽底部、试板与水槽壁均至少间隔 30mm。

按商定是否开启水槽内水的循环和通气系统。除另有规定，调节水温为（40±1）℃，并在整个试验过程中保持这个温度。另外，整个试验过程中需机械式或手动定期更换试板的位置。

如规定在试验周期内要进行中途检查，应在适当的时候将试板从槽中取出，用吸水纸吸干水迹。干燥 1min，按 ISO 4828-2 中的规定检查试板起泡现象，以及其他破坏现象，然后立即放回槽中。

在规定的周期结束时，将试板从槽中取出，用吸水纸吸干水迹。干燥 1min，按 ISO 4828-2 中的规定检查每块试板的整个试板表面的起泡现象，以及涂层其他破坏现象（在这个阶段也可评定出附着力的变化情况）。然后将试板置于室温下 24h，再次检查试板表面附着力降低、生锈、变色、变脆等其他要求检查的性能。

如规定要检查暴露出来的金属腐蚀现象，则应用非腐蚀性脱漆剂仔细地在试板表面上脱去一条 150mm×50mm 的漆膜后检查。

六、数据处理

如表 9.13 所示。

表 9.13　涂膜耐水性的测定

序号	浸泡温度	浸泡时间	现象记录	恢复时间	备注
1					
2					
3					

七、思考题

1. 为什么不同的水对涂膜的耐水性测试结果不同？
2. 如何考评用于三峡大坝发电机组上所用涂层的耐水性？

第九节　实验七十五　耐酸碱性测试

一、实验目的

掌握涂膜耐酸、耐碱性的测试方法。

二、实验原理

将涂膜试板与一定温度的液体介质接触，达到规定时间后观察涂膜表面的变化，并判断是否符合产品标准规定要求，或者测定一直浸泡到涂膜破坏失效至一定程度所能持续的时间。对于耐酸、耐碱性，则是将其浸泡到指定浓度的酸和碱溶液中，观察试板的表面变化。

三、实验原料

涂膜样板、盐酸、氢氧化钙、石蜡、松香。

四、试板

（1）试验环境条件　除非另有规定，试验应在温度为（23±2）℃，相对湿度为（50±5）%的条件下进行。

（2）试板的处理和制备　除非另有规定，通常最好对试板背部面涂适当的保护涂料或受试涂料，试板的边应以适当的方法封住。常采用1:1的石蜡和松香的混合物封边，封边宽度2~4mm。

（3）酸碱溶液的配制　在温度为（23±2）℃条件下，在去离子水中分别加入盐酸和过量的氢氧化钙（分析纯）配制的酸碱溶液并进行充分搅拌，密封放置24 h后取上层清液作为试验用溶液。

（4）取三块制备好的试板，用石蜡和松香的混合物（质量比为1:1）将试板四周边缘和背面封闭，封边宽度2~4mm，在玻璃或搪瓷容器中加入氢氧化钙饱和水溶液，将试板长度的2/3没入试验溶液中，加盖密封直至产品标准规定的时间。

五、实验步骤

（1）在液槽中加入酸碱试验溶液，调节水温为（23±2）℃，并在整个试验中保持该温度。

（2）将三块试板放入液槽中，并将每块试板长度的2/3浸泡于水中。

（3）在规定的浸泡时间结束时，将试板从液槽中取出，用滤纸吸干。立即或按照规定的时间状态调节后以目视检查样板。

（4）检查样板表面，记录是否有失光、变色、起泡、起皱、脱落、生锈现象和恢复时间。

六、数据处理

浸泡结束后，取出试板用水冲洗干净，用吸水纸吸干。立即观察涂膜表面是否出现变色、起泡、剥落、粉化、软化等现象。以至少两块试板涂膜现象一致作为试验结果。对试板边缘约5 mm和液面以下约10 mm内的涂膜区域，不作评定。当出现变色、起泡、剥落、粉化等涂膜破坏现象作为实验结果。可按照GB/T 1766—2008进行评定。

七、思考题

1. 涂层的厚度对其耐酸、耐碱性的测试结果有何影响？
2. 不同温度下涂层的耐酸碱性有何不同？
3. 如何根据应用场景设计涂层的耐酸碱性？

第十节　实验七十六　耐溶剂性测试

由于石油工业的发展，石油产品的应用已很广泛，各种油类和溶剂较多，这些产品对涂膜均有一定的侵蚀作用。不同的产品规定了对不同石油产品的耐性标准，最普遍的是耐汽油性。

一、实验目的

掌握涂膜耐有机溶剂性的测试方法。

二、实验原理

耐汽油性的检测，是测定涂膜对汽油的抵抗能力。在规定的条件下试验，观察涂膜有无变色、失光、发白、起泡、软化、脱落等变化。将涂层试板做适当的封边处理之后，浸入汽油槽中，观察随时间变化涂层的表观状态的变化。如果涂层在汽油中产生明显变化，则为不耐汽油，如果在汽油中长时间无明显变化则为耐汽油。或者以耐汽油的时间作为耐油性的标度。

三、实验原料

涂膜试样、汽油（120 溶剂油、RH-75 航空汽油或其他需要检测的油品）。

四、仪器设备

玻璃槽。

五、实验步骤

在玻璃槽中加入产品标准规定的 120 溶剂油或 RH-75 航空汽油。除另有规定外，调节其温度为（23±2）℃，并在整个试验过程中保持该温度；将三块试板放入其中，并使每块试板长度的 2/3 浸泡在液体中，直至产品标准规定的时间。

六、数据处理

在产品标准规定的浸泡时间结束时，将试板从槽中取出，用滤纸吸干，立即或按产品标准规定放置时间后以目视检查试板。记录涂膜表面是否发生皱皮、起泡、剥落、变软、变色、失光等现象。三块试板中至少应有两块试板符合产品标准规定则为合格。浸泡界线上、下各 5mm 宽的部分不作为结果评定。

注：① 每次试验应重新更换汽油。

② 有色涂膜试板（特别是红色）与浅色涂膜试板应分开两槽试验。

七、思考题

1. 如何检测不同温度下试板的耐溶剂性？
2. 有色涂料试板（特别是红色）为何要与浅色涂料试板分开测试？
3. 油类的溶解度参数不同，对涂层的耐油性检测效果有何影响？

第十一节 实验七十七 耐摩擦性测试

涂膜的耐摩擦性能是指涂层受到外力剪切摩擦作用，抵抗表面产生划痕及漆膜剥落的能力。通常用于地板、舰船甲板、运动型汽车、高速滑动的模块和转动的泵体涂层，往往要求较高的耐磨性。近些年，随着国内汽车产销快速增长，家用轿车也快速得到普及，人们对汽车质量的要求越来越高。尤其是汽车的外观质量，比如涂膜耐划伤性，使用几年后涂膜光泽度是否因汽车的高速运动、空气中的灰尘颗粒物摩擦而导致光泽度下降等问题。因此，涂膜的耐划伤性能和摩擦后的光泽度受到涂料供应商、汽车制造商和产品使用者的普遍关注。涂层的耐磨性测试显得尤其重要。

本实验的设计依据国家标准 GB/T 9279.1—2015，在规定条件下用加载规定负荷的划针来测定色漆、清漆或相关产品的单一涂膜或复合涂膜体系耐划针划痕的性能。

一、实验目的

掌握涂膜耐干摩擦性的测试方法。

二、实验原理

涂膜的耐干摩擦性可以通过检测光泽的损失来评价。通过一个固定在运动支架上的磨料对涂膜进行摩擦，并检测涂膜的变化，使涂膜表面因摩擦累积而引起光泽损失。

涂膜的耐干摩擦测试方法是，通过仪器在面积为 200mm×70mm 的试板上施加 9N 的力，仪器在机械臂带动下，以大约每秒一次的恒定频率在 10 cm 的距离内往复运动。在完成规定的往复次数后测试摩擦位置的光泽度，再与摩擦前的光泽度进行对比，计算出光泽下降的程度，用百分比（%）表示。

三、实验原料

涂膜样板。

四、仪器设备

摩擦仪、多角度分光光度计、M 类 P2400 磨光砂纸。

五、实验步骤

1. 试样制作

（1）制作试板的基料通常为实际使用中的金属板或塑料板，试板基材尺寸为 200mm×70mm。按照 GB/T 1727—2021《涂膜一般制备法》，试板的喷涂与干燥方式与实际应用制备方法一致，得到通常的膜厚，保持试样的平整性，每次至少有 2 个平行试板。

（2）试板最好是深色（黑色、蓝色、灰色等），以免测量结果被底色光泽影响，确保测量结果具有代表性。

（3）试板涂膜表面应非常平整、清洁、无指痕和灰尘，且不应当有颗粒和划痕，不符合要求的试样禁止使用。如有必要清洗，应用蒸馏水清洗并用柔软无绒布或针刺无纺布擦拭。

（4）测试前将试板按 GB/T 9278—2008 的要求放置在温度为（23±2）℃，相对湿度为（50±5）%的条件下 24h，避免污染。

（5）测试试板单层涂膜和单组分（1K）清漆制作完成后静置 24h 后测试，双组分（2K）清漆制作完成后静置 168h 后测试（环境温度过低时，也可放在 40℃烘箱中 12h，取出后再放置 12h 测试）。

2. 测试步骤

（1）对试板做好标记，包括供应商、生产批号、颜色、取样时间、地点。

（2）在垂直于试板的长度方向（刮擦方向）测量试板原始光泽 G_1（20°测量 3 次取平均值），光泽度测量按照 GB/T 9754—2007《色漆和清漆 不含金属颜料的色漆涂膜的 20°、60°和

85°镜面光泽的测定》。

(3) 每个试板使用一个新砂纸，把砂纸黏贴在毡垫上并对中。

(4) 将试板固定在摩擦仪上，使试板的测试区能够平整充分地受到来回摩擦。

(5) 设定摩擦仪摩擦频次为"15"。

(6) 启动设备，使试板受到 15 个来回摩擦。

(7) 试验结束取出试板，使用无绒布擦拭表面的颗粒灰尘，测量试验后的光泽 G_2（20°测量 3 次取平均值）。

(8) 试板初始耐干摩擦试验后放置在 60℃烤箱内烘烤 60 min，冷却后使用无绒布擦拭表面的颗粒灰尘，测量试验后的光泽 G_3（20°测量 3 次取平均值）。

六、数据处理

$$\Delta G_1 = \frac{G_1 - G_2}{G_1} \tag{9.3}$$

$$\Delta G_2 = \frac{G_1 - G_3}{G_1} \tag{9.4}$$

式中　ΔG_1——试验后光泽损失率；

　　　ΔG_2——烘烤后光泽损失率；

　　　G_1——试板原始光泽；

　　　G_2——试验后的光泽；

　　　G_3——60℃烤箱内烘烤 60min 后的光泽。

七、思考题

1. 动车组（时速 360km/h）、飞机（时速 1100km/h）的涂层需要考评其耐磨性么？

2. 三倍速的 F35 战机其耐磨性的考评方法如何设计？

3. 涂层实际使用条件（环境条件）下的耐磨性和标准测试的耐磨性有何区别（以航空母舰 $-20 \sim 60℃$甲板涂层为例）？

第十二节　实验七十八　氙灯老化测试

氙气灯内部包括氙气在内的惰性气体混合体，没有卤素灯所具有的灯丝的高压气体放电灯，可称为金属卤化物灯或氙氙灯。氙气灯在接通电源后通过变压器，瞬间内将 12 V 电压升为 20kV 以上的高压脉冲电压，激活氙气灯泡中的氙气在电弧中产生 6000 ~ 10000K 色温的强劲光芒。将所测试的涂层用氙灯照射，可以加速涂层的老化。通过不同时间的照射，观察涂膜表观光学、力学等性能的变化，以老化时间的变化推测在应用中产生同等老化特征所需要的时间，此方法称为加速老化法。氙灯老化是自然光照加速老化的一种方法。

一、实验目的

测定涂膜的耐候性，掌握用氙灯测试涂膜老化的过程，了解其影响因素。

二、实验原理

耐候性是指涂料、涂膜、橡胶制品等，应用于室外经受气候的考验，如光照、冷热、风雨、细菌等造成的综合破坏，其耐受能力叫耐候性。针对各种材料及不同使用情况制订了各种耐候性的测定方法，如各种老化试验，模拟天然气候条件，进行试验。如涂膜耐候性试验又称大气曝晒试验，考核涂料本身对大气的耐久性。皮革耐候性可在模拟自然气候的耐候试验箱（或老化箱、加速耐候仪）内进行测定。光照、高温和潮湿是造成涂膜失光、褪色、黄变、粉化的主要原因，涂膜的耐候性优劣与涂料组分的光谱敏感性有关。因此，可以选用氙气的高热与紫外光照射来测定涂膜的耐候性，以此综合判断涂膜材料的使用寿命。

三、实验原料

涂膜样板。

四、仪器设备

氙气灯：①氙气灯发射的光的波长范围是从低于270nm直到红外区，氙气灯要经过适当的滤光和有效冷却，滤去较短波长的射线和较多的红外射线，使到达试验样品表面的光谱与到达地面的阳光光谱相似。②试验箱内设有带动样品旋转的转动支架，温度、湿度、喷水时间和氙气灯功率应可调，并设有干、湿球温度自动记录装置。干、湿球感温件应置于避光处。根据需要，箱外可备电源稳压器，箱内设加热器。③为了减少氙气灯冷却水污染灯和滤光罩，冷却水用蒸馏水或去离子水，冷却水管采用耐水腐蚀材料制成，如不锈钢、塑料等，应避免采用铝、铜、铁和青铜。④样品架应由惰性材料制成，如铝合金、不锈钢或木质材料，邻近样品处避免有青铜、铜和铁的构件。

五、实验步骤

1.氙气灯试验条件

（1）辐射强度在300～890nm波长范围内为（1000±200）W/m^2；低于300 nm应不超过1 W/m^2；在试验样品区域，偏离应少于10%。

（2）试验箱的温度由黑板进行测量，黑板温度为（63±3）℃。根据需要也可以是（55±3）℃或比63℃更高的温度，但较高的温度可能会产生热老化效应，影响试验结果。黑板的温度应在不喷水时达到稳定时测量读数。

（3）相对湿度可选择（65±5）%、（50±5）%或（90±5）%三种。相对湿度应在不喷水时达到稳定时测量读数。

（4）喷水周期可选择每隔102 min喷水18 min或每隔48 min喷水12 min。

（5）氙气灯和滤光罩在使用过程中会逐渐老化，沉积水垢或由其他原因造成辐照强度下降，因此必须进行光能量监测。在测定光能量时，光感受器应固定在与试验样品接受光能量相同的位置上，当测得的光能量不符合试验要求时，应调节氙气灯功率，必要时，清洗氙气灯和滤光罩。氙气灯和滤光罩有一定的寿命，应按规定使用到一定时间后更换。

2.氙气灯试验步骤

试验样品在样品架上应不受外来施加的应力。为了避免因试验样品暴露位置不同而造成表面受光照射强度的不同，在安装试验样品时，要根据试验样品的尺寸和形状，合理地排列和固定在旋转支架上，并能调换位置，如上下排调换、原地180°翻转、上下排调换、原地180°翻转，经过四步构成一交换循环，在一交换循环内，每一步交换时间相等。

试验周期：4d、7d、14d、21d、28d、42d、63d、84d。根据试验样品的性能变化速率，可适当变更试验周期。最终期限可根据试验样品性能变化达到规定值确定，一般不大于105 d。

3. 样品耐候性测定

对涂料涂膜，主要进行外观的评定，检查的项目主要是光泽、颜色变化（色差）、粉化、斑点、起泡、裂纹及尺寸稳定性等，应尽量用仪器进行定量的项目检测，如光泽、色差等。

六、数据处理

如表 9.14 所示。

表 9.14   涂膜耐候性的测定

序号	时间/d	外观观察	光泽度/ (°)	色差	备注
1					
2					
3					

七、思考题

1. 氙气老化时间与涂膜耐候性的关系是什么？
2. 如果老化氙气灯强度减弱或有损坏，所测得老化时间对同一涂膜有何区别？
3. 若氙气灯老化机中的水干了，涂膜的氙气灯老化测试结果与正常测试结果有何区别？

第十三节　实验七十九　紫外老化测试

模拟高强度紫外线照射，考察涂膜在紫外线下的变化过程，这种方法叫紫外老化测试方法。常用的人造高强度紫外线是通过荧光紫外灯来实现的。荧光紫外灯是一种低压汞弧灯，汞弧发出的辐射被磷涂膜转换成较长波长的紫外辐射，其光谱能量分布取决于汞弧的发射光谱、磷涂膜的发射光谱和玻璃管的紫外辐射透过率。通过不同时间的照射，观察涂膜表观光学、力学等性能的变化，以老化时间的变化推测在应用中产生同等老化特征所需要的时间，此方法称为加速老化法。紫外老化也是自然光照加速老化的一种方法。

一、实验目的

测定涂膜的耐候性，掌握涂膜耐候性紫外光测试的过程，了解影响因素。

二、实验原理

利用荧光紫外灯的辐射模拟日光中的紫外辐射。样板暴露于周期性重复的光照和潮湿环境或连续光照的环境中，并且光照和潮湿环境都处于控制的条件下，样板暴露至规定的试验时间。提供潮湿的常用方式有水蒸气凝露于样板上、向样板喷洒软化水或去离子水等。暴露条件可以通过不同方式设定其不同的值（适用时）而产生变化，比如荧光紫外灯的类型、潮湿暴露的方式、光照和潮湿暴露的时间安排、光照和黑暗暴露的时间安排、辐照度的大小、光照暴露期的温度、潮湿暴露期的温度。

通过以下方式获得暴露试验的结果：样板暴露前后的性能值进行比较，暴露后的样板和存放样品的性能值进行比较，暴露后的样板和与之同时暴露的对照样板的性能值进行比较。

三、实验原料

涂膜样板。

四、仪器设备

荧光紫外灯：采用荧光紫外灯，荧光紫外灯的辐射主要是紫外线，低于 400 nm 的辐射占总辐射的 80% 以上。可以使用三种类型的荧光紫外灯：①UVA340 荧光紫外灯：该类型灯的相对光谱能量分布应符合表 9.15 的要求，低于 300 nm 的辐射占总辐射的百分比小于 2%，其辐射能量峰值在 340 nm 波长处。该类型灯一般用来模拟日光中的中短波紫外线。②UVA351 荧光紫外灯：该类型灯的相对光谱能量分布应符合表 9.16 的要求，低于 300 nm 的辐射占总辐射的百分比小于 2%，其辐射能量峰值在 351 nm 波长处。该类型灯一般用来模拟透过玻璃后的日光中的中短波紫外线。③UVB313 荧光紫外灯：该类型灯的相对光谱能量分布应符合表 9.17 的要求，低于 300 nm 的辐射占总辐射的百分比大于 10%，辐射能量峰值在 313 nm 波长处。

表 9.15 UVA340 荧光紫外灯

波长通带/nm	最小值/%	最大值/%
$\lambda < 290$		0.01
$290 \leqslant \lambda \leqslant 320$	5.9	9.3
$320 \leqslant \lambda \leqslant 360$	60.9	65.5
$360 \leqslant \lambda \leqslant 400$	26.5	32.8

注：表中的数据为给定波长通带内的累计辐照度占总辐照度的百分比，总辐照度的波长通带是 290～400nm。

表 9.16 UVA351 荧光紫外灯

波长通带/nm	最小值/%	最大值/%
$\lambda < 300$		0.2
$300 \leqslant \lambda \leqslant 320$	1.1	3.3
$320 \leqslant \lambda \leqslant 360$	60.9	66.8
$360 \leqslant \lambda \leqslant 400$	30.0	38.0

注：表中的数据为给定波长通带内的累计辐照度占总辐照度的百分比，总辐照度的波长通带是 290～400nm。

表 9.17 UVB313 荧光紫外灯

波长通带/nm	最小值/%	最大值/%
$\lambda < 290$	1.3	5.4
$290 \leqslant \lambda \leqslant 320$	47.8	65.9
$320 \leqslant \lambda \leqslant 360$	26.9	43.9
$360 \leqslant \lambda \leqslant 400$	1.7	7.2

注：表中的数据为给定波长通带内的累计辐照度占总辐照度的百分比，总辐照度的波长通带是 290～400nm。

五、实验步骤

（1）样板标识：对每一个样板进行标识，标识符号应位于样板的非检测区，并且不易消失或褪色。

（2）原始性能测试：确定样板哪些性能需要检测，例如：颜色、光泽、粉化、裂纹等外观性能，拉伸强度、断裂伸长率、弯曲强度等力学性能。在暴露样板前，按照有关标准或规范进行检测。如果有要求，如破坏性试验，使用存放样品进行性能检测。

（3）样板安装方法：将样板安装在设备的试样架上，样板不应受到附加的应力（对于弹性涂膜，类橡胶样板在应力状态下的试验，其安装方法见 GB/T 7762）。对于检测颜色等外观改变的试验，可以用一个不透明的遮罩遮住样板的一部分，这部分遮盖区域可以和相邻的暴露区域作对比，便于检查暴露的进程，但性能检测的结果应基于存放样板和暴露样板的比较。为了保持试验条件的一致，样板架上所有的空位都应安装耐腐蚀材料制成的平板。对于小尺寸试样安装时不能覆盖整个样板架暴露窗口的情况，宜使用背衬来防止水蒸气逸出。背衬的使用应由试验的有关方确认，因为背衬材料可能会影响试验结果。

（4）程序设定：按选择的试验条件设定程序，进行试验直至要求的试验时间，试验期内应维持试验条件的稳定，尽量减少由于维护设备或检查样板引起的试验中断。

（5）样板位置的更换

① 辐照度最大处一般位于暴露区的中心位置，如果离暴露区中心位置最远处的辐照度在最大辐照度的 90%以上，则没有必要更换样板的位置（确定样板暴露区域内辐照度均匀性的方法见 GB/T 16422.1）。

② 如果离暴露区中心位置最远处的辐照度是最大辐照度的 70%~90%，应采用下列两种方法之一放置样板或更换样板的位置：a.在试验期内定期更换样板位置，以确保每个样板获得相等的辐照量，更换样板位置的具体方法由有关方协商确定；b.仅在那些辐照度在最大辐照度 90%以上的区域放置样板。

（6）如果需要中间检测，宜在干燥暴露段快结束时进行，取放样板时，注意不要触碰和损坏样板的检测表面。检测后，样板应放回原位，检测表面的方位和以前一样。

（7）试验设备需要定期维护来保持试验条件的一致性，应按照制造商的指示进行维护和校准。

（8）暴露结束后，按照有关标准或规范进行性能检测。

六、数据处理

如表 9.18 所示。

表 9.18 涂膜耐候性的测试

序号	照射时间/h	辐照量	外观	涂膜性能测试	备注
1					
2					
3					
平均值					

七、思考题

1. 如何理解紫外光老化实验中紫外光强度和涂膜的耐候性之间的关系？
2. 为什么要选择三种类型的荧光紫外灯来考察涂膜的耐候性？
3. 涂膜的厚度、组成、颜色对紫外光老化的考察结果有何影响？

第十章

功能涂料性能测试

防火涂料是指刷涂于可燃性基材表面，降低被涂材料表面的可燃性，阻滞火灾的迅速蔓延，或施用于建筑构件上，用以提高产品的耐火极限或在一定时间内能阻止燃烧的涂料。这一类涂料统称为防火涂料，或叫作阻燃涂料。

物质燃烧时，需要消耗大量的氧气，不同的可燃物燃烧时需要消耗的氧气量不同，通过测定物质燃烧过程中消耗的最低氧气量，计算出物质的氧指数值，可以评价物质的燃烧性能。所谓氧指数（oxygen index，OI），是指在规定的试验条件下，试样在氧氮混合气流中维持平稳燃烧（即进行有焰燃烧）所需的最低氧气浓度（即在该物质引燃后，能保持燃烧 50mm 长或燃烧 3min 时所需要的氧氮混合气体中氧的最低体积分数），用来判断材料在空气中与火焰接触时燃烧的难易程度。一般认为，OI<27 的属易燃材料，27≤OI<32 的属可燃材料，OI≥32 的属难燃材料。

一、实验目的

（1）了解氧指数测定仪的结构和工作原理。

（2）运用氧指数测定仪测定常见材料的氧指数。

（3）评价材料燃烧性能。

二、实验原理

氧指数的测试方法，就是把一定尺寸的试样用试样夹垂直夹持于透明燃烧筒内，通入按一定比例混合的向上流动的氧氮气体。点着试样的上端，观察燃烧现象，记录持续燃烧时间或燃烧距离，试样的燃烧时间超过 3min 或火焰前沿超过 50mm 标线时，就降低氧浓度，试样的燃烧时间不足 3min 或火焰前沿不到标线时，就增加氧浓度，如此反复操作，从上下两侧逐渐接近规定值，至两者的浓度差小于 0.5%。

氧指数法是在实验室条件下评价材料燃烧性能的一种方法，可以对窗帘幕布、木材等许多新型装饰材料的燃烧性能作出准确、快捷的评价。需要说明的是氧指数法并不是唯一的判定方法，但它的应用非常广泛，已成为评价燃烧性能级别的一种有效方法。

三、实验原料

（1）材料：涂膜。

（2）试样尺寸：每个试样的长×宽×厚为 140mm×52mm×（≤10.5mm）。

（3）试样数量：每组应制备至少 15 个标准试样。

（4）外观要求：试样表面清洁、平整光滑，无影响燃烧行为的缺陷，如气泡、裂纹、飞边、毛刺等。

（5）试样的标线：距离点燃端 50 mm 处画一条线。

四、仪器设备

氧指数测定仪由燃烧筒、试样夹、流量控制系统及点火器组成，如图 10.1 所示。

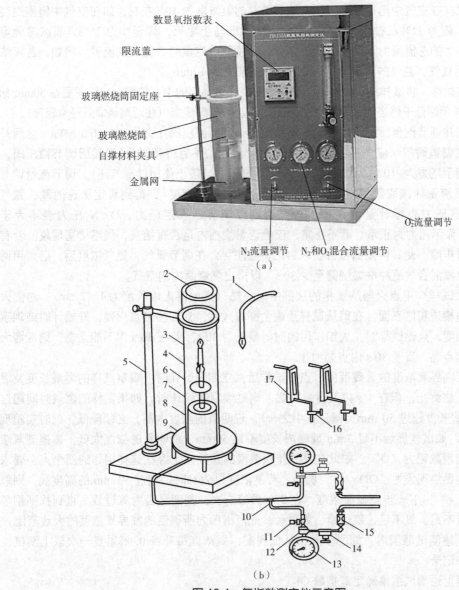

图 10.1 氧指数测定仪示意图

1—点火器；2—玻璃燃烧筒；3—燃烧的试样；4—试样夹；5—燃烧筒支架；6—金属网；7—测温装置；
8—装有玻璃珠的支座；9—基座架；10—气体预混合结点；11—截止阀；12—接头；13—压力表；
14—精密压力控制器；15—过滤器；16—针阀；17—气体流量计

燃烧筒为一耐热玻璃管，高 450mm，内径 75~80mm，筒的下端插在基座上，基座内填充直径为 3~5mm 的玻璃珠，填充高度 100mm，玻璃珠上放置一金属网，用于遮挡燃烧滴落物。试样夹为金属弹簧片，对于薄膜材料，应使用 140mm×38mm 的 U 形试样夹。流量控制系统由压力表、稳压阀、调节阀、转子流量计及管路组成。流量计最小刻度为 0.1L/min。点火器是一内径为 1～3mm 的喷嘴，火焰长度可调，试验时火焰长度为 10mm。

五、实验步骤

（1）检查气路，确定各部分连接无误，无漏气现象。

（2）确定实验开始时的氧浓度：根据经验或试样在空气中点燃的情况，估计开始实验时的氧浓度。如试样在空气中迅速燃烧，则开始实验时的氧浓度为 18% 左右；如在空气中缓慢燃烧或时断时续，则为 21% 左右；在空气中离开点火源即马上熄灭，则至少为 25%。氧浓度确定后，在混合气体的总流量为 10.6 L/min 的条件下，便可确定氧气、氮气的流量。例如，若氧浓度为 26%，则氧气、氮气的流量分别为 2.76 L/min 和 7.84 L/min。

（3）安装试样：将试样夹在夹具上，垂直地安装在燃烧筒的中心位置上（注意要画 50mm 标线），保证试样顶端低于燃烧筒顶端至少 100 mm，罩上玻璃燃烧筒（注意燃烧筒要轻拿轻放）。

（4）通气并调节流量：开启氧、氮气钢瓶阀门，调节减压阀压力为 0.2～0.3 MPa，然后开启氮气和氧气管道阀门（应先开氮气，后开氧气，且阀门不宜开得过大），然后调节稳压阀，仪器压力表指示压力为（0.1±0.01）MPa，并保持该压力（禁止使用过高气压）。调节流量调节阀，通过转子流量计读取数据（应读取浮子上沿所对应的刻度），得到稳定流速的氧、氮气流。检查仪器压力表指针是否在 0.1MPa，否则应调节到规定压力，O_2+N_2 压力表不大于 0.03MPa 或不显示压力为正常。若不正常，应检查燃烧柱内是否有结炭、气路堵塞现象。若有此现象应及时排除，使其恢复到符合要求为止。应注意：在调节氧气、氮气浓度后，必须用调节好流量的氧氮混合气流冲洗燃烧筒至少 30 s，以排出燃烧筒内的空气。

（5）点燃试样：用点火器从试样的顶部中间点燃（点火器火焰长度为 1～2 cm），勿使火焰碰到试样的棱边和侧表面。在确认试样顶端全部着火后，立即移去点火器，开始计时或观察试样烧掉的长度。点燃试样时，火焰作用的时间最长为 30 s，若在 30 s 内不能点燃，则应增大氧浓度，继续点燃，直至 30 s 内点燃为止。

（6）确定临界氧浓度的大致范围：点燃试样后，立即开始计时，观察试样的燃烧长度及燃烧行为。若燃烧终止，但在 1 s 内又自发再燃，则继续观察和计时。如果试样的燃烧时间超过 3 min，或燃烧长度超过 50 mm（满足其中之一），说明氧的浓度太高，必须降低，此时实验现象记为"×"，如试样燃烧不足 3min 或燃烧长度不足 50mm，说明氧的浓度太低，需提高氧浓度，此时实验现象记为"O"。如此在氧的体积浓度的整数位上寻找这样相邻的四个点，要求这四个点处的燃烧现象为"OO××"。例如，若氧浓度为 26% 时，烧过 50 mm 的刻度线，则氧过量，记为"×"，下一步调低氧浓度，在 25% 做第二次，判断是否为氧过量，直到找到相邻的四个点为氧不足、氧不足、氧过量、氧过量，此范围即为所确定的临界氧浓度的大致范围。

（7）在上述测试范围内，缩小步长，从低到高，氧浓度每升高 0.4% 重复一次以上测试，观察现象，并记录。

（8）根据上述测试结果确定氧指数 OI。

（9）实验注意事项：试样制作要精细、准确，表面平整、光滑；氧、氮气流量调节要得当，压力表指示处于正常位置，禁止使用过高气压，以防损坏设备；流量计、玻璃筒为易碎品，实验中谨防打碎。

六、结果计算

如表 10.1 所示。

表10.1 实验数据记录表

实验次数	1	2	3	4	5	6	7	8	9	10
氧浓度 / %										
氮浓度 / %										
燃烧时间/s										
燃烧长度/mm										
燃烧结果										

注：第二、三行记录的分别是氧气和氮气的体积浓度（需将流量计读出的流量计算为体积浓度后再填入）。第四、五行记录的燃烧长度和时间分别为：若氧过量（即烧过 50 mm 的标线），则记录烧到 50 mm 所用的时间；若氧不足，则记录实际熄灭的时间和实际烧掉的长度。第六行的结果即判断氧是否过量，氧过量记"×"，氧不足记"O"。

七、数据处理

以体积分数表示的氧指数，按下式计算：

$$\mathrm{OI}=\psi_F + Kd \tag{10.1}$$

式中　OI——氧指数，%；

　　　ψ_F——N_L 系列最后一个氧浓度，取一位小数，%；

　　　d——步长，取一位小数；

　　　K——查表 10.2 所得的系数。

表10.2　K值确定表

1	2	3	4	5	6
最后五次的试验现象	N_L 前几次测试的燃烧情况如下时的 K 值				
	o	oo	ooo	oooo	
×oooo	−0.55	−0.55	−0.55	−0.55	oxxxx
×ooo×	−1.25	−1.25	−1.25	−1.25	oxxxo
×oo×o	0.37	0.38	0.38	0.38	oxxox
×oo××	−0.17	−0.14	−0.14	−0.14	oxxoo
×o×oo	0.02	0.04	0.04	0.04	oxoxx
×o×o×	−0.50	−0.46	−0.45	−0.45	oxoxo
×o××o	0.17	1.24	1.25	1.25	oxoox
×o×××	0.61	0.73	0.76	0.76	oxooo
××ooo	−0.30	−0.27	−0.26	−0.26	ooxxx
××oo×	−0.83	−0.76	−0.75	−0.75	ooxxo
××o×o	0.83	0.94	0.95	0.95	ooxox
××o××	0.30	0.46	0.50	0.50	ooxoo
×××oo	0.50	0.65	0.68	0.68	oooxx
×××o×	−0.04	0.19	0.24	0.25	oooxo
××××o	1.60	1.92	2.00	2.01	oooox
×××××	0.89	1.33	1.47	1.50	ooooo
	N_L 前几次测试的燃烧情况如下时的 K 值				最后五次的试验现象
	×	××	×××	××××	

根据上述实验数据计算试样的氧指数 OI，即选取氧不足的最大氧浓度值和氧过量的最小氧浓度值，由此两组数据计算其平均值作为 OI。

八、思考题

1.如何用氧指数值评价材料的燃烧性能？

2. 氧指数测定仪适用于测定哪些材料的性能？如何提高实验数据的测试精度？

抗菌主要是指用接触或者吸附等方式，杀灭细菌、真菌等微生物，抑制其生长繁殖的活性。抗菌、抗病毒涂膜即具有抗菌、抗病毒功能的涂膜。抗菌涂膜的制备有三种方式：①添加有毒性的溶剂，因溶剂对微生物的杀灭作用，从而实现液体涂料杀灭细菌、真菌等微生物的效果，大部分溶剂型涂料不需添加抗菌剂，因为在获得的涂层中残留的极其微量的溶剂仍具有杀菌效果，因此新涂层不需考虑杀菌效果。②水性涂料由于其成分复杂，且以水为分散介质。分散体中的纤维素、增稠剂这类助剂易滋生细菌且适合细菌的繁殖，因此必须进行杀菌处理。最常用的方法是添加杀菌剂，杀灭水性涂料中的细菌、真菌等微生物，从而防止腐败变质。这些存在于涂料中的杀菌剂形成涂膜之后逐步释放（如甲醛）或离子化（如胍类阳离子聚合物），使涂层仍保持良好的抗菌抑菌效果。③在高分子树脂体系中引入杀菌结构或在涂料中加入固体杀菌颗粒（如纳米氧化锌、纳米银），则无论是溶剂型涂料或是水性涂料都可以具有抗菌性。形成涂膜后，抗菌成分仍在其中或表面，使其具有抗菌、杀菌效果。

研究如何让抗菌成分长期稳定地存在于涂料中，并随着时间的推移，抗菌效果不明显减弱是重点，在涂层中也是如此。抗菌涂料的原理与消毒有明显的区别，更多地强调防护功能，其不能替代消毒，但可以减少应用空间内的消毒频次。此外，抗菌、抗病毒涂膜与消毒产品相比，效果更持久、更安全。因此，对此类产品进行抗菌性能的测试尤为重要。

一、实验目的

（1）了解涂料的抗菌性能测定方法和过程。
（2）了解涂料抗菌性的原理以及应用领域。

二、实验原理

通过定量接种细菌于待检验样板上，用贴膜的方法使细菌均匀接触样板，经过一定时间的培养后，检测样板中的活菌数，并计算出样板的抗细菌率。

三、实验原料

1. 覆盖膜

聚乙烯薄膜，标准尺寸为（40±2）mm×（40±2）mm，厚度为 0.05～0.10mm，用 70% 乙醇溶液浸泡 10min，再用洗脱液冲洗，自然干燥。

2. 培养基

营养肉汤培养基及制作方法如表 10.3 所示。

表 10.3 营养肉汤培养基及制作方法

名称	用量/g
牛肉膏	5.0
蛋白胨	10.0

名称	用量/g
氯化钠	5.0

制法：取上述市售材料按比例依次加入1000 mL蒸馏水中，加热溶解后，用0.1 mol/L NaOH溶液（分析纯）调节pH值为7.0~7.2，分装后置于压力蒸汽灭菌器内，121℃灭菌30 min。

3. 营养琼脂培养基

在1000mL营养肉汤中加入15.0g琼脂，加热融化，用0.1mol/L NaOH溶液调节pH值为7.0~7.2，分装后置于压力蒸汽灭菌器内，121℃灭菌30 min。

4. 试剂

（1）消毒剂：70%乙醇溶液。

（2）洗脱液：含0.85% NaCl的生理盐水。为便于洗脱可加入0.2%无菌表面活性剂（如吐温80）。用0.1 mol/L NaOH溶液或0.1 mol/L HCl溶液调节pH值为7.0~7.2，分装后置于压力蒸汽灭菌器内，121℃灭菌30min。

（3）培养液：营养肉汤/生理盐水溶液。建议用于大肠杆菌的培养液（浓度为1/500）、金黄色葡萄球菌的培养液（浓度为1/100）。为便于细菌分散可加入0.2%无菌表面活性剂（如吐温80）。用0.1 mol/L NaOH溶液或0.1 mol/L HCl溶液调节pH值为7.0~7.2，分装后置于压力蒸汽灭菌器内，121℃灭菌30 min。

（4）检验菌种：金黄色葡萄球菌AS1.89；大肠埃希氏菌AS1.90。

四、仪器设备

恒温培养箱[(37±1)℃]、冷藏箱(0~5)℃、无菌手套箱（或超净工作台）、压力蒸汽灭菌器、电热干燥箱、天平（精度0.01g）、灭菌平皿、灭菌试管、灭菌移液管、接种环、酒精灯、千分尺等。

五、实验步骤

1. 样板制备

（1）阴性对照样板 编号A，是未放任何试板的直径为90mm或100mm的灭菌培养平皿中面积为50mm×50mm的空板。

（2）空白对照样板 编号B，是未添加抗菌成分的涂料试板，此对照涂料样品要求不含任何无机或有机抗菌剂、防霉剂、防腐剂。

（3）抗菌涂料试验样板 编号C，是添加抗菌成分的涂料试板。

取样可按GB/T 3186的规定进行。制备试板所用底材通常应是实际使用的底材（例如水泥板、木板、金属板、塑料板、贴膜纸板）。涂料的施涂一般为两次涂刷，第一遍表干后涂刷第二遍，涂膜总厚度湿膜小于100μm，样板应平整、无锈、无油污等（可按照GB/T 1727的要求制作涂膜）。若以木板作为试板底材，则要求涂膜封住整个木板。保证试板涂膜完全干后再用于实验（可按照GB/T 9278规定的条件干燥7 d）。

将涂刷好的试板裁成50 mm×50 mm大小的试板10片，在试验前应进行消毒，建议在无菌手套箱（或超净工作台）中用紫外灭菌灯消毒处理试板5 min，备用。

（4）膜厚的测量 使用千分尺测量出无涂料的试板的厚度以及有抗菌涂料的试板的厚度，计为H_1和H_2。

2. 涂料抗菌性测定试验

（1）菌种保藏　将菌种接种于营养琼脂培养基斜面上，在（37±1）℃下培养24h后，在0~5℃下保藏（不得超过1个月），作为斜面保藏菌种。

（2）菌种活化　使用保藏时间不超过2周的菌种，将斜面保藏菌种转接到平板营养琼脂培养基上，在（37±1）℃下培养18~20h，试验时应采用连续转接2次后的新鲜细菌培养物（24h内转接的）。

（3）菌悬液制备　用接种环从（2）培养基上取少量（刮1~2环）新鲜细菌，加入培养液中，并依次做10倍递增稀释液，选择浓度为（5.0~10.0）×10^3 cfu/mL的菌液作为接种菌液（按GB/T 4789.2的方法操作）。

（4）样品试验

第一步：分别取0.4~0.5mL试验用菌液滴加在阴性对照样板（A）、空白对照样板（B）和抗菌涂料样板（C）上。

第二步：用灭菌镊子夹起灭菌覆盖膜分别覆盖在样A、样B和样C上，一定要铺平且无气泡，使菌均匀接触样品，置于灭菌平皿中，在（37±1）℃、相对湿度>90%条件下培养24h。每个样品做3个平行试验。

第三步：取出培养24 h的样品，分别加入20 mL洗液，反复洗样A、样B、样C及覆盖膜（最好用镊子夹起薄膜冲洗），充分摇匀后，取洗液接种于营养琼脂培养基中，在（37±1）℃下培养24~48h后计活菌数（可按GB/T 4789.2的方法测定洗液中的活菌数）。

六、结果计算

1. 涂膜的厚度

无涂膜试板的厚度以及有抗菌涂膜的试板的厚度分别计为H_1和H_2。涂膜的厚度H可由两者计算得到，即

$$H=H_2-H_1 \tag{10.2}$$

2. 抗细菌率的计算

将测得的活菌数结果乘以1000为样品A、样品B、样品C培养24h后的实际回收活菌数值，数值分别为A、B、C。保证试验结果要满足以下要求，否则试验无效：样品A的实际回收活菌数值A应均不小于$1.0×10^5$ cfu/片，且样品B的实际回收活菌数值B应均不小于$1.0×10^4$ cfu/片；同一空白对照样品B的3个平行活菌数值要符合（最高对数值−最低对数值）/平均活菌数值的对数值小于或等于0.3。

抗细菌率计算公式为：

$$R = \frac{B-C}{B} \times 100\% \tag{10.3}$$

式中　R——抗细菌率，以%表示，数值取四位有效数字（可按照GB/T 1250的规定进行）；

B——空白对照样板24h后平均回收菌数，cfu/片；

C——抗菌涂料样板24h后平均回收菌数，cfu/片。

3. 抗菌涂料抗菌效果

按抗菌效果的程度，抗菌涂料分为Ⅰ级和Ⅱ级两个等级，Ⅰ级适用于抗菌性能要求高的场所，Ⅱ级适用于有抗菌性能要求的场所，抗菌效果符合表10.4的规定。

表10.4　抗菌等级

项目名称	抗菌率/%	
	I	II
抗菌性能　　≥	99.00	90.00

七、数据处理

如表 10.5 所示。

表10.5　涂料抗菌性能的测定

样品序号	涂膜厚度/μm	细菌种类	接种菌液量	样品A活菌数	样品B活菌数	样品C活菌数	抗菌率/%	抗菌等级
1								
2								
3								
4								
5								
6								

八、思考题

1. 涂覆于不同基材上（木材、马口铁、水泥板等）的抗菌涂料在测试其抗菌性能时需要注意什么？

2. 如何考察抗菌涂料的抗菌耐久性？

第三节　实验八十二　抗冰性能测试

疏水型或超疏水型涂料由于表面能较低，可降低涂膜表面对过冷水滴的捕获率，降低冰与涂膜间的附着力，而且超疏水涂膜还能够延迟水滴在涂膜表面的冻结，从而实现除冰或防覆冰。受自然界中荷叶"出淤泥而不染"超疏水效应的启发，人类开始关注超疏水表面的研究以实现其防腐蚀、防水、自清洁、防覆冰等功能。一般将接触角大于150°、滚动角小于10°的表面称为超疏水表面。通过测定涂膜表面的接触角、滚动角，可以间接评价涂膜的抗冰性能。

一、实验目的

(1) 了解接触角测定仪的结构和工作原理。
(2) 评价涂膜的抗冰性能。

二、实验原理

将液体滴于固体表面上，随着体系性质的不同，液体或铺展而覆盖固体表面，或形成一液滴停于其上。如图 10.2 所示，把液体与固体平面所形成的液滴的形状用接触角（contact angle）来描述。准确的接触角是在固、液、气相交界处，自固液界面经液体内部到气体界面的夹角，通常以 θ 来表示，通过杨氏方程可计算固/液界面表面张力。接触角是分析润湿性的一个非常重要的物理化学性质。

$$\gamma_{\mathrm{S}} = \gamma_{\mathrm{L}} \cdot \cos\theta + \gamma_{\mathrm{SL}} \tag{10.4}$$

式中　γ_{S}——固体表面张力。

　　　γ_{L}——液体表面张力。

　　　γ_{SL}——固/液表面张力。

　　　θ——接触角。

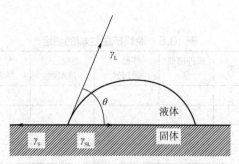

图 10.2　接触角–表面张力示意图

对于接触角的检测，许多方法被开发出一些操作简便的仪器。根据直接测定的物理量，可以将接触角测量技术分为如下 4 种：影像分析法、插板法、力测量法、透过测量法（主要是粉体接触角）。

较常用的测定接触角的方法是影像分析法和力测量法（有时也称 Tensiometry，即使用表面张力测量方法测试接触角）。这两种方法均用于测量没有孔隙的固体表面。其中，影像分析法是分析一个被测试液滴滴在固体表面上后的角度影像；力测量法是用称重传感器测量固体与测试液间的界面张力，通过换算得出接触角。有孔隙的固体，如粉体和纤维，通常使用透过测量法，但与前面所提及的通常固体的接触角计算方法有所不同。

三、实验原料

（1）材料：涂膜。

（2）试样数量：每组应制备 3 个标准试样。

（3）外观要求：试样表面应保持清洁、平整光滑，无常见的涂层弊病（如气泡、裂纹、飞边、毛刺等）。

四、仪器设备

接触角测定仪、微量进样器。图 10.3 为接触角测定仪的示意图。

五、实验步骤

（1）准备工作：连接电源，打开软件、相机和灯光；取干净容器，盛入适量去离子水。

（2）将微量进样器置于固定架上，调节样品升降台和微量进样器到合适的位置，使界面与水平线保持一致，针头位置合适（处于镜头中央）。

（3）调整相机位置，旋转相机焦距，找到最清晰的图像。

（4）将进样器从固定架上取下，吸取去离子水，用脱脂棉擦拭针头，再将进样器固定在接触角测定仪主机架上，等待测试使用。

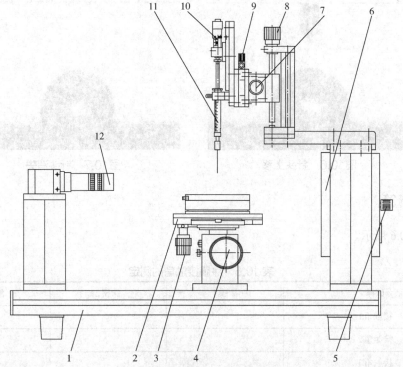

图 10.3　接触角测定仪示意图

1—机架；2—置物工作台；3—置物台前后移动旋钮；4—置物台上下移动旋钮；5—背光屏亮度调节旋钮；
6—背光屏；7—进样架左右调节旋钮；8—装有玻璃珠的支座进样架上下调节旋钮；9—进样架角度微调旋钮；
10—进样液注入旋钮；11—进样针筒；12—工业照相机头

（5）将涂膜放置在置物工作台上，保持表面的洁净度、平整度和水平度。

（6）从进样器中滴出液滴。通常为 1～5μL，建议液体体积为 2μL 左右。

（7）此时从镜头中可以看到液滴会形成如图 10.4 所示图像。然后慢慢旋动"微量进样装置"的上下移动旋钮，将"微量进样装置"（针头）的高度降低，直至液滴轻轻碰到被测涂膜表面（见图 10.5）。注意，不要过度向下，以免压弯针头。

（8）慢慢将"微量进样装置"（针头）上移，由于表面张力的作用，液体会留在涂膜表面（见图 10.6）。继续移动针头，直至针头从镜头内消失（见图 10.7）。

（9）完成上述操作后，进行接触角分析，尽量让液固分界线与软件水平线在同一水平面上，得到满意图像，点击"图像冻结"按钮，此时可以进行接触角计算。

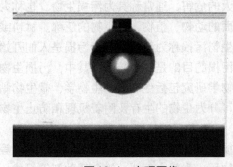

图 10.4　出现图像

图 10.5　针头下移

图10.6　针头上移

图10.7　针头消失

六、结果计算

如表 10.6 所示。

表 10.6　涂膜接触角的测定

试样	涂膜1	涂膜2	涂膜3
接触角 1			
接触角 2			
接触角 3			
平均接触角			
接触角误差			
备注			

七、思考题

1. 为什么测定接触角可以评定涂料的抗冰性能？
2. 还有什么其他方法可以评定涂料的抗冰性能？
3. 影像分析法接触角测定仪还可以用来表征材料的哪些性能？

第四节　实验八十三　防污性能测试

涂层的防污性能是指防止海洋污损生物附着及繁殖的性能。在众多的海洋生物中，有一类生物对涉海设施以及人类各种海事活动造成巨大的危害，通常称其为污损生物，也称为海洋附着生物。这是对生长在船底和海中一切设施表面的动物、植物、微生物的泛称。材料或设备表面附着或生长生物的现象称为生物污损，防止生物污损称为防污。生物污损是人们开始从事海事活动以后才观察到的一种生物学现象。研究污损的目的是为了防污，其中，污损生物的生物学研究既是基础又是本质问题。污损生物的生物学研究包括生态学、生物学、微生物黏膜、附着机理以及防污等多方面的研究。总的来说，可分为生物的生存及附着机理和防止生物的附着及繁殖手段两部分。

防污涂料是防止海洋生物附着、蛀蚀、污损，保持浸水结构如船舰、码头、声呐等涂层表面光洁无物所用的涂料。防污涂料主要由成膜物质、毒料、颜料、溶剂及助剂等组成。防污涂料涂于防锈底漆之上，利用涂料中的毒剂缓慢渗出，在涂膜表面形成有毒表面层，将附着于涂膜上的海洋生物，如藤壶、贝壳、海螺等杀死。防污涂料可分为接触型、增剂型、扩散型、自抛型。防污涂料主要用在海水、淡水中的船舶、海洋结构构造物、管道等防污工程中。

一、实验目的

（1）掌握运用"浅海浸泡法"测定涂料防污性能的基本方法。
（2）评价涂料的防污性能。

二、实验原理

防污性能是指防止海洋污损生物附着及繁殖的性能，本实验是将涂装防污漆的样板浸泡在浅海中，逐月观察样板上海洋污损生物的附着品种、附着量及繁殖程度，同时与空白样板、对照样板进行比较，并根据观察的结果来评定防污涂料的防污性能。

静态挂板法是指将涂层固定在某指定浅海区域，运用浅海浸泡方式，考评其涂层防污性能的一种常用方法；动态挂板法是指将待测定的涂层悬挂于舰船或其他移动物体上，在指定海域移动过程中，考评其生物附着情况和防污特性的一种测试方法。

三、实验原料

（1）空白样板采用 4～6mm 厚的深色硬聚氯乙烯板，表面应采用喷砂或 3 号金刚砂纸打毛，其尺寸应与试验样板的尺寸相同，见图 10.8。
（2）对照样板的底材、尺寸、表面处理应与试验样板完全相同，再用确认的防锈涂料和防污涂料配套进行涂装。
（3）试验样板底材应采用 3mm 厚的低碳钢板。样板长应大于或等于 300mm，宽应大于或等于 150mm，样板推荐尺寸为 350mm×250mm。
（4）样板的底材应进行喷砂或喷丸处理，除去钢板表面的锈蚀和氧化层，试验样板采用的涂料及涂装工艺应符合产品的技术要求。
（5）空白样板、对照样板、试验样板应各制备三块，每种样板均应用绝缘线固定在同一框架上（上、中、下三档）。

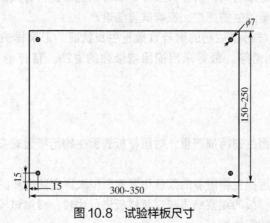

图 10.8　试验样板尺寸

四、仪器设备

浮筏，钢制、木质或钢筋混凝土等结构；框架，材料应采用尺寸不小于 25 mm×25 mm×3 mm 的角钢焊接成三档框架，见图 10.9。角钢表面经除锈后，应涂装防锈漆和防污漆。

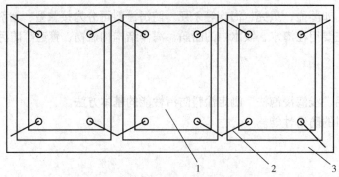

图 10.9　框架及样板固定示意图
1—样板；2—固定螺孔；3—框架

五、实验步骤

（1）浮筏泊放地点应在海湾内海洋生物生长旺盛、海水潮流小于 2 m/s 的海域中，不应放在工业污水污染严重的海域。

（2）防污漆样板浸海试验应至少在试验所在海域海洋生物旺季前一个月开始，样板在浸海前应做好标记、记录原始状态，并拍照。

（3）试验样板、空白样板、对照样板必须同时浸海，样板浸海深度为 0.2 ~ 2 m。

（4）浸海的样板应垂直牢固地固定在框架上，样板表面应平行于海水的主潮流，框架的间距应大于或等于 200 mm。

（5）在规定的时间内对挂板样品进行观察，获取试验结果。

六、结果计算

（1）样板浸海后，前三个月每月观察一次，之后每季度观察一次，每季度应对样板表面进行拍照。观察时应小心除去附着在样板上的海泥（通常采用在海水中轻荡的办法，摆动试板），但不得去掉污损生物，不得损伤涂膜表面。

（2）观察时应尽量缩短时间，沿样板边缘 20mm 内的情况不计入结果。观察后立即将样板浸入海中，以避免已附着的生物死亡，影响试验结果。

（3）记录样板上海洋污损生物的附着数量及生长状况。记录样板上涂膜的表面状态，如锈蚀、裂纹、起泡、剥落等。最好采用拍照或录像的办法，留存电子影像，以备后续分析比对使用。

七、数据处理

（1）当空白样板表面生物污损严重、对照样板表面生物污损显著低于空白样板时，试验结果有效，否则无效。

（2）根据主要海洋污损生物附着的数量和覆盖面积来评定防污漆的防污性能。

（3）每季度将试验样板的观察结果与对照样板进行比较，浸海试验结束时，做最终比较并拍照以评定试验样板的防污性能。

（4）使用与样板观察面积相同的百分格度板分别测量试验样板和对照样板污损生物的覆盖面积。对同一框架内的试验样板或对照样板进行结果评定时，污损生物覆盖面积相差小于 5%，则取其平均值；否则应取污损生物覆盖面积较大的两块样板的平均值，计算试验结果。试验样板污损生物覆盖面积小于对照样板的 1% ~ 5% 为稍好，小于 5% ~ 10% 为好，覆盖面积相等为相同，大于 1%~5%为稍差，大于 5%~10%为差，大于 10%时应终止试验，并作为最终试验结果。

观察结果记录在表 10.7 中。

表 10.7　实验记录表

样板	1			2			3			......
项目	观察时间	污损面积	结果评定	观察时间	污损面积	结果评定	观察时间	污损面积	结果评定	
1										
2										
3										
平均值										

八、思考题

1. 静态挂板试验与动态挂板试验的结果哪个更贴近应用环境涂层的防污特性？
2. 海洋防腐和海洋防污之间有关系么？
3. 如何实现航空母舰的高性能防腐与防污的协同效果？

第五节　实验八十四　隔热性能的测定

反射隔热涂料由基料、近红外反射颜填料和助剂等组成，是一种新型降温节能涂料。它一方面能较大程度地反射太阳光中 400~2500 nm 范围内的可见光和近红外光，有效防止因太阳热量聚集在物体表面导致的温度升高，另一方面可以自发将热量向外辐射，实现散热降温，阻隔太阳光热量向涂层内部传递的效用。在南方炎热的夏天，建筑外墙使用反射隔热涂料后，可以减少降温能耗，实现建筑节能。

当太阳光照射到物体的表面时，会出现反射、吸收和透过三种光学现象。若表面有反射隔热涂膜，其反射包括涂膜表面反射和涂膜中颜填料粒子背散射引起的二次反射。由于涂膜一般不透明，透过的太阳辐射接近于 0。被吸收的热能部分可能会以红外辐射形式重新辐射到大气中，剩余热能则可能会传导到屋顶或墙体内表面。

一、实验目的

(1) 了解隔热温差测定仪的工作原理。
(2) 掌握如何制备测试样板。
(3) 评价隔热性能。

二、实验原理

基于稳态传热原理采用人工光源模拟太阳光辐射，分别对参比黑板和测试样板进行均匀照射。达到一定时间后，热量传导稳定，用热电偶测温仪分别测量出参比黑板和测试样板背向热源的金属表面温度，计算出参比黑板与测试样板的隔热温差。

三、实验原料

测试样板的制样要求如表 10.8 所示，参比黑板用的涂料配方参考表 10.9，技术要求见表 10.10。

表 10.8   测试样板的制样要求

检验项目	底材类型	试板尺寸/mm	试板数量/块	涂装要求
与参比黑板的隔热温差	铝板	300×300×（1～2）	测试样板 2；参比黑板 1	反射隔热平涂涂料：喷涂或刮涂。溶剂型产品干膜总厚度为 0.10～0.50mm，水性产品干膜总厚度为 0.15～0.50mm，放置 168h 后测试。反射隔热罩光涂料：刮涂一道湿膜，厚度约 2mm，放置 168h 后测试。当产品设计有罩光涂膜时，先刮涂一道反射隔热涂料，湿膜厚度约 2mm，48h 后湿涂罩光涂料，放置 168h 后测试。参比黑板用涂料：喷涂或刮涂，干膜总厚度为 0.15～0.50mm，放置 168h 后测试

注：非弹性涂料建议使用多道喷涂方式进行制板，防止单道涂膜干膜太厚造成开裂；弹性涂料可使用多道喷涂制板或使用模具进行刮涂制板。当采用多道喷涂方式进行制板时，每道间隔 6h。

表 10.9   参比黑板用涂料参考配方

原材料	质量/g
水	224.0
分散剂	7.0
杀菌剂	1.0
消泡剂	1.5
纤维素增稠剂	1.5
丙二醇	15.0
沉淀硫酸钡	75.0
重质碳酸钙	175.0
滑石粉	75.0
外墙用丙烯酸乳液	310.0
成膜助剂	15.0
增稠剂	9.0
pH 调节剂	1.0
铁黑色浆（60%颜料粉）	90.0
总计	1000.0

表 10.10   参比黑板的技术参数

项目	技术参数
明度值	$23.0 < L' \leqslant 27.0$
太阳光反射比	0.04～0.05

四、仪器设备

人工模拟光源、试板固定及旋转装置、热电偶测温系统、辐射计。图 10.10 为隔热温差测定仪的示意图。

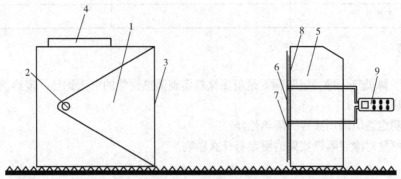

图 10.10　隔热温差测定仪示意图

1—人工模拟光源箱体；2—短弧氙气灯、长弧氙气灯或镝灯；3—滤光片；4—排热系统；5—样板固定及旋转装置；
6—试板；7—旋转支架；8—测温探头（热电偶）；9—测温仪

五、实验步骤

（1）实验在（26±2）℃的环境条件下进行，开机预热约 30 min。

（2）将参比黑板安装在旋转装置上，有涂膜的一面正对光源。将热电偶与试板背面紧密贴合，打开测温仪记录数据，数据记录间隔不高于 30s，开启旋转装置，旋转速度为 5r/min。

（3）1h 后关闭旋转装置，停止数据记录并将数据导出。以时间为横坐标，记录的温度为纵坐标，得到一条温度随时间变化的曲线。去除升温段的数据，选取从温度达到平衡开始到实验结束的所有四个测温点的数据，计算其平均值，记为 T_0。通常情况下，可选取 0.5～1h 之间的所有四个测温点的数据进行计算。

（4）控制参比黑板的背面温度为（90±1）℃。当背面温度不在此范围时，可通过调整光源系统电流或光源与样板固定及旋转装置的距离调整参比黑板的背面温度。

（5）使用辐射计测量人工模拟光源的辐射照度，除另有商定外，辐射照度范围应在（800±50）W/m² 范围内，当辐射照度超出此范围时，应检查参比黑板的磨损、光源的衰减等。

（6）将参比黑板换为测试样板，重复（2）、（3）步骤，测得的数据记为 T_s。

六、结果计算

与参比黑板的隔热温差 ΔT，按下式计算：

$$\Delta T = T_0 - T_s$$

式中　ΔT——测试样板与参比黑板的隔热温差，℃；

　　　T_0——黑板背板的平均温度，℃；

　　　T_s——测试样板背板的平均温度，℃。

七、数据处理

如表 10.11 所示。

表 10.11　隔热温差的测定

序号	$\Delta T/{}^{\circ}\mathrm{C}$	备注
1		
2		
平均值		

八、思考题

1. 反射、降低热传导、阻隔辐射是隔热涂料实现隔热性能的三大途径，隔热性能的测试方法还可以有哪些设计？

2. 如何测定透明隔热涂料的隔热性能？

3. 涂膜厚度对涂层隔热效果的测定有什么影响？

第六节　实验八十五　耐高低温湿度交变性能测试

高低温交变实验是一种模仿在稳定的自然环境下，突然发生动态温度与湿度变化对涂膜外观、涂膜性能和涂膜与底材附着力影响的实验。例如：飞机在爬升和降落时随着高度变化，机舱外温度变化幅度大，最高可从 35℃降低至−55℃；对于沙漠地区、沿海地区和海工平台的使用环境，昼夜温差较大，甚至还会出现较大的湿度变化。在这种干湿冷热交替变化的环境下，涂膜与底材冷热收缩不一致，涂膜容易开裂和剥落，外界水分渗入导致涂膜失光、起泡，尤其是水性涂料，本身耐水性不足，相比溶剂型涂料，在干湿交替条件下容易出现更多弊病。高低温交变实验是一种类似于耐盐雾和耐人工老化的加速老化实验，在经过高低温交变循环后，观察涂层表面缺陷，测试涂层的附着力、光泽度、反射率、抗冲击强度和硬度，尤其是涂膜附着力，反映了恶劣自然环境下涂膜使用性能与外观的变化，因此在特种涂料检测中广泛应用。

一、实验目的

掌握涂料耐高低温湿度交变测试的方法。

二、实验原理

涂膜在瞬间升温或者瞬间降温的条件下，由于涂膜和底材之间热膨胀系数的差异，极容易造成涂膜剥落。本方法通过让样板在预先设置好的升温和降温程序下发生升温和降温，从而使涂膜发生不同程度的外观、光学性能和力学性能的变化，再通过光学和力学性能测试，表征涂层性能的变化，从而量化涂层的耐高低湿热交变性能。

三、实验原料

水性丙烯酸树脂涂料、水性聚氨酯涂料、水性环氧树脂涂料、水性有机硅树脂涂料、去离子水、无水乙醇。

四、仪器设备

鼓风恒温干燥箱、[可控制所要求的温度，低温箱能控制在（−30±2）℃]、紫铜块（外形及尺寸见图 10.11)、高低温交变湿热试验箱（见图 10.12）、马口铁、单角度光泽度仪、反射率测定仪、T 弯折仪、划格器、铅笔硬度计、落锤冲击试验机。

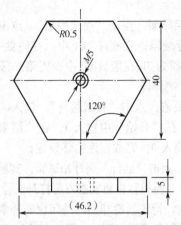

图 10.11　冷热冲击试样（单位：mm）

图 10.12　高低温交变湿热试验箱

五、实验步骤

1. 方法一

（1）按产品标准的规定在 15 个紫铜样板上制备涂膜，并在温度为（23±2）℃和湿度为（50±5）%的条件下进行烘干和养护 7d。

（2）取 3 个样板测试未经过高低温交变试验的漆膜的光学与力学性能，再将剩余 12 个试样置于已稳定至要求温度的恒温干燥箱内 30min，然后取出并迅速放入稳定至（−30±2）℃的低温箱中 10min。

（3）热 30min、冷 10min 为一周期，每周期结束后，擦干试样并检查涂膜是否开裂、脱离，重复周期试验直至涂膜开裂、脱离即试样损坏为止。

（4）采用单独试件浸入试液槽的方法，因为在使用高电导率的试液时，可能有电解效应存在，这样做就显得更必要了。整个试件浸入试液槽可能较为方便，但试件应是同一性质，以保证试液不受试件的影响。浸入的试件至少离槽内壁 30mm，如果数个试件浸入同一个槽中，互相间隔至少应为 30mm。并且试件应与其支架绝缘。记录试验周期数，观察涂膜表面是否出现失光、泛白和开裂等缺陷，并进行各项性能测试，得出试验结果。

方法一为传统的手动方法，多用原有的常用设备，但是试验操作烦琐且测试结果易受其他因素干扰。

2. 方法二

新型的高低温交变湿热试验箱具有自控行为，可在程序设定后自动变换温度、湿度，不需手动更换仪器设备和试验条件。因此，该方法更加简便、实用。方法二的具体步骤如下。

（1）按产品标准的规定采用相应规格的基材，制备 15 个涂膜样板，并在温度为（23±2）℃和湿度为（50±5）%的条件下进行烘干和养护 7d。

（2）取 3 个样板测试未经过高低温交变试验的漆膜的光学与力学性能，再将剩余 12 个样板置于水温为（23±2）℃的恒温水槽中，浸泡 18h，浸泡时样板间距不得小于 10mm。

（3）向高低温交变湿热试验箱水箱内加入足量的去离子水，将样板放置于高低温交变湿热试验箱内，并保证相邻样板表面之间的距离至少为 20mm，关闭试验箱。

（4）按下"电源"启动试验箱，进入控制界面。点击"预约设定"，点击"OFF"关闭预约，点击"操作设定"，并切换页面，将操控设定为"程序"。

（5）返回控制界面，点击"控制设定"，将温度速率设置为3℃/min，湿度速率设置为5%/min。

（6）返回控制界面，点击"程式设定"进入程序设定界面，点击"程式编辑"，点击"程序编号"，输入"1"，点击"ENT"，即可对程序001进行编辑。在程序001中，在段数01中设定第一段温度为-20℃、第一段湿度为10%、第一段时间为3h,在段数02中设置第二段温度为50℃、第二段湿度为82%、第二段时间为3h，完成程序编辑。

（7）返回"程式设定"，点击"循环"进入程序循环设置，点击"程式编号"，输入"1"，点击"ENT"，在编号"1"下编辑开始段数和终止段数，在"开始"中输入1，在"结束"中输入2，次数为4，全部循环设定为5次，在"连接"下输入0，完成程序循环设定;

（8）返回控制界面，点击"监视画面"进入监控界面，点击"运行"则开始试验，实验期间严禁打开试验箱，防止烫伤或冻伤，若有需要必须停止程序，待机器恢复室温方可打开试验箱。

（9）程序运行完毕，点击"曲线显示"，记录循环次数，待机器冷却后，关闭仪器并拿出样板，观察涂膜表面是否出现失光、泛白和开裂等缺陷，并进行各项性能测试，得出试验结果。

六、结果表示

在不同高低温交变测试时间点（如24h、48h、72h、168h），观察涂膜表面缺陷，并对涂层进行光学性能和力学性能测试，从而对涂膜的耐高低温交变性能进行评估，具体性能见表10.12。

表10.12　涂膜表面缺陷、光学性能和力学性能随高低温交变测试时间的变化

测试时间	0h	24h	48h	72h	168h
循环次数					
涂膜表面缺陷					
光泽度（60°）					
反射率					
抗冲击强度					
划格法附着力					
T弯					
铅笔硬度					
备注					

七、思考题

1.涂料的耐高低温湿度交变性有什么特点？随测试时间增长有怎样的趋势？

2.试从涂料树脂、填料种类和用量与涂层厚度等方面解释涂料出现耐高低温湿度交变性能差异的原因。

第七节　实验八十六　抗击穿性能的测定

击穿强度又称介电击穿强度，表示材料在电场作用下，避免被破坏（击穿）所能承受的最高电场强度。通常用试样击穿电压值与其厚度（电极板间试样平均厚度，涂料为涂膜）之比表示，单位为 kV/m。击穿强度可以作为衡量绝缘体耐电强度的一个重要指标，击穿强度越高，

绝缘质量越好。击穿强度与材料特性、材料的形状、所含杂质以及工作状态（如温度、湿度、机械应力等）都有关系。

一、实验目的

（1）了解击穿性能所代表的具体含义及表示方法。
（2）掌握击穿电压的测试原理和设备使用方法。
（3）评价材料的绝缘性能。

二、实验原理

在一定条件下，采用连续均匀升压的方式对涂膜施加交流电压直至击穿，击穿电压值与涂膜厚度之比为击穿强度 E，以千伏每毫米表示。用迅速升压的方法，将电压升到规定的值，保持一定时间试样不击穿，记录电压值和时间，即为此试样的耐电压值，以千伏表示。

击穿强度的高低与导电颗粒的添加量、导电性能、颗粒大小有密切的关系。比如，当微米氧化铝/环氧树脂复合材料中微米颗粒含量达到 20% 时，其击穿强度较低；纳米氧化铝/环氧树脂复合材料的击穿强度随纳米颗粒含量的增加而增大；而 5% 纳米氧化铝/环氧树脂复合材料比 20% 微米氧化铝/环氧树脂复合材料具有更高的击穿强度。

由于纳米氧化铝颗粒具有更大的比表面积，能够在大分子及其链之间形成紧密连接，阻止初始电子移动，加入环氧树脂中后能消除环氧树脂的部分缺陷，因此引入纳米氧化铝颗粒能提高环氧树脂的击穿强度。与纳米氧化铝颗粒相比，单个微米氧化铝颗粒过大，很难像纳米氧化铝颗粒一样与环氧树脂形成紧密结构。微米氧化铝颗粒与环氧树脂之间的松散结构，不能像纳米氧化铝颗粒一样移除，随添加量增大，反而引入更多导致环氧复合材料击穿强度降低的缺陷。该缺陷能够使起始电子更容易移动，并随着起始电子的撞击而引入更多的电子，从而降低击穿强度。

三、实验原料

丙烯酸树脂涂料、环氧树脂涂料、有机硅树脂涂料。

四、仪器设备

（1）紫铜片：T2，100mm×120mm×（0.1~0.3）mm。
（2）热态电性能测定专用恒温烘箱：0~200mm。
（3）击穿强度测试仪：由高压变压器、过电流继电器、电压表和电压调整装置组成，线路见图 10.13。上电极为铜电极，直径为 6mm，端面四周制成半径为 1mm 的圆角，质量为（50±2）g；试样底板为下电极。钢板为 Al 型冷轧钢板，尺寸为 150mm×200mm×1mm，3 块。

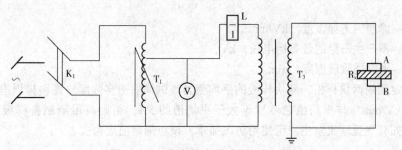

图 10.13　击穿强度测试仪工作原理

K_1—电源开关；T_1—调压变压器；V—电压表；T_3—试验变压器；L—过电流继电器；A,B,R_x—电极和试样

五、实验步骤

1. 涂层试样的制备

按《绝缘漆漆膜制备法》（HG/T 3855—2006）制备两块试样。也可以采用简易抗击穿涂层的制备方法制备涂层样品。具体为：①测定涂料的固含量和密度，计算获得相应厚度的干膜应该制备的湿膜厚度；②将固定厚度的折纸、塑料模压片或钢片，粘接或焊接成圆环状或正方形；③粘贴在平整放置在玻璃板上的锡箔纸上；④填装涂料至刻度，在自然环境下干燥或置于烘箱中干燥，至涂膜实干；⑤测定厚度，从模具中剥离出涂层，备用。

2. 涂层抗击穿强度的测定

（1）测试条件

① 常态测定　在恒温恒湿条件下测定。

② 受潮测定　试样在（25±1）℃蒸馏水中全浸 24h 后取出，用滤纸吸干漆膜表面水分即进行测定。试样从水中取出到测定完毕不得超过 5min。

③ 热态测定　将高压电极置于绝缘良好的专用恒温烘箱中，升温至产品标准规定的温度，然后放入试样在此温度下保持 10 min 后进行测定。

（2）测试步骤

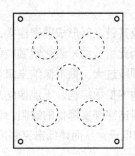

图 10.14　试板上击穿测试点分布示意图

按《绝缘漆漆膜制备法》（HG/T 3855—2006）制备两块试样。以涂膜铜片试板为接地电极，放置于高压电极下进行试验，作用于试验上的电压由零位开始以连续均匀平稳的速度升高，采用时间间隙为 20s 的逐级升压法在试板上施加电压，从 1kV 开始，若涂层受压 20s 还未产生击穿，则依次施加较高一挡的电压 20s，直至发生击穿为止。试验电压按从小到大顺序选择，升压过程要快，升压时间包括在 20s 内。电气强度根据不产生击穿的最高挡电压来确定。

按图 10.14 所示的位置在试样每面至少测定 5 点击穿电压，然后在击穿点附近测量漆膜的厚度。铜片上每面任何处的漆膜厚度均应为（0.05±0.005）mm。电极边缘与样板边缘的距离及击穿点间的距离不少于 15 mm。

六、结果计算

每块样板的击穿强度 E_d（kV/mm）按下式计算：

$$E_d = \frac{U_L}{d} \tag{10.6}$$

式中　E_d——涂膜的击穿强度，kV/mm；

U_L——不产生击穿的最高挡电压，kV；

d——击穿处涂层厚度，mm。

每次测定须用两块样板，两块样板的平均值为该试样的击穿强度。每块样板击穿强度之值（精确到 0.1kV/mm）与平均值之差应不大于平均值的 5%，否则应重新制备样板进行复验。

注：试验时如有飞弧现象发生，可使用防飞弧罩，该点测定值应舍去。

七、数据处理

每块样板击穿强度的值（精确到 0.1kV/mm）与平均值之差应不大于平均值的 5%，取两块试样的平均值作为本实验的最终结果。

表 10.13　击穿强度的测定

序号	U_L/kV	D/mm	E_d/（kV/mm）	备注
1				
2				
3				
4				
5				
平均值				

八、思考题

1. 击穿强度的影响因素有哪些？如何表示抗击穿性？
2. 击穿强度测试仪常适用于哪些性能的测定？如何提高实验数据的测试精度？

第十一章

涂料现代剖析技术

实验八十七　气相色谱的应用

气相色谱法是利用气体作为流动相的一种色谱法。在此法中，载气（是不与被测物作用，用来载送试样的气体，如氢气、氮气等）载着预分离的试样通过色谱柱中的固定相，使试样中各组分分离，然后分别检测。

气相色谱分析可以分析气体试样，也可以分析易挥发（或可转化为易挥发）的液体和固体，不仅可分析有机物，也可分析部分无机物。一般来说，只要沸点在500℃以下，热稳定性良好，分子量在400以下的物质，原则上都可采用气相色谱法。目前气相色谱法所能分析的有机物，约占全部有机物的15%~20%，而这些有机物恰好就是目前应用较多的那一部分，因此气相色谱法的应用是十分广泛的。

一、实验目的

(1) 掌握测试样品的制备方法。
(2) 掌握气相色谱仪的使用方法。
(3) 掌握气相色谱的分析方法。

二、实验原理

1. 气-固色谱分析

固定相是一种具有多孔及较大表面积的吸附剂颗粒。试样由载气携带进入柱子时，立即被吸附剂所吸附。载气不断流过吸附剂时，被吸附的被测组分又被洗脱下来。这种洗脱下来的现象称为脱附。脱附的组分随着载气继续前进时，又可被前面的吸附剂所吸附。随着载气的流动，被测组分在吸附剂表面进行反复的物理吸附、脱附过程。由于被测物质中各个组分的性质不同，它们在吸附剂上的吸附能力就不一样。较难被吸附的组分就容易脱附，较快地移向前面。容易被吸附的组分就不易脱附，向前移动得慢些。经过一定时间，即通过一定量的载气后，试样中的各个组分就彼此分离而先后流出色谱柱。

2. 气-液色谱分析

固定相是在化学惰性的固体微粒（此固体是用来支持固定液的，称为担体）表面涂的一层高沸点有机化合物的液膜。这种高沸点有机化合物称为固定液。在气-液色谱柱内，被测物质中各组分的分离是基于各组分在固定液中溶解度的不同。当载气携带被测物质进入色谱柱和固定液接触时，气相中的被测组分就溶解到固定液中。载气连续进入色谱柱，溶解在固定液中的被测组分会从固定液中挥发到气相中。随着载气的流动，挥发到气相中的被测组分分子又会溶解在前面的固定液中，这样反复多次溶解、挥发、再溶解、再挥发。由于各组分在固定液中的溶解能力不同，溶解度大的组分较难挥发，停留在柱中的时间长些，往前移动得就慢些；而溶解度小的组分，往前移动得快些，停留在柱中的时间就短些。经过一定时间后，各组分彼此分离。

三、实验原料

涂料样品、标准溶液。

四、仪器设备

气相色谱仪。

五、实验步骤

1. 涂料溶剂分离步骤

（1）取一定量的涂料样品，用指定溶剂稀释到一定黏度，计算添加的溶剂的量。将稀释后的涂料样品置于高速离心机中高速（15000～20000r/min）离心15～30min，将固体和液体分开，倒出上清液、过滤，得到待分离的溶剂，备用。

（2）如果需要，可采用蒸馏法分析其成分，并接收其全馏分，作为气相色谱待测样品，

2. 气相色谱仪操作步骤

（1）开机前准备：检查气体过滤器、载气、进样垫和衬管等。

（2）开机，打开测试软件

① 色谱柱配置：点击"配置"按钮，选择"色谱柱"，进入柱参数设定界面，点击"向目录添加色谱柱"按钮进入柱库，从柱库中选择安装的柱子，然后点击"确定"按钮，则该柱被加入目录中，选中它，点击"确定"。

② 自动进样器：点击"配置"按钮，选择"自动进样器"，设置注射器规格为10μL。

③ 点击"运行控制"按钮，选择"样品信息"，设定文件保存的路径。

④ 点击"仪器"按钮，选择"进样方式"，设定为"GC进样器"。

⑤ 点击"方法"按钮，选择"样品"，设定进样量及清洗方式。选择"进样口"，设定加热器温度、压力和隔垫吹扫流量。选择"柱箱"，设定升温程序。选择"检测器"，设定检测温度、氢气和空气流量、尾吹扫流量和火焰的开关。

⑥ 点击"方法"按钮，选择"保存方法"。

⑦ 若样品为多个，则点击"序列"按钮，选择"序列表"，编辑序列表。

（3）运行及分析

① 点击"方法"按钮，调用已保存的方法，或者点击"运行控制"按钮直接运行编辑好的方法。

② 运行结束后点击"数据分析"板块，点击"报告"按钮，选择"设定报告"，根据需要对报告的格式进行设定。若采用外标法进行分析，则需要配制一系列不同浓度的标准溶液与样品在相同气相色谱条件下进行分析，然后在"数据分析"板块选择标准溶液的数据文件，点击"校正"按钮，选择"新建校正表"，输入标准溶液的浓度，建立校正表。

③ 点击"报告"按钮，选择"打印报告"，便可得到样品的信息。

（4）关机

① 点击"方法"按钮，选择"检测器"，关闭火焰、氢气和空气以及加热器。选择"进

样口"，关闭加热器。

②点击"方法"按钮，选择"柱箱"，升温至色谱柱的最高耐受温度，进行3h的柱清洗。

③关闭电源和气体钢瓶阀门。

六、数据处理

1. 面积归一法

各组分浓度以面积百分比表示，该结果可以确定大概的浓度，但有误差。

2. 校准面积归一法

用质量响应因子对峰面积进行修正，用该法测定的浓度比面积归一法准确，但前提是样品中所有组分都出峰，否则也有误差。

这两种方法应用的必需条件是：①样品中所有组分都出峰；②所有峰面积计算必须准确。

3. 外标法

该法是应用最广泛的方法之一，其误差来源主要是进样误差，因此，分析前一定要做面积重复性（即进样重复性）试验。

4. 内标法

在样品中添加内标物，通过组分与内标峰的面积比对组分进行定量。

该方法减小了进样误差对定量结果的影响。

七、思考题

1. 进行色谱分析时，载气流速的高低应如何选择？

2. 选择固定相时，应遵循什么原则？

第二节 实验八十八 高效液相色谱的应用

高效液相色谱是色谱法的一个重要分支，以液体为流动相，采用高压输液系统，将具有不同极性的单一溶剂或不同比例的混合溶剂、缓冲液等流动相泵入装有固定相的色谱柱，在柱内各成分被分离后，进入检测器进行检测，从而实现对试样的定性或定量分析。

高效液相色谱法的特点包括高压、高速、高效、高灵敏度、应用范围广、柱子可反复使用，以及样品少、容易回收。

一、实验目的

(1) 掌握测试样品的制备方法。

(2) 掌握高效液相色谱仪的使用方法。

(3) 掌握高效液相色谱的分析方法。

二、实验原理

高效液相色谱按其固定相的性质可分为高效凝胶色谱、疏水性高效液相色谱、反相高效液相色谱、高效离子交换液相色谱、高效亲和液相色谱以及高效聚焦液相色谱等类型。不同类型的高效液相色谱分离或分析各种化合物的原理，基本上与相对应的普通液相色谱的原理相似。其不同之处是高效液相色谱灵敏、快速、分辨率高、重复性好，且须在色谱仪中进行。

根据分离机制的不同，高效液相色谱法可分为下述几种主要类型。

1. 液-液分配色谱法（LLPC）及化学键合相色谱法

流动相和固定相都是液体。流动相与固定相之间应互不相溶（极性不同，避免固定液流失），有一个明显的分界面。当试样进入色谱柱时，溶质在两相间进行分配。LLPC与凝胶渗透色谱法（GPC）有相似之处，即分离的顺序取决于K值，K值大的组分保留值大；但也有不同之处，在GPC中，流动相对K值影响不大，LLPC流动相对K值影响较大。

① 正相液-液分配色谱法：流动相的极性小于固定液的极性。

② 反相液-液分配色谱法：流动相的极性大于固定液的极性。

液-液分配色谱法的缺点：尽管流动相与固定相的极性要求完全不同，但固定液在流动相中仍有微量溶解；流动相通过色谱柱时的机械冲击力会造成固定液流失。20世纪70年代末发展的化学键合固定相，可克服上述缺点，现在应用很广泛（70%~80%）。

2. 液-固色谱法

流动相为液体，固定相为吸附剂（如硅胶、氧化铝等）。这是根据物质吸附作用的不同来进行分离的。其作用机制是：当试样进入色谱柱时，溶质分子（X）和溶剂分子（S）对吸附剂表面活性中心发生竞争吸附。未进样时，所有的吸附剂活性中心吸附的是S，可表示如下：

$$X_m + nS_a \Longleftrightarrow X_a + nS_m$$

式中，X_m为流动相中的溶质分子；S_a为固定相中的溶剂分子；X_a为固定相中的溶质分子；S_m为流动相中的溶剂分子。

当吸附竞争反应达平衡时：

$$K = \frac{[X_a][S_m]}{[X_m][S_a]}$$

式中，K为吸附平衡常数。

3. 离子交换色谱法（IEC）

IEC是以离子交换剂作为固定相。IEC基于离子交换树脂上可电离的离子与流动相中具有相同电荷的溶质离子进行可逆交换，依据这些离子与交换剂具有不同的亲和力，而将它们分离。

以阴离子交换剂为例，其交换过程可表示如下：

$$X^- （溶剂中） + （树脂—R_4N+Cl^-） \Longleftrightarrow （树脂—R_4N+X^-） + Cl^- （溶剂中）$$

当交换达平衡时：

$$K_X = \frac{\left[-R_4N+X^-\right]\left[Cl^-\right]}{\left[-R_4N+Cl^-\right]\left[X^-\right]}$$

分配系数为：

$$D_X = \frac{\left[-R_4N+X^-\right]}{\left[X^-\right]} = \frac{K_X\left[-R_4N+Cl^-\right]}{\left[Cl^-\right]}$$

凡是在溶剂中能够电离的物质，通常都可以用离子交换色谱法来进行分离。

三、实验原料

涂料样品、标准溶液、去离子水。

四、仪器设备

高效液相色谱仪。

组成：可分为高压输液泵、色谱柱、进样器、检测器、馏分收集器以及数据获取与处理系统等部分。

高压输液泵：驱动流动相和样品通过色谱柱和检测系统。

色谱柱：分离样品中的各个物质。

进样器：将待分析样品引入色谱系统。

检测器：将被分析组分在柱流出液中浓度的变化转化为光学或电学信号。

馏分收集器：如果所进行的色谱分离不是为了纯粹的色谱分析，而是为了做其他波谱鉴定，或获取少量试验样品的小型制备，馏分收集是必要的。

五、实验步骤

1. 涂料溶剂分离步骤

（1）取一定量的涂料样品，用指定溶剂稀释到一定黏度，计算添加的溶剂的量。将稀释后的涂料样品置于高速离心机中高速（15000～20000r/min），离心15～30min，将固体和液体分开，倒出上清液、过滤，得到待分离的溶剂，备用。

（2）如果需要，可采用蒸馏法分析其成分，并接收其全馏分，作为高效液相色谱待测样品。

2. 高效液相色谱仪操作步骤

（1）过滤流动相，根据需要选择不同的滤膜（0.45 μm）。

（2）对抽滤后的流动相进行超声脱气10～20 min。

（3）打开HPLC工作站（包括计算机软件和色谱仪），连接好流动相管道，连接检测系统。

（4）进入HPLC控制界面主菜单，点击"Manual"，进入手动菜单。

（5）若有一段时间没使用，或者换了新的流动相，需要先冲洗泵和进样阀。冲洗泵：直接在泵的出水口，用针头抽取。冲洗进样阀：需要在"Manual"菜单下，先点击"Purge"，再点击"Start"，冲洗时速度不要超过10 mL/min。

（6）调节流量，初次使用新的流动相，可以先试一下压力，流速越大，压力越大，一般不要超过2000psi（1psi=6.89kPa）。点击"Injure"，选用合适的流速，点击"On"，走基线，观察基线的情况。

（7）设计走样方法。点击"File"，选取"Select users and methods"可以选取现有的各种走样方法。若需建立新的方法，点击"New method"。选取需要的配件，包括进样阀、泵、检测器等，根据需要选择不同的配件。选完后，点击"Protocol"。一个完整的走样方法需要包括：①进样前的稳流，一般2～5min；②基线归零；③进样阀的Loading-inject转换；④走样时间随不同的样品而不同。

（8）进样和进样后的操作。选定走样方法，点击"Start"开始进样，所有的样品均需过滤。方法走完后，点击"Postrun"，可记录数据和做标记等。全部样品走完后，再用上面的方法走一段基线，洗掉剩余物。

注意事项：①流动相均需色谱纯度，水用去离子水，脱气后的流动相要小心振动尽量不引起气泡；②柱子是非常脆弱的，第一次做的方法，先不要让液体过柱子；③过柱子的液体均需严格过滤；④压力不能太大，最好不要超过2000psi（1psi=6.89kPa）。

六、数据处理

色谱图是色谱柱流出物通过检测器时，所产生的响应信号对时间的曲线图，其纵坐标为信号强度，横坐标为时间。

七、思考题

1. 高效液相色谱还有哪些应用？
2. 高效液相色谱仪对样品有什么要求？如何快速制备适合测试液相色谱的涂料分析样品？

第三节 实验八十九 用凝胶渗透色谱法测聚合物分子量分布

高聚物的基本特征之一就是分子量的多分散性，而聚合物的性能与其分子量和分子量分布密切相关。凝胶渗透色谱（gel permeation chromatography，GPC）是液相色谱的一个分支，已成为测定聚合物分子量分布和结构的最有效手段。同时，还可测定聚合物的支化度、共聚物及共混物的组成。采用特制的色谱仪，可将聚合物按分子量的大小分级，制备窄分布试样，供进一步分析和测定其结构。该方法的优点是快捷、简便、重现性好、进样量少、自动化程度高。

一、实验目的

⑴ 了解凝胶渗透色谱法测定高聚物分子量及分子量分布的原理。
⑵ 根据实验数据，计算数均分子量、重均分子量、多分散性指数，并绘制分子量分布曲线。

二、实验原理

测量时将被测聚合物稀溶液试样从色谱柱上方加入，然后用溶剂连续洗提。洗提溶液进入色谱柱后，分子量较小的大分子所占的体积尺寸较小，将向凝胶填料表面和内部的孔洞深处扩散，流程长，在色谱柱内停留时间长；分子量较大的大分子所占的体积尺寸较大，如果体积比孔洞尺寸大，就不能进入孔洞，只能从凝胶粒间流过，在柱中停留时间短；中等尺寸的大分子，可能进入一部分尺寸大的孔洞，而不能进入小尺寸孔洞，停留时间介于两者之间。根据这一原理，流出溶液中分子量较大的大分子首先流出，分子量较小的大分子最后流出。分子量从大到小排列，采用示差折光检测仪就可测出试样分子量的分布情况。

三、实验原料

四氢呋喃、涂料样品。

四、仪器设备

Waters-515 液相色谱仪、5 号砂芯漏斗、表面皿。

五、实验步骤

1. 涂料样品中成膜物的分离及其溶液的配制
⑴ 流动相的准备：重蒸四氢呋喃，经 5 号砂芯漏斗过滤后备用。

（2）取一定量的涂料样品，用指定聚合物的良溶剂稀释到一定黏度。将稀释后的涂料样品置于高速离心机中高速（15000～20000r/min）离心15～30min，将固体和液体分开，倒出上清液，过滤。

（3）将上清液置于表面皿中烘干，获得涂料中的成膜物（聚合物），并添加定量的四氢呋喃，配制得到一定浓度的溶液。

（4）分别配制5mL的成膜物标准溶液和制备的涂料成膜物溶液（浓度为0.05%～0.3%），经5号砂芯漏斗过滤，备用。

2. 液相色谱仪操作步骤

（1）将经过脱气的四氢呋喃倒入色谱仪的溶剂瓶中，色谱仪出口接上回收瓶。

（2）打开泵（Waters-515），以0.1 mL/min为起始流速，每1～2 min提高0.1 mL的速度，将流速调整至1.0 mL/min。

（3）打开视差检测器（OPTILAB rEX）电源，按下"PURGE"键，充分清洗参比和样品池，冲洗过程中不时打开、关上"PURGE"，赶出气泡，然后关上"PURGE"，回零（ZERO）。

（4）打开计算机，联机记录。在软件中选择正确的实验模板，设置参数，点击"PURGE"，开始实验。

进样：待记录的基线稳定后，将进样阀把手扳到"LOAD"位置（动作要迅速），用进样注射器吸取样品50 μL注入进样器（注意排除气泡）。这时将进样器把手扳到"INJECT"位置（动作要迅速），即进样完成，同时应作进样记录。一旦样品测试完成（不再出峰时），可按前面步骤再进其他样品。

（5）实验结束，清洗进样器，再依次关机。

六、数据处理

在仪器和测试条件不改变的情况下，实验得到的谱图可作为试样之间分子量的一种直观比较。一般地，首先应将原始谱图进行"归一化"后再比较。所谓"归一化"，就是把原始谱图的纵坐标转换为质量分数，以便于比较不同的实验结果和简化计算。具体作法是，确定色谱图的基线后，把色谱峰下的淋出体积等分为20个计算点，记下这些计算点处的总坐标高度 H_i（它正比于被测试样的质量浓度），把所有的 H_i 加和后得到 $\sum_{i=1}^{n} H_i$（它正比于被测试样的总浓度），那么 $\dfrac{H_i}{\sum_{i=1}^{n} H_i}$ 就等于各计算点处的组分占总试样的质量分数，以 $\dfrac{H_i}{\sum_{i=1}^{n} H_i}$ 对 V_e（或 $\lg M$）作图就得归一化GPC图。

七、思考题

1. GPC法的溶剂选择原则是什么？
2. 同样分子量的样品，支化的和线型的分子哪个先流出色谱柱？

第四节　实验九十　核磁共振的应用

核磁共振技术是有机物结构测定的有力手段，不破坏样品，是一种无损检测技术。从连续波核磁共振波谱发展为脉冲傅里叶变换波谱，从传统一维谱到多维谱，技术不断发展，应用领域也越来越广泛。核磁共振技术在有机分子结构测定中扮演了非常重要的角色，核磁共振谱与紫外光谱、红外光谱和质谱一起被有机化学家们称为"四大名谱"。

一、实验目的

（1）掌握测试样品的制备方法。
（2）掌握核磁共振谱仪的使用方法。

二、实验原理

核磁共振谱仪有两大类：高分辨核磁共振谱仪和宽谱线核磁共振谱仪。高分辨核磁共振谱仪只能测液体样品，谱线宽度可小于 1Hz，主要用于有机分析。宽谱线核磁共振谱仪可直接测量固体样品，谱线宽度达 10Hz，在物理学领域用得较多。高分辨核磁共振谱仪使用普遍，通常所说的核磁共振谱仪即指高分辨核磁共振谱仪。按谱仪的工作方式可分为连续波核磁共振谱仪（普通谱仪）和傅里叶变换核磁共振谱仪。连续波核磁共振谱仪是改变磁场或频率记程，按这种方式测谱，对同位素丰度低的核，如 C 等，必须多次累加才能获得可观察的信号，很费时间。

傅里叶变换核磁共振谱仪，用一定宽度的强而短的射频脉冲辐射样品，样品中所有被观察的核同时被激发，并产生一响应函数，它经计算机进行傅里叶变换，仍得到普通的核磁共振谱。傅里叶变换核磁共振谱仪每发射脉冲一次即相当于连续波的一次测量，因而测量时间大大缩短。

三、实验原料

氘代试剂、涂料样品。

四、仪器设备

核磁共振谱仪（德国布鲁克 400M）。

五、实验步骤

核磁共振谱仪的一般操作主要包括：放置样品、锁场、匀场、探头调谐、设置参数、数据的采集以及处理，下面分别予以介绍。

1. 放置样品

首先要有足够的样品量，一般 300M 核磁测氢谱需 2～10mg，500M 核磁测氢谱需 0.5mg 以上，碳谱需要的样品量更大。选择适当氘代试剂，使样品完全溶液。如果用 5mm 的样品管，氘代试剂的量要使液面高度在 3cm 以上。然后将样品管插入转子后放入量尺中深到底；若溶液高度不能盖满量尺的黑色标线，可稍提样品管，使溶液中间位置与量尺中间刻度一致。将带有转子的样品管小心放入充满气流的磁铁入口，按"down"键。样品的旋转可以消除磁场在 XY 方向的不均匀度，提高分辨率。

2. 锁场

按锁场钮，使锁场单元工作，锁住磁场。锁场的目的是为了使磁场稳定。

3. 匀场

在操作键盘上标有 X、Y、Z、XY、X2-Y2 和 Z3 等字母，表示一阶、二阶、三阶的不同方向磁场的均匀度。调节匀场时，一般先调节 Z1、Z2、Z3 和 Z4，然后调节 X、Y。匀场的目的是找到各方向之间配合的最佳位置。另外，各高阶按钮在仪器验收时已经调好，平时不要随便调试，否则一旦调乱，很难找到最佳配合。

4. 探头调谐

为了获得最高的灵敏度，要进行探头调谐。通过反复的调谐和匹配，使接收到的功率最大，反射的功率最小。

5. 设置参数

（1）测试参数文件：一般仪器出厂时，已经设置好一些常用测试方法的参数，只要调用文件就可以利用这些参数测试。

（2）观察核：待测样品原子核的谱。

（3）照射核：有时在观察通道测试时，需要去耦，选择去耦照射的原子核。

（4）共振频率：磁场强度一定，不同原子核的共振频率不同。

（5）数据点：用多少个二进制点表示图谱的曲线。

（6）谱宽：所观察谱的频带宽。

（7）脉冲宽带：照射脉冲持续的时间，单位为微秒（μs）。照射脉冲持续时间越长，磁化矢量的倾角越大，得到的信号越强，但等待弛豫时间延长。一般用 45～60 度脉冲弛豫时间较短，在单位时间内累加次数增多，信号增长较快。

（8）照射功率：照射脉冲强度。

（9）接收增益：接收信号放大倍数。信号放大提高了灵敏度，但是放大倍数过大产生过饱和使信号变形，不同浓度的样品要设置相应的接收增益。

（10）累加次数：设置总累加次数。如果使用的探头不是梯度场的，累加次数应为 4 的整数倍，否则有可能产生干扰峰。

六、数据处理

输入采集命令即可开始采样。采样结果为 FID 信号，即时域谱；傅里叶变换，将时域谱变成频域谱。然后进行相位纠正，使峰形对称。进行基线校正，使基线平滑。域值线以上的峰标出化学位移，予以积分（注意区分溶剂峰及杂质峰）。

七、思考题

1. 核磁共振谱的测试对样品有什么要求？
2. 核磁共振谱仪在操作的过程中有哪些注意事项？

第五节　实验九十一　红外光谱的应用

红外光是一种波长介于可见光区和微波区之间的电磁波谱，波长在 0.75～1000μm。通常又把这个波段分成三个区域，即近红外区，波长在 0.75～2.5μm（波数在 13300～4000cm^{-1}），又称泛频区；中红外区，波长在 2.5～25μm（波数在 4000～400cm^{-1}），又称振动区；远红外区，波长在 25～1000μm（波数在 400～10cm^{-1}），又称转动区。其中，中红外区是研究、应用最多的区域。

利用红外光谱，对比改性前后粉体红外光谱的变化，可表征其表面改性的效果。用傅里叶变换红外光谱仪检测涂料涂膜和树脂化学结构的变化情况，分析是否有新的化学基团产生，或是否有化学键的强弱变化。

一、实验目的

(1) 掌握测试样品的制备方法。
(2) 掌握红外光谱仪的使用方法。
(3) 掌握红外吸收光谱图的分析方法。

二、实验原理

红外吸收光谱法基于物质分子吸收连续波长的红外光辐射后，引起分子振动和转动能级从基态到激发态的跃迁。各种不同的分子对能量吸收是有选择性的，只有当光子的能量恰好等于分子中两个能级之间的能量差时，才能被吸收，并使相应于这些吸收区域的透射光强度减弱，吸收光谱的谱带强度服从朗伯-比尔定律，记录红外光的透射比与波数或波长的关系，就可得到红外光谱。

红外吸收光谱图常用 T-δ 或 T-λ 曲线表示。在红外光谱图中，纵坐标表示谱带的强度，常用透过率 (T) 或吸收率 (A) 表示。透过率 (T) 是透射光强度 (I) 占入射光强度 (I_0) 的百分比。吸收率 (A) 是透过率 (T) 的负对数：$T=I/I_0$，$A=\lg$ ($1/T$)。横坐标表示谱带的位置，以等间隔波数 (cm^{-1}) 或波长 (μm) 来表示。

三、实验原料

溴化钾、聚氨酯涂膜、丙烯酸乳液、改性和未改性的硅微粉。

四、仪器设备

美国 Thermo Nicolet iS10 傅里叶变换红外光谱仪。

傅里叶变换红外光谱仪 (FT-IR) 是利用干涉调频技术和傅里叶变换方法获得物质红外光谱的仪器。其结构如图 11.1 所示。

它是非色散型的，主要由光源 (硅碳棒、高压汞灯)、Michelson 干涉仪、检测器、计算机和记录仪组成。其核心部分是一台双光束干涉仪，当仪器中的动镜移动时，经过干涉仪的两束相干光间的光程差发生改变，探测器所测得的光强也随之变化，从而得到干涉图，再经过傅里叶变换就可得到样品吸收入射光的光谱。

仪器的特点：多通道测量，使信噪比提高。光通量高，提高了仪器的灵敏度。波数值的精确度可达 $0.01 cm^{-1}$。增加动镜移动距离，可使分辨率提高。工作波段可从可见区延伸到毫米区，实现远红外光谱的测定。

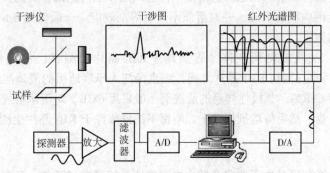

图 11.1　傅里叶变换红外光谱仪 (FT-IR) 结构图

五、实验步骤

1. 制样

（1）压片法　也叫碱金属卤化物锭剂法。碱金属卤化物（如 KCl、KBr、KI 及 CsI 等）加压后变成可塑物，并在中红外区完全透明，因而被广泛用于固体样品的制备。一般将 1～2mg 的粉体或者液体添加到玛瑙研钵中，加 100～200mg 的 KBr 或 KCl（AR 级），混合研磨均匀，使其粒度达到 2.5μm 以下。将磨好的混合物小心倒入压模中，加压成型，就可得到厚约 0.8mm 的透明薄片。图 11.2 为溴化钾压片制样机。

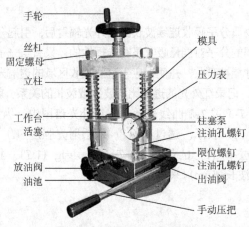

手轮
丝杠
固定螺母
立柱
工作台
活塞
放油阀
油池
模具
压力表
柱塞泵
注油孔螺钉
限位螺钉
注油孔螺钉
出油阀
手动压把

图 11.2　溴化钾压片制样机

（2）欧米采样器法　欧米采样器被称为全新智能型附件，适合于快速定性定量分析，尤其是测定样品表面性质。其原理是利用半球形 ATR 晶体材料作为采样表面的单反射 HATR，使光线在介质界面上发生反射、折射、全反射。该法是一种特殊的红外光谱实验方法，特别适用于聚合物分析。ATR 附件的应用很广，它为许多无法进行红外常规分析的样品如织物、橡胶、涂料、纤维、纸、塑料等提供了独特的测样技术，在高分子材料鉴定以及有机材料的研究中尤其重要。

（3）薄片法　将聚氨酯涂料倾倒在聚四氟乙烯模具中，在室温下待溶液挥发，再用红外灯烘烤，以除去残留溶剂，形成薄膜，厚度 10～150 μm，小心取出薄膜待测。丙烯酸乳液可采用同样的方法制备涂膜。

（4）糊状法　在玛瑙研钵中，将干燥的样品研磨成细粉末，然后滴入 1～2 滴液体石蜡混研成糊状，涂于 KBr 晶片上测试。

（5）溶液法　把样品溶解在适当的溶液中，注入液体池内测试。所选择的溶剂应不腐蚀池窗，在分析波数范围内没有吸收，并对溶质不产生溶剂效应。一般使用 0.1 mm 的液体池，溶液浓度在 10%左右为宜。

（6）液膜法　油状或黏稠液体，直接涂于 KBr 晶片上测试。流动性大、沸点低（≤100℃）的液体，可夹在两块 KBr 晶片之间，或直接注入厚度适当的液体池内测试。极性样品的清洗剂一般采用 $CHCl_3$，非极性样品的清洗剂一般采用 CCl_4。对于水溶液样品，可用有机溶剂萃取水中的有机物，然后将溶剂挥发干，所留下的液体涂于 KBr 晶片上测试。

2. 测试步骤

开、关机：检查各设备电源线安全插入电源插座。打开空气开关，开启精密电源。在精密电源工作正常的状态下，启动光谱仪。

开机：接通光学台电源，启动计算机。鼠标指定 OMNIC 软件图形符号，点击左键启动，进入信息窗口，鼠标左键点击 OK 按钮。

关机：点击关闭计算机图形，待出现对话框提示能安全关闭计算机时，按主机电源键关闭主机，接着关闭显示器、打印机，最后关闭光学台。

将薄膜或溴化钾样片插入红外光谱仪的样品池处，从 $4000 \sim 400 cm^{-1}$ 范围内进行扫描，得到吸收光谱。

在测试过程中，需要注意：保持实验室环境干燥；确保样品与药品的纯度与干燥度；在制备样品的时候要防止吸收水分，影响实验结果；试样放入仪器的时候动作要迅速，避免空气流动，影响实验的准确性。溴化钾压片的过程中，粉末要在研钵中充分磨细，且于压片机上制得的透明薄片厚度要适当。

（1）开机前取出样品仓和检测器仓内的干燥硅胶。开启空调系统或除湿系统，控制室温为 $20 \sim 30℃$，湿度为 40%~50%，避免强光直射。

（2）开机：在未接通电源前，检查设备的电源开关均在"关"的位置上，检查设备电源、信号连接是否完好。按光学台、打印机及电脑顺序开启仪器。光学台开启后 3 min 即可稳定。

（3）打开计算机，进入 Windows 登录界面，选择权限许可的操作账户并输入密码，进入主菜单界面。双击 OMNIC 图标启动软件进入工作站，仪器将自动检测，当联机成功后，软件右下角将出现绿色图标。主机面板当中的四个指示灯分别代表：电源、扫描、激光、光源。扫描指示灯在测定过程中亮，其他三个指示灯常亮；如果出问题，会熄灭。

（4）参数设置，点击"选项"，设置采集参数，采集次数为 16 或 32，分辨率为 $2cm^{-1}$，其他默认，点击"确定"。

（5）试样制备

① 固体样品 ATR 测定　垂直安放 ATR 试验台，旋上探头，保持探头尖端距离平台一定高度。此时电脑显示智能附件，自检后点击"确定"。将样品（固体或者液体 pH=5~9，非腐蚀性、非氧化型、不含 Cl 的有机溶剂）放在平台上的检测窗上。将探头对准检测窗，顺时针旋下，紧贴样品，直到听见一声响声。清洗样品台、更换样品或结束实验时，用无水酒精棉擦洗检测台，等待其自然风干。

② 压片样品检测　安装样品架，电脑显示附件、自检后，点击"确定"。把制备好的样品放入样品架，然后插入仪器样品室的固定位置上。点击"Col Bkg"，采集背景图谱，放入样品，点击"Col Smp"，弹出对话框，输入图谱的标题，点击"确定"，采集样品图谱。

（6）采集结束后，保存数据，存成 SPA 格式和 CSV 格式。

（7）数据报告的打印：要打印包含样品结果信息的报告，在表格中选择该报告，并点击"打印"或选择文件"打印报告"。

（8）使用完毕后，取走样品，并用无水酒精湿润的擦镜纸擦拭压片磨具或检测台。关闭 OMNIC 软件，依次关闭光学台、打印机及电脑电源。

3. 注意事项

（1）用 ATR 测定结束后，需清理试验台，用无水乙醇清洗探头和检测窗口，晾干后测定下一个样品或关机。用 ATR 附件时，尽量缩短使用时间。

（2）红外压片前后，所有模具应该用无水酒精棉擦洗干净，取用 KBr 时，避免 KBr 污染；样品量不能加得太多，样品量和 KBr 的比例大约在 1:100。

（3）含水的样品坚决不能直接注入 KBr 或 NaCl 窗片液体池内测试。

（4）KBr 应事先在烘箱中于 110~150℃充分烘干（约需 48h），并置于含 P_2O_5 或分子筛的干燥器内保存待用；室内相对湿度要低于 50%。

（5）红外压片若水汽太大，可将湿化压片放入烘箱（80℃）10min，然后重新压片并放入光谱仪中进行测试。

六、数据处理

对聚氨酯涂膜、丙烯酸乳液、改性和未改性的硅微粉进行红外光谱测试，分析红外光谱，寻找特征峰。同时对比改性前后硅微粉红外光谱的差异，判定是否改性成功。

七、思考题

1. 为什么要选用 KBr 作为承载样品的介质？
2. 红外光谱法对试样有什么要求？为什么水溶性的高分子树脂要采用有机溶剂萃取后才能进行 KBr 涂膜测试？

第六节 实验九十二 热重分析的应用

热重分析（thermogravimetric analysis，TG 或 TGA）是在程序控制温度下测量待测样品的质量与温度变化关系的一种热分析技术，用来研究材料的热稳定性和组分。TGA 在研发和质量控制方面都是比较常用的检测手段。热重分析在实际的材料分析中经常与其他分析方法联用，进行综合热分析，全面准确分析材料。

一、实验目的

（1）掌握测试样品的制备方法。
（2）掌握热重分析仪的使用方法。
（3）掌握热重分析谱图的分析方法。

二、实验原理

热重分析指温度在程序控制时，测量物质质量与温度之间的关系的技术。这里值得一提的是，定义为质量的变化而不是重量变化，因为在磁场作用下，当强磁性材料达到居里点时，虽然无质量变化，却有表观失重。而热重分析则指观测试样在受热过程中实质上的质量变化。热重分析所用的仪器是热天平。它的基本原理是：样品质量变化所引起的天平位移量转化成电量，这个微小的电量经过放大器放大后，送入记录仪记录，而电量的大小正比于样品的质量变化量。当被测物质在加热过程中升华、汽化、分解出气体或失去结晶水时，被测的物质质量就会发生变化。这时热重曲线就不是直线而是有所下降。通过分析热重曲线，就可以知道被测物质在多少温度时产生变化，并且根据失重量，可以计算失去了多少物质。热重分析通常可分为两类：动态法和静态法。

（1）静态法　包括等压质量变化测定和等温质量变化测定。等压质量变化测定是指，在程序控制温度下测量物质在恒定挥发物分压下平衡质量与温度关系的一种方法。等温质量变化测定是指，在恒温条件下测量物质质量与压力关系的一种方法。这种方法准确度高，但是所用的时间比较长。

（2）动态法　就是我们常说的热重分析和微商热重分析。微商热重分析又称导数热重分析

(derivative thermogravimetry，DTG），它是 TG 曲线对温度（或时间）的一阶导数。以物质的质量变化速率（dm/dt）对温度 T（或时间 t）作图，即得 DTG 曲线。

三、实验原料

聚氨酯涂膜、丙烯酸乳液、改性和未改性的硅微粉。

四、仪器设备

进行热重分析的基本仪器为热天平，它包括天平、炉子、程序控温系统、记录系统等几个部分。除热天平外，还有弹簧秤。热重分析仪的结构如图 11.3 所示。

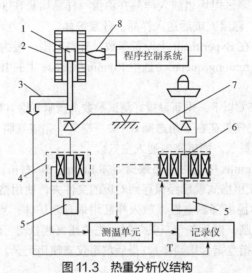

图 11.3　热重分析仪结构

1—试样支持器；2—炉子；3—测温热电偶；4—传感器；5—平衡锤；6—阻尼和天平复位器；7—天平；8—阻尼信号

五、实验步骤

1. 制样

热重分析样品制备比较复杂，需要考虑很多因素，下面是一些常见的样品制备过程需要考虑的因素。

（1）对于要分析的物质，样品需有代表性。

（2）制备过程中，样品需尽可能没有变化。

（3）制备过程中，样品需没有受到污染。

（4）样品制备方法应该是一致和可重复的。只有一致的样品量才能获得可对比的 TGA 数据。

（5）样品量的考虑。如果想获得足够的精确度，应有足够的样品量。特别是物质挥发成分非常小或者物质是非均匀的，此时更应该加入足够的样品量，方能测量准确。但是试样量越大，整个试样的温度梯度也会越大，对于导热较差的试样更甚。而且反应产生的气体向外扩散的速率与试样量有关，试样量越大，气体越不容易扩散。

（6）样品形态的考虑。制备过程中，需考虑样品形态的影响。样品的形状和颗粒大小不同，对热重分析的气体产物扩散的影响亦不同。一般来说，大片状的试样的分解温度比颗粒状的分解温度高，粗颗粒的分解温度比细颗粒的分解温度高。

（7）试样装填方法。试样装填越紧密，试样间接触越好，热传导性就越好。这会让温度滞后现象变小。但是装填紧密不利于气氛与颗粒接触，阻碍分解气体扩散或逸出。因此，可以将试样放入坩埚之后，轻轻敲一敲，使之形成均匀薄层。

2. 测试步骤

（1）打开气瓶总阀，然后缓慢打开减压阀（小于 0.1 MPa）。

（2）打开热重主机电源开关，随后打开电脑。

（3）打开电脑上的 TGA 软件。

（4）降下炉体，取出样品坩埚，把样品坩埚与测试坩埚进行质量对比（测试坩埚的质量不得超过样品坩埚的质量 10 mg），然后将测试坩埚放在铂金篮子里，将篮子小心夹到机械手臂的送样台上，送入测试坩埚。在仪器屏幕上点升起炉体，等操作完成后，在仪器屏幕上按去皮键去皮（注意：不要随意走动，防止地面震动影响去皮时长）。

（5）去皮完成后，在测试坩埚里放入样品并称量（样品质量在 5 mg 以下，样品提前在千分之一分析天平上称量），称量完成后送入样品，升起炉体。

（6）设置测试参数　在 Experiment 上设置参数。升温范围一般为室温至 800℃，升温速率 20℃/min，点击 Copy the running queue，选中 Running Queue 中的 Run1，再点击 Start 开始测量，等待测试结束。

① 等炉体温度降到 25℃以下，重新设置好测试参数，按照步骤（4）、（5）进行换样操作。

② 若测试样品需要空气氛在右下角选择 GAS2（空气）完成气路切换，氮气、空气气瓶同时打开（空白坩埚需通入氮气，测试室内通入空气）。

（7）数据导出　在 Results 中选中导出数据（如 Ramp 10）右击，Export—To Plain Text—OK，该测试数据的 text 文档格式就已经保存到对应的文件夹，使用格式化 U 盘拷贝即可。

等待测量结束，炉体温度降到室温，放入样品坩埚升起炉体，点击电脑软件的 Shutdown 键关闭热重主机，关闭电脑，然后关气（关气时，先关闭气瓶总阀，然后等气路的气体跑完，再关小阀门，直到压力表指盘指针均到零），最后填写仪器使用记录。

3. 注意事项

（1）浮力及对流的影响。浮力和对流引起热重曲线的基线漂移。热天平内外温差造成的对流会影响称量的精确度。解决方案：空白曲线，是指仪器在未加样品时，仅以测试坩埚做一次升温降温曲线，以此作为基线，扣除漂移，可有效提高后续实验的精确度；热屏板，通过增加热屏板保护，使浮力和对流的影响降到最低；冷却水，通过冷却水减小对流的影响，提高精确度；等。

（2）挥发物冷凝的影响。解决方案：热屏板。

（3）温度测量的影响。解决方案：利用具有特征分解温度的高纯化合物或具有特征居里点温度的强磁性材料进行温度标定。

（4）升温速率。升温速率越大，热滞后越严重，易导致起始温度和终止温度偏高，甚至不利于中间产物的测出。

（5）气氛控制。与反应类型、分解产物的性质和所通气体的种类有关。

（6）纸速。走纸速度快，分辨率高（新型号的 TGA 以电子文档记录，无纸质记录）。

（7）坩埚形状。

（8）试样因素。试样用量、粒度、热性质及装填方式等。用量大，因吸、放热引起的温度偏差大，且不利于热扩散和热传递。粒度细，反应速率快，反应起始和终止温度降低，反应区间变窄。粒度粗则反应较慢，反应滞后。装填紧密，试样颗粒间接触好，利于热传导，但不利于液体的扩散和气体的逸出。要求装填薄而均匀。

六、数据处理

对聚氨酯涂膜、丙烯酸乳液、改性和未改性的硅微粉进行 TGA 测试，分析图谱，读取信息。同时对比改性前后硅微粉图谱的差异，判定是否改性成功。

七、思考题

1. 几种样品图谱曲线的转折点代表什么？
2. 样品入实验坩埚后上层封边对实验有什么影响？

第七节　实验九十三　差示扫描量热的应用

差示扫描量热仪（DSC）是在程序控制温度和一定气氛下，测量待测物质和参比物的功率差与温度关系的仪器。差示扫描量热仪应用范围非常广，特别是在材料的研发、性能检测与质量控制等方面，如高分子材料的固化反应温度和热效应测定，物质相变温度及其热效应测定，高聚物材料的结晶、熔融温度及其热效应测定，高聚物材料的玻璃化转变温度测定。

一、实验目的

（1）掌握测试样品的制备方法。
（2）掌握差示扫描量热仪的使用方法。
（3）掌握差示扫描量热图谱的分析方法。

二、实验原理

差示扫描量热法是在程序控制温度下，测量待测物质和参比物的功率差与温度关系的一种技术。差示扫描量热仪和 DTA 仪器装置相似，所不同的是在试样和参比物容器下装有两组补偿加热丝，当试样在加热过程中由于热效应与参比物之间出现温差时，通过差热放大电路和差动热量补偿放大器，使流入补偿电热丝的电流发生变化，当试样吸热时，补偿放大器使试样一边的电流立即增大；反之，当试样放热时，则使参比物一边的电流增大，直到两边热量平衡，温差消失为止。换句话说，试样在热反应时发生的热量变化，由于及时输入电功率而得到补偿，所以实际记录的是试样和参比物下面两只电热补偿的热功率之差随时间 t 的变化关系。如果升温速率恒定，记录的也就是热功率之差随温度 T 的变化关系。

三、实验原料

聚氨酯涂膜、丙烯酸乳液、氯醚树脂、改性和未改性的硅微粉、MC 尼龙、PE、PP。

四、仪器设备

DSC 主要由加热模块、制冷模块、炉体匀热控制模块和热流信号采集模块等组成，见图11.4。其中，加热模块主要负责 DSC 内参比端与样品端的加热升温，可选择的方式多样，多选择用加热电阻器。制冷模块主要负责 DSC 内参比端与样品端的冷却降温，常用的有液氮制冷和风冷，可依据制冷速率和温控的需求选择对应有效的制冷。炉体匀热控制模块主要由匀热炉体、气氛控制器和炉温测温传感器组成，通过闭环的控制方式，实现精确和均匀分布的温度控制。热流信号采集模块主要由热流传感器、信号放大器、微处理器和显控终端组成。通过微处理器对实验流程的控制，在合适的实验节点处采集热流传感器的信号，经由信号放大器，将微弱信号放大至最佳采样区间，实现精准的热流检测。

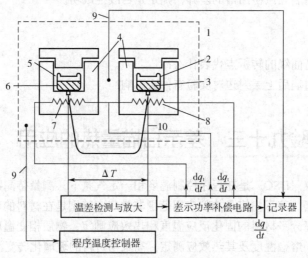

图 11.4　DSC 基本构造

1—电炉；2,5—容器；3—参比盘；4—支持器；6—试样；7,8—加热器；9—测温热电偶；10—温差热电偶

五、实验步骤

1. 制样

（1）称量：底坩埚置于电子天平上归零，取出坩埚，加上少量样品，称量并记录样品（注意：坩埚外侧和底部不能黏附样品）。

（2）压片：将装样坩埚置于压样机中，放上盖片，放置合适后将压杆旋下，稍加旋紧。

（3）用同样的方法制备参比样品坩埚。本实验通常以空气作为参比，因此参比样品坩埚可反复使用，一般不需另压参比坩埚。

（4）本实验提供不密封铝坩埚和密封铝坩埚两种。测试液体样品需使用密封坩埚。

2. 测试步骤

（1）打开保护气源"氮气"，调节压力为 0.2 ~ 0.4 MPa。

（2）打开仪器电源（220V），连接插入 USB 线和 PC 电脑连接。

（3）打开 DSC 分析软件→设置→通信连接。

（4）联机后调节流量控制阀到所需流量（200 mL/min），在设备触摸屏操作界面设定样品参数和仪器运行参数程序。

（5）打开仪器仓体，加入样品（10 ~ 20mg）后关闭仓体。

（6）点击软件上面的开始键，机器开始运行。

（7）实验完毕，关上气源，关闭 DSC 程序，关闭计算机。

3. 注意事项

（1）DSC 的关键部件为加热池，最敏感也最容易受污染，一定要注意保护。对每个待测样品，必须清楚其起始热分解温度，最高测试温度必须低于起始热分解温度 20℃；若热分解温度不确定或未知，必须先在 SDT 上测试后方可进行 DSC 测试，防止测试过程中样品外溢而污染加热池。

（2）仪器使用温度范围为−150 ~ 500℃（具体测试温度因样品而异）；升温速率不超过

50℃/min；样品不要过多，以小于 5 mg 为宜（样品体积一般不要超过 1/2 坩埚）。

（3）必须在实验前向实验室工作人员如实报告测试样品的化学组成及热分解温度，拟采用的实验方法，获得许可后方可进行测试。

（4）自觉遵守操作规程，不得在计算机上进行与实验无关的操作。若出现异常情况，必须马上与实验室老师联系，不要自己随便处理。

（5）违章操作导致仪器受损，由违章者按规定赔偿相应损失，同时禁止违章者使用中级仪器实验室的所有仪器。

六、数据处理

对聚氨酯涂膜、丙烯酸乳液、氯醚树脂、改性和未改性的硅微粉、MC 尼龙、PE、PP 进行 DSC 测试，分析图谱。

七、思考题

1. DSC 图谱和 TGA 图谱联合分析，可以获得什么信息？
2. 可结晶的高聚物和非晶无定形的高聚物的 DSC 曲线有何区别？

第八节　实验九十四　扫描电子显微镜的应用

扫描电子显微镜（SEM）是一种介于透射电子显微镜和光学显微镜之间的一种观察手段。其利用聚焦的很窄的高能电子束来扫描样品，通过光束与物质间的相互作用，来激发各种物理信息，将这些信息进行收集、放大、再成像以达到对物质微观形貌表征的目的。新式的扫描电子显微镜的分辨率可以达到 1 nm；放大倍数可以达到 30 万倍及以上，连续可调；并且景深大，视野大，成像立体效果好。此外，扫描电子显微镜和其他分析仪器相结合，可以做到观察微观形貌的同时进行物质微区成分分析。扫描电子显微镜在岩土、石墨、陶瓷及纳米材料等的研究上有广泛应用。因此，扫描电子显微镜在科学研究领域具有重大作用。

一、实验目的

（1）掌握扫描电子显微镜的使用方法。
（2）掌握扫描电子显微镜谱图的分析方法。

二、实验原理

扫描电子显微镜电子枪发射出的电子束，经过聚焦后汇聚成点光源，点光源在加速电压下形成高能电子束。高能电子束经由两个电磁透镜被聚焦成直径微小的光点，在透过最后一级带有扫描线圈的电磁透镜后，电子束以光栅状扫描的方式逐点轰击到样品表面，同时激发出不同深度的电子信号。此时，电子信号会被样品上方不同信号接收器的探头接收。通过放大器同步传送到电脑显示屏，形成实时成像记录。由入射电子轰击样品表面激发出来的电子信号有俄歇电子（Au E）、二次电子（SE）、背散射电子（BSE）、X 射线（特征 X 射线、连续 X 射线）、阴极荧光（CL）、吸收电子（AE）和透射电子。每种电子信号的用途因作用深度而异。

扫描电子显微镜主要由电子光学系统、真空系统和图像信号处理显示系统三大部分组成，如图 11.5 所示。

电子光学系统由电子枪、电磁透镜和扫描线圈（又称偏转线圈）几部分组成，是扫描电子显微镜的核心部分，它决定了扫描电子显微镜的类型和性能。该系统主要用于产生一束能量分布极窄的、电子能量确定的电子束用以扫描成像。

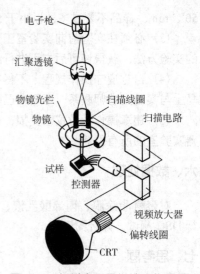

三、实验原料

聚氨酯涂膜、丙烯酸乳液、钛白粉、碳纤维、玻璃鳞片、气相 SiO_2。

四、仪器设备

扫描电子显微镜。

五、实验步骤

图 11.5　扫描电子显微镜工作原理

1. 样品的要求

要求样品必须是固体，无毒、无放射性、无污染、无磁、无水分（五无），成分稳定，块状样品大小要适中，粉末样品要进行特殊处理，对不导电和导电性能差的样品要进行喷金处理。

2. 制样

（1）块状样品的制备

① 导电样品，制作成合适的尺寸，用导电胶黏牢在样品台上，再用洗耳球吹去杂质即可。

② 导电性差的样品，按照导电样品处理后还需进行溅射喷金处理。

③ 附在导电性很差或不导电的基底上的样品需要用导电胶把样品和样品台连接起来，以便将样品上多余的电荷导入大地，防止荷电效应的产生。

（2）粉末样品的制备　先将导电胶带黏在样品台上，再均匀地把粉末样品撒在上面，再用洗耳球吹去未黏住的粉末，导电性差的粉末还需进行溅射喷金处理。

注意：①尽可能不要挤压样品，以保持其自然形貌状态；②特细且量少的样品，可以放于乙醇或者合适的溶剂中用超声波分散，再用毛细管滴加到样品台上的导电胶带上（也可用牙签点一滴到样品台上），晾干或在强光下烘干即可；③粉末样品的厚度要均匀，表面要平整，且量不要太多，1g 左右即可，否则容易导致粉末在观察时剥离表面，或者容易造成喷金的样品的底层部分导电性能不佳，致使观察效果的对比度差。

3. 测试步骤

（1）接通电源，打开电镜主机上的开关（开关有三个挡，第一挡为关闭，第二挡为开启，第三挡为启动）。启动的时候把钥匙放在第三挡大约两秒钟松手，电镜启动，钥匙自动回到第二挡（回到第二挡的原因是防止突然断电，又突然来电）。

（2）打开电脑。

（3）打开电脑桌面上的电镜操作软件（打开软件电镜真空泵会自动工作，开始抽电子枪与样品室内的空气。此时软件上的"HT"为灰色，真空抽完之后，"HT"会变成蓝色）。

（4）点击操作界面的 Sample，选择"Vent"（此时电镜主机上的"放气"指示灯开始闪烁，停止闪烁为工作完成），调整"Stage"中的"Z"轴为 40 mm 以上（"Z"轴最大位置为80mm）。打开样品室，取出样品台（注意：在取样品台时手不得接触二次电子探头和背散射探头）。固定样品（样品要确保良好的导电性），完成后再抽真空，点击 Sample 中的"Evac"，真空泵开始工作，当"HT"变为蓝色，抽真空完成。

（5）确定工作电压与工作距离［工作电压"Accvolt"一般为 30kV，工作距离"WD"一般为 10 mm，束斑 Spotsize 一般为 30，工作模式 Signal（二次电子 SEI 和背散射 BEW），真空模式 Vacmode（HV 和 LV）］。在确定工作电压和工作距离时，不管原来的数值是多少，都要重新指定。

（6）点击"HT"打开高压，"HT"变为绿色。

（7）打开"Stage"通过调正"X、Y、TR"四个轴向找到样品的位置，再调整"Z"轴确定样品台的位置（注意：在确定工作位置的时候要确定样品的高度，如样品为 2mm，那么"Z"轴的数值应调整为 15mm），放大样品到模糊看不清的倍数，通过对"Z"轴的上、下位置调整样品到最清晰的位置，再放大样品到模糊看不清的倍数，再用同样的方法调整到最清晰的位置。

（8）点击"Vlew"使放大倍数回到 30X。

（9）先放大到一个合适选择最佳拍照位置的倍数，选择一个最佳的拍照位置（样品表面尽量平整）。

（10）旋转操作台上的放大旋钮到样品合适的放大倍数（此数值的确定根据样品的不同而不同），氧化锌的适合放大倍数为 15000X，软件上操作窗口中的 Soan2 为被选择状态。

（11）左右旋转操作台上的聚焦旋钮，使图像到最清楚的聚焦状态。

（12）点击软件上操作窗口中的 Soan1，此时在观察窗口中会出现一个新窗口，此窗口中的图像同样是放大 15000 倍的图数（消像散调正的原则是高倍调整，低倍拍照），在新的窗口中把图像放大到 30000X（消像散放大的倍数最少是拍照倍数的 2 倍）。

（13）按操作台上的消像散与对比度和亮度的切换按钮，切换到消像散的位置。

（14）通过旋转旋钮调整 X、Y 轴上的像散（先调一个方向再调另一个方向），使图像调整为 X、Y 轴都是最清楚的位置。如像散无法调整到最清楚的位置，是因为像散已经调乱了，此时可以点击软件上操作窗口中的"Rest"按钮恢复到开始的位置重新校正。校正完毕后把新窗口中的图像回到拍照放大倍数，再进行聚焦调整（此时是微调）。

（15）点击软件上操作窗口中的 Soan3，大约 10 s 后观察窗口出现扫描图像，在此图像中调整对比度与亮度。如果需要观察某一个亮度下的图像，可以点击操作窗口上的 Sanpl 或 Sanp2（对比度与亮度的最佳状态为凸起的位置不刺眼，凹的位置不能太暗看不清）。

（16）点击软件上操作窗口中的 Soan4，80 s 后图像处理完毕。

（17）点击图像上的"Save"保存图像（在保存图像的时候可以选择图像显示信息和不显示信息）。

六、数据处理

对聚氨酯涂膜、丙烯酸乳液、钛白粉、碳纤维、玻璃鳞片、气相 SiO_2 进行扫描电子显微镜观察，根据扫描电镜照片做相关粒径（粒度）、外观形貌（形状）的报告。

七、思考题

1. 可以通过扫描电子显微镜观察液体样品吗？
2. 液相中粉状样品的粒径测定结果与扫描电子显微镜观察结果一致吗？
3. 扫描电子显微镜对试样有什么要求？

实验九十五 透射电子显微镜的应用

透射电子显微镜（transmission electron microscope，TEM），可以看到在光学显微镜下无法看清的小于 0.2 μm 的细微结构，这些结构称为亚显微结构或超微结构。要想看清这些结构，就必须选择波长更短的光源，以提高显微镜的分辨率。1932 年 Ruska 发明了以电子束为光源的透射电子显微镜，电子束的波长要比可见光和紫外光短得多，并且电子束的波长与发射电子束的电压平方根成反比，也就是说电压越高波长越短。目前 TEM 的分辨力可达 0.2 nm。

一、实验目的

(1) 掌握透射电子显微镜的使用方法。
(2) 掌握透射电子显微镜谱图的分析方法。

二、实验原理

透射电子显微镜，简称透射电镜，是以波长很短的电子束作光源，用电磁透镜聚焦成像的一种具有高分辨本领、高放大倍数的电子光学仪器。透射电镜同时具有两大功能：物相分析和组织分析。物相分析是利用电子和晶体物质作用可以发生衍射的特点，获得物相的衍射花样；而组织分析是利用电子波遵循阿贝成像原理，可以通过干涉成像，获得各种衬度图像。

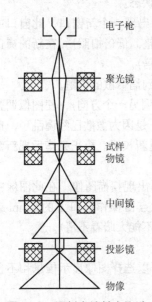

图 11.6　透射电镜基本构造

透射电镜主要由 3 个基本部分构成：电子光学系统、真空控制系统和电源系统。透射电镜基本构造如图 11.6 所示。

透射电镜用聚焦电子束作为光源，使用对电子束透明的薄膜试样（10mm ~ 10^3nm），以透射电子为成像信号。

透射电镜分辨率高，是当今材料研究表征工具之一。因其能够同时获得样品形貌、化学成分、晶体学和微观结构等全方位信息，其在材料研究领域的地位越来越稳固，特别是在微观颗粒材料、材料缺陷表征和实验验证中的应用尤为重要。带有各种分析功能的透射电子显微镜，更是受到材料学家的青睐。高角度环形暗场成像功能使透射电子显微镜应用更加广泛，不但可以对纳米颗粒材料进行形貌观测、粒度测量、成分分析，还可以进行原子尺度的元素分布分析。其获得的高分辨图像（STEM）可以直接用于解释颗粒的结构和形态，所以在微观结构确定方面较传统的高分辨图像（HRTEM）更具优势。

三、实验原料

丙烯酸乳液、苯丙核壳乳液、改性和未改性的硅微粉、中空玻璃微球、球形硅微粉（2μm）。

四、仪器设备

透射电子显微镜。

五、实验步骤

1. 实验前的检查

检查真空，检查循环水箱温度，检查高压箱气压，检查能谱杜瓦瓶液氮量。

注意：镜筒上备有液氮冷阱，以便在镜筒真空较差或样品易挥发时将水汽、污染物等易挥发成分冻结以抗污染和提高镜筒的真空度。冷阱备有塞子，平时用塞子塞住。

（1）确保镜筒压力小于 0.1 Pa，接地指示灯在按下开关后亮度无变化（为黄灯）。

（2）移开显微镜，将电镜的观察窗用盖子盖上，并用遮挡物将操作面板盖住。

（3）将冷阱上的塞子取下，放入漏斗。

（4）向冷阱里加入液氮，至加满。

（5）等出现大量气体喷出的现象后（约几分钟），再将液氮加满。

（6）取下漏斗，盖上冷阱的塞子。

（7）约 4 h 左右需补加液氮一次。

如果停机后，镜筒真空度下降后，重新开机抽真空时，如果能谱的杜瓦瓶没有液氮，需要加入液氮，这对抽真空有利。而此时，不能对 ACD 冷阱加液氮，否则不利于抽真空，等离子泵指示灯亮后，往 ACD 冷阱加液氮，这时有利于抽真空。

2. 装样品

（1）单斜杆

① 在样品属性窗口中选择样品杆名称。

② 将样品座（Specimen Cartridge）从样品杆上取下。

③ 旋松样品固定器（Specimen Retainer）螺丝，移开样品固定器。

④ 将样品放入样品位置中。

⑤ 将样品固定器旋回原来位置，并旋紧螺丝。

⑥ 将样品固定器放入样品杆中，夹紧。

装样品时一定要小心，以免损坏样品、样品台。

（2）双斜杆

① 在样品属性窗口中选择样品杆名称。

② 安装好样品杆固定装置。

③ 将样品杆小心放到样品杆固定装置上，旋松样品固定器（Specimen Retainer）螺丝，移开样品固定器。

④ 将样品放入样品位置中。

⑤ 将样品固定器旋回原来位置，并旋紧螺丝。

注意:双斜杆极易受损，装样品时一定要特别小心。

3. 插入样品杆

（1）在适当部位敲击手掌数次，防止试样掉落。检查样品杆上的两个 O-RING 避免纤维等附着在 O-RING 上。如有异物，请用无毛纸擦掉或用洗耳球吹掉。

（2）插入样品杆前，检查一下 Valve Status Window 面板的状态（离子泵对电子枪和镜筒抽真空，扩散泵对照相室抽真空，机械泵对扩散泵抽真空）；检查 X、Y、Z 等是否在零位。

（3）将样品杆水平插入，扁平塑料销片在上部，短圆柱状铜销钉在水平位，面向操作者。待铜销钉进入暗销位置，听到电磁阀门开启声音后，将开关拨向抽气状态。测角台上黄灯亮。

注意：此时不能旋转样品杆，并等机械泵开启后松手。这时 Valve Status Window 面板的状态发生变化（机械泵开始对样品室抽真空，样品室真空规示数下降）。

① 测角台上绿灯亮，表明真空已抽好。一般再过 5min 可以进样：顺时针旋转样品杆，当不能继续旋转时（约 10°），会感到有一股吸力将样品杆朝镜筒方向吸，顺势让样品杆被吸入至停止（前进距离约 3cm）；然后继续顺时针旋转样品杆至不能旋转，顺势让样品杆被吸入至停止（约 15cm）。

② 此时应检查镜筒的真空，小于 $2.0×10^{-5}$Pa 且真空平稳后等 1~2min 方可加灯丝电流。此时 Valve Status Window 面板的状态又发生变化（离子泵开始对镜筒抽真空）。

4. 打开灯丝

(1) 确认离子泵（SIP）的真空（<$2.0×10^{-5}$Pa）和样品台预抽室的真空（绿灯亮），确保已将样品杆放入测角台中、观察室隔离阀（Isolation Valve）V2 已开。

(2) 在高压控制窗口中设置灯丝电流值（60%，不能超过最大限值，最大限值为出厂设置，不能修改）。

(3) 确认 FILAMENT READY 灯亮。

(4) 按下 Filament ON 按钮（或控制面板上的 Beam 按钮，L1-1），等电子束发射稳定。最终的 Beam Current 比不加灯丝电流时上升不超过 3 μA。

(5) 可以通过调节偏压调节灯丝发射量。（勿动）

5. 获取结果

看电子衍射，分析出相形态。

六、数据处理

对丙烯酸乳液、苯丙核壳乳液、改性和未改性的硅微粉、中空玻璃微球、球形硅微粉（2μm）进行透射电子显微镜观察，根据透射电镜照片做相关粒径（粒度）、外观形貌（形状）的报告。

七、思考题

1. 透射电镜与扫描电镜所得图像的差异有哪些？
2. 为什么透射电镜能观察核壳乳液的形态和核壳状态？
3. 透射电镜对试样有什么要求？

第十节　实验九十六　火焰原子吸收光谱的应用

原子吸收是指呈气态的原子对由同类原子辐射出的特征谱线所具有的吸收现象。当辐射投射到原子蒸气上时，如果辐射波长相应的能量等于原子由基态跃迁到激发态所需要的能量，则会引起原子对辐射进行吸收，产生吸收光谱。基态原子吸收了能量，最外层的电子产生跃迁，从低能态跃迁到激发态。

火焰原子吸收光谱法的特点：灵敏度高、抗干扰能力强、精密度高、选择性好、仪器简单、操作方便。仪器从光源辐射出具有待测元素特征谱线的光，通过试样蒸气时被蒸气中待测元素基态原子所吸收，由辐射特征谱线光被减弱的程度来测定试样中待测元素的含量。

原子吸收光谱仪可测定多种元素，火焰原子吸收光谱法可测到 10^{-9}g/mL 数量级，石墨炉原子吸收法可测到 10^{-13}g/mL 数量级。其氢化物发生器可对 8 种挥发性元素汞、砷、铅、硒、锡、碲、锑、锗进行微痕量测定。原子吸收光谱仪因灵敏、准确、简便等特点，现已广泛用于冶金、地质、采矿、石油、轻工、农业、医药、卫生、食品及环境监测等方面的常量及微痕量元素分析。

一、实验目的

（1）掌握测试样品的制备方法。
（2）掌握火焰原子吸收光谱仪的使用方法。
（3）掌握火焰原子吸收光谱的分析方法。

二、实验原理

火焰原子吸收光谱法的原理：由待测元素空心阴极灯发射一定强度和一定波长的光，当它通过含有待测元素基态原子蒸气的火焰时，其中部分特征谱线的光被吸收，而未被吸收的光经单色器照射到光电检测器上被检测，根据该特征谱线光强被吸收的程度，即可测得试样中待测元素的含量。

空心阴极灯的工作原理：施加适当电压时，电子将从空心阴极内壁流向阳极，与充入的惰性气体碰撞而使之电离，产生正电荷，其在电场作用下，向阴极内壁猛烈轰击，使阴极表面的金属原子溅射出来。溅射出来的金属原子再与电子、惰性气体原子及离子发生撞碰而被激发，于是阴极内辉光中便出现了阴极物质和内充惰性气体的光谱。用不同待测元素作阴极材料，可制成相应空心阴极灯。空心阴极灯的辐射强度与灯的工作电流有关。

三、实验原料

涂膜样品、铅标准溶液（浓度为1000μg/mL）、镉标准溶液（浓度为1000μg/mL）、硝酸、去离子水（DIW）。

四、仪器设备

采用聚创环保FP640火焰原子吸收分光光度计，该火焰原子吸收分光光度计包括4个部分：光源系统、火焰原子化系统、分光系统、检测系统。

光源系统：火焰原子吸收分光光度计的光源系统的作用是发射能被检测元素吸收的特征共振辐射，对光源的基本要求是发射的共振辐射的半宽度要明显小于吸收光线的半宽度，光源系统的辐射强度要大，辐射的光强度要稳定，使用寿命要长，目前最为常用的光源为空心阴极灯。

火焰原子化系统：火焰原子化系统的功能是提供能量，实现待测物质原子化。该系统主要由雾化器、雾化室和燃烧室三个部分组成。在使用的过程中，火焰原子化器是规范使用和日常维护的关键。

分光系统：火焰原子吸收分光光度计的分光系统是将单光束区分开，避免与吸收波长无关的辐射进入检测区域内，实现被测元素共振吸收与邻近谱线的分离。

检测系统：火焰原子吸收分光光度计的检测系统的作用是实现光信号转为电信号，完成元素的分析和计算，供检测人员操作和使用。

图11.7为火焰原子吸收光谱仪的结构图。

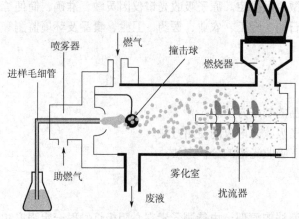

图 11.7　火焰原子吸收光谱仪结构图

五、实验步骤

1. 制样

（1）称取 0.15g 涂膜样品，用研磨仪将样品在液氮中冷冻研磨成小于 1mm 的颗粒。称取 0.1g（精确至 0.1mg）样品置于消解罐中，加入 10mL 的优级纯硝酸，在进微波消解仪前在 150℃下预消解 30min，设置消解程序进行微波消解，消解完成后，将消解罐放入赶酸器中赶酸至近干，过滤、定容，在火焰原子吸收光谱仪上进行测试，同时做试剂空白。

（2）标准溶液配制

① 铅标准溶液配制：取 10mL 浓度为 1000μg/mL 的铅标准溶液至 100mL 容量瓶中，配制成浓度为 100μg/mL 的铅元素缓冲液。分别移取 0mL、0.5mL、1.0mL、1.5mL、2.0mL、2.5mL、5.0mL 缓冲液至 50mL 容量瓶中，用 10%的硝酸定容至刻度，配制成浓度为 0μg/mL、1.0μg/mL、2.0μg/mL、3.0μg/mL、4.0μg/mL、5.0μg/mL、10.0μg/mL 的铅元素标准系列溶液。

② 镉标准溶液配制：取 1mL 浓度为 1000μg/mL 的镉标准溶液至 100mL 容量瓶中，配制成浓度为 10μg/mL 的镉元素缓冲液。分别移取 0mL、0.5mL、1.0mL、1.5mL、2.0mL、2.5mL、5.0mL 缓冲液至 50mL 容量瓶中，用 10%的硝酸定容至刻度，配制成浓度为 0μg/mL、0.1μg/mL、0.2μg/mL、0.3μg/mL、0.4μg/mL、0.5μg/mL、1.0μg/mL 的镉元素标准系列溶液。

2. 测试步骤

（1）开机

① 打开主机电源，预热 30min。

② 安装空心阴极灯，通过主机键盘输入工作灯电流，预热 15min。

（2）测试条件选择

① 主机和空心阴极灯预热结束，打开计算机，然后打开工作站。

② 选择测定元素。

③ 输入一定负高压后，调整灯位。

④ 对光路并调节燃烧器高度。

⑤ 选择测定波长和调节能量值。

⑥ 输入积分时间和测定次数。

（3）样品测试（火焰法）

① 开空气压缩机，调节压力旋钮使输出压力为 0.3MPa。

② 打开乙炔钢瓶开关，调节减压阀至压力为 0.06 ~ 0.08MPa。

③ 输入标准溶液浓度。

④ 打开乙炔开关，按点火按钮点火，调节流量至火点着，根据元素不同选择合适流量。

⑤ 燃烧 3 min 后吸喷去离子水冲洗 10 ~ 15min，点击自动能量平衡。

⑥ 测试标准溶液，以所获得的标准溶液燃烧峰面积（峰高）与标准溶液浓度之间的关系作出标准曲线。

⑦ 测试样品，将测得的结果代入标准曲线方程，可以求得试样中重金属的含量。

（4）关机

① 测试完毕，吸喷去离子水 15min。

② 关闭乙炔钢瓶主阀，让火焰自动熄灭，按绿色灭火按钮，将乙炔流量计关死。

③ 排去空气压缩机内的水分，将空压机压力调零，关空气压缩机电源。

④ 退出工作站，关闭主机。

⑤ 关排气扇。

⑥ 倒干净废液罐中的废液，并用自来水冲洗废液罐，集中废液至实验室废液桶。

⑦ 清洁燃烧室、实验桌、仪器室。

3. 注意事项

（1）如果燃烧头未安装或者安装不正确，仪器不能点火。

（2）如果没有安装正确的燃烧头则不能切换至笑气-乙炔火焰。

（3）空气、乙炔和笑气的气压由压力传感器连续监测，压力太低则不能点火，如果在火焰燃烧过程中压力下降，则火焰也自动关闭。

（4）对氧化性气流（空气、笑气）进行连续监测以正确地点火或者关闭火焰，当氧化性气流不足时会导致回火。

（5）在任何情况下，当火焰关闭时火焰传感器立即关闭气流，以确保危险的气体不扩散到实验室。

（6）传感器监测雾化器气流塞和释压塞是否正确安放，否则将禁止点火或者以正确的方式将火焰关闭。

（7）当发生停电等情况时，主电源传感器以正确的次序关闭火焰。

六、数据处理

对涂膜样品进行火焰原子吸收光谱法测定，以此鉴定涂膜中重金属的含量。

七、思考题

1. 如何作出标准溶液燃烧图谱峰面积（峰高）与浓度之间的标准曲线？

2. 为什么要重点检测涂膜中铅、镉、汞、铬等重金属的含量？

第十一节 实验九十七 色差仪的应用

色差仪是一种简单的测试仪器，即一块具有与人眼感色灵敏度相等的分光特性的滤光片。用它对样板进行测光，关键是设计一种具有感光器分光灵敏度特性并能在某种光源下测定色差值的滤光片。色差仪体积小、操作简便，可测物体的反射色，可用于对平面、小颗粒粉末、糊状、溶液等各种样品进行精确测量，广泛应用于塑料、涂料、纺织、印刷、化工等行业。

为了对色彩进行描述，人们希望量化色彩现象，建立色彩标准，用数字来表示颜色。国际照明委员会（CIE）于 1931 年起先后规定了标准色度观察者、照明和观察条件、标准光源、表色系统、色差公式、白度公式等。这些标准奠定了现代色度学的基础，也是现代色差仪的理论依据，利用色差仪测量被测物体所得的数据，包括色度值和色差值等，可以准确获得需要的颜色，也可以此判定所做涂料、颜料或织物等的标准颜色。

一、实验目的

（1）掌握色差仪的使用方法。
（2）掌握色差仪数据的分析方法。

二、实验原理

测色色差仪可直接测量物体的反射色、透射色，将测得的模拟信号进行放大并转换成数字信号，依据色差公式演算处理，得到三刺激值及其他色度值和色差值。它结构简单，操作方便，价格便宜，经济实用。

分光色差仪可测量被测物体每个颜色点（10 nm 或 20 nm 波长间隔）的反射率曲线、透射率曲线。将测得的模拟信号进行放大并转换成数字信号，依据色差公式演算处理，得到三刺激值及其他色度值和色差值。分光色差仪的精度较高，只用于对色差要求极高的场合。颜色常有偏差，可利用 CIE1976$L^*a^*b^*$色空间或 HunterLab 色空间解决颜色偏差问题，以 CIE1976$L^*a^*b^*$色空间为例，它由三维颜色直角坐标 L^*、a^*、b^*构成。明度指数 L^*（亮度轴）表示黑白，0 为黑色，100 为白色，0～100 之间为灰色。色品指数 a^*（红绿轴），正值为红色，负值为绿色。色品指教 b^*（黄蓝轴），正值为黄色，负值为蓝色。所有颜色都可以用 L^*、a^*、b^*这三个数值表示，试样与标样的 L^*、a^*、b^*之差，用 ΔL^*、Δa^*、Δb^*来表达。ΔL^*为正，说明试样比标样浅；为负，说明试样比标样深。Δa^*为正，说明试样比标样红（或少绿）；为负，说明试样比标样绿（或少红）。Δb^*为正，说明试样比标样黄（或少蓝）；为负，说明试样比标样蓝（或少黄）。

三、实验原料

彩色丙烯酸酯涂料（自制）、龙工黄机械涂料、车桥黑色涂料、卷钢蓝色涂料、晨阳水性涂料（天安门红）、马口铁、测试卡纸。

四、仪器设备

CS-220 精密色差仪如图 11.8 所示，能准确传输光信号并且电信号稳定，显示精度为 0.01，重复精度 Δe 标准偏差值为 0.08，能实现黄、白度测试。

五、实验步骤

1.测试步骤
（1）取下镜头保护盖。
（2）打开电源 POWER 至 ON 的位置。
（3）按一下样品目标键"TARGET"，此时显示
"Target L a b"。

图 11.8　CS-220 精密色差仪

（4）将镜头口对正样品的被测部位；按一下录入工作键，等"嘀"的一声响后才能移开镜头，此时显示该样品的绝对值"Target L **.* a+-**.* b+-**.*"。

（5）再将镜头对准需检测物品的被测部位，重复第（4）步的测试工作，此时显示该被检物品与样品的色差值"dL**.* da+-**.* db+-**.*"。

（6）根据前面所述的工作原理，由 dL、da、db 判断两者之间的色差大小和偏色方向。

（7）重复第（6）、（7）步可以重复检测其他被检物品与第（4）步样品的颜色差异。

（8）若要重新取样，需按一下"TARGET"，再由第（4）步开始即可。

（9）测试完后，盖好镜头保护盖，关闭电源。

2. 注意事项

（1）色差仪属于精密测量仪器，在测量时应避免仪器外部环境的剧烈变化，如在测量时应避免周围环境光照的闪烁等。

（2）仪器不防水，不可在高湿度环境或水雾中使用。

（3）保持仪器整洁，避免水、灰尘等液体、粉末或固体异物进入测量口径内及仪器内部，应避免对仪器的撞击、碰撞。

（4）若长期不使用仪器，应取下电池。

（5）非原配置电池不可使用，否则有可能损坏仪器。

（6）非原配置电源适配器千万不可使用，否则有可能一插入立即烧毁仪器。

（7）仪器使用完毕，应将色差仪、白板盖放进仪器箱，妥善保存。

（8）仪器应存放在干燥、阴凉的环境中。

六、数据处理

对彩色涂料样品进行测色，得出颜色数据并记录。测出不同样品之间的色差，共做三组平行试验。

七、思考题

1. 如何涂覆出符合测试标准的比色涂膜样板？

2. 色彩模型主要有哪几种？色差仪对应的色彩模型是哪一种？

3. 涂覆底板对测试结果有何影响？

第十二章

涂料剖析综合大型实验

涂料广泛应用于各个领域，或装饰或防护。与光刻机技术领域相似，目前较为先进的特种涂料技术仍在欧美等发达国家。因此，涂料解析成为必要，尤其针对一些市场上处于垄断地位的产品。

涂料是一种有机无机杂化混合的功能性产物，其涉及学科领域繁杂，并非归属于传统分析化学的分析范围，对于解析从业者而言具有一定的难度。目前常用且最有效的办法主要有傅里叶变换红外光谱、气质联用等，主要是针对溶剂、成膜物质进行简单判定。从定性到定量再到配方还原后性能的验证方面的文献报道相对较少。下面主要从对一种未知成分涂料的剖析手段进行阐述，并结合案例进行简单补正。

第一节 材料剖析的意义

对未知材料剖析的意义重大，具体可以包括以下几个方面。

（1）对国外先进材料与产品进行剖析，了解它们的组成与结构，发现新材料和材料的新应用。

① 为新材料的试制提供可靠的数据和信息，

② 大大缩短新产品的开发周期。

③ 为科研与生产起桥梁作用，是新材料国产化的先行军。

④ 起提供科技情报作用，如人造卫星、飞机、导弹等的材料信息。

⑤ 寻找国产和国外同类产品的差距原因，以提高我国产品的质量。

（2）科研与生产中产品的分析鉴定

① 对反应原料及产物的分析，协助生产部门控制原料质量，了解反应程度、反应速率，产品是否需要纯化，纯化效果如何，从而指导反应条件和生产工艺的正确制订。

② 协助使用部门筛选最佳材料，国外技术的国产化，如卷烟用的乳胶的筛选，轿车的各种材料的国产材料筛选。

③ 对产品质量进行监控，解决生产中的问题，如 PET 薄膜中出现鱼眼的原因是 PET 的左右式结构过多；滑板车轮子 PU-PA 的黏合改性。

④ 了解临床用的新药在动物和人体中的代谢过程，了解对人体的作用与副作用，决定用药量的多少。

（3）研究反应机理及反应动力学，是科研的重要手段。研究高分子材料的老化机理，从而找到阻止老化的方法，采取防止老化的措施并考察该措施的有效性，如 PP 的光降解机理，降解环保型高分子。

（4）研究天然产物的结构，进行人工合成，达到学习自然、改造自然的作用。

① 云南的美登本中有美登本素，有治疗癌症的作用，但含量极少，10吨药材中仅有2克，没有应用价值。分离、分析了它的结构后就可以人工合成，红外光谱对样品没有破坏作用，用后还可做别的分析。

② 天麻素、核酸、激素均可如此进行分析。

③ 农药对人们有害，可采用生物灭虫，合成雌虫的激素，引诱昆虫聚集并进行捕捉，如玉米螟虫、高粱螟虫的激素已被合成并得到了应用。

（5）研究新材料的组成、结构，提高材料的性能。

① 测定高聚物的结晶度、取向度、共聚物组成。

② 研究凝聚态材料结构与性能的关系，指导生产工艺的改进，为人类的衣食住行服务。

诸如此类的解剖目标和获得有效信息的应用，仅仅是众多的用现代化设备仪器解析材料获取应用指导的九牛一毛。因此，涂料解析在涂料中的应用对了解涂料的组成结构和性能，剖析其凝聚态的涂膜内部状态以及颜填料分散状态，助剂的作用耐性（耐久性），有着非常重要的作用。

第二节　材料剖析的方法

（1）分析未知高分子材料最快捷的方法是用红外光谱法（IR）分析，再用其他分析方法辅助，但是材料的IR谱是有加和性的。

① 高分子材料的特征是多组分的，有聚合物（共混物、共聚物）、增塑剂、增强剂、填料、颜料、稳定剂等。

② 在需要高分子材料定性和定量信息时，需分离材料中的各组分。

③ 每剖析一个材料，就是一个研究课题。高分子材料的剖析，是不同材料采用不同方法，没有固定的方法，除了动用不同的分析手段外，还需要丰富的专业知识，有时还需要查阅文献，以帮助获得正确的结果。

④ 由基体成分的性质决定各组分的分离方法。如热固性树脂、热塑性树脂的分离方法不同。

⑤ 由其组分的状态（液体、固体）决定采用什么分析方法。可以用IR；液体还可采用气相色谱法-质谱联用法（GC-MS）；如有两种以上液体GC还可分别定量。结晶度可用X射线衍射法、IR分析。

（2）对于已知样品，寻找性能或质量不佳的原因，通常高分子材料性能不佳的原因有如下可能。

① 来自合成工艺和后处理工艺

a. 合成工艺影响分子量、分子量分布，原料和催化剂的杂质影响反应程度等。

b. 后处理工艺影响分子量的大小、溶剂和催化剂的去除和结晶结构的不同。

② 来自加工工艺　影响结晶度、取向度及共混物相容性等，需要分析结晶度、取向度等。如：车的内装饰织物是PET/尼龙的混编物，PET的熔点及结晶度对织物外观质量有直接影响；PET瓶料的结晶速度与加工工艺有关，合成纤维的收缩问题与后处理工艺有关。

③ 相同高聚物添加少量助剂，有时较难发现，就要以其结晶性能、组成、加工工艺来分析。如：滑板车的轮子，由尼龙做内轮，强而耐磨的聚亚胺酯做外轮，尽管两者相容，但由于成型是两步进行的，界面处在受冲击时容易分裂。

在尼龙中加入少量聚亚胺酯破坏了尼龙的结晶性，使界面两组分的分子相容性提高，黏结性就提高了。PA和PU界面黏合力差需从改进界面相容性着手。

第三节 涂料剖析步骤

涂料剖析工作的重点是研究涂料的组成，包括成膜物质、颜料、溶剂和助剂。涂料是一种复杂的混合物，不经分离就直接采用仪器分析几乎是不可能的。在涂料剖析中能否成功地将各组分分开往往成为涂料剖析的核心和关键。涂料剖析就是通过一定的手段和方法，将各组分有效地分离与纯化。常用的分离方法有过滤（分离固体和液体）、高速离心（分离液体和固体）、溶解（分离可溶和不可溶物质）、沉淀（分离不同溶解度物质）、萃取（分离溶解与不溶解物质）、蒸馏（分离不同沸点的液体）、柱色谱（分离不同吸附特性的液体）和薄层色谱法（分离不同吸附特性的液体，用量更少）等。然后用波谱、色谱、气相色谱-质谱（GC-MS）及裂解气相色谱-质谱（Py-GC-MS）等方法对各组分进行定性、定量及结构分析。由于涂料体系不同，所采用的剖析程序也略有差异，下面仅对水性涂料与有机溶剂型涂料的剖析程序进行介绍。

1. 水性涂料的剖析程序

水性涂料分为水溶性和水乳性涂料，由于类型不同，剖析的程序也略有差异。水溶性涂料剖析的一般程序如图12.1所示。

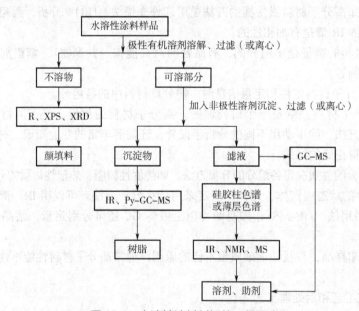

图12.1 水溶性涂料剖析的一般程序

对于乳液高分子涂料，首先需要破乳，然后按水溶性涂料的剖析程序进行分析。

2. 有机溶剂型涂料的剖析程序

有机溶剂型涂料是涂料剖析中经常遇到的体系。作为成膜物质的树脂可能是一种或数种，而溶剂也可能是多种成分的混合物。为了使涂料具有良好的综合性能，颜料和助剂也是由多种物质组成。要完成如此复杂体系的剖析，是一项十分艰巨的工作。有机溶剂型涂料剖析的一般程序如图12.2所示。

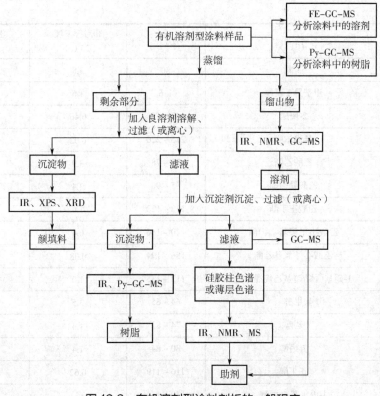

图 12.2　有机溶剂型涂料剖析的一般程序

3.涂料中的溶剂分离与鉴定

涂料中使用的溶剂成千上万种，有单一的溶剂，也有复合的溶剂。溶剂按氢键强弱和形式，可分为弱氢键溶剂、氢键接受型溶剂和氢键授受型溶剂三类。弱氢键溶剂主要包括烃类和氯代烃类溶剂，烃类溶剂又分为脂肪烃和芳香烃。商业上脂肪烃溶剂是直链脂肪烃、异构脂肪烃、环烷烃以及少量芳香烃的混合物，其优点是价格低廉。芳香烃较脂肪烃贵，但能溶解许多树脂。氢接受型溶剂主要指酮和酯类，酮类溶剂较酯类溶剂便宜，但酯类溶剂较酮类溶剂气味芳香。氢键授受型溶剂主要为醇类溶剂，常用的有甲醇、乙醇、异丙醇、正丁酸、异丁醇等。大多数乳胶漆中也含有挥发性慢的水溶性醇类溶剂，如乙醇、丙二醇等，加入醇类溶剂的目的之一是降低凝固点，增强流动性和润湿性，促进流平性。表 12.1 总结了部分溶剂的物理性质。

表 12.1　部分溶剂的物理性质

类型	溶剂	沸点/℃	相对挥发度（25℃）	密度（25℃）/（g/cm³）
弱氢键溶剂	石脑油	119～129	1.4	0.742
	200号溶剂汽油	158～197	0.1	0.772
	甲苯	110～111	2.0	0.865
	二甲苯	138～140	0.6	0.865
	1,1,1-三氯乙烷	73～75	6.0	1.325

类型	溶剂	沸点/℃	相对挥发度（25℃）	密度（25℃）/（g/cm³）
氢键接受型溶剂	丁酮	80	3.8	0.802
	甲基异丁基酮	116	1.6	0.799
	2-庚酮	147～153	0.46	0.814
	异佛尔酮	215～220	0.02	0.919
	乙酸乙酯	75～78	3.9	0.894
	乙酸异丙酯	85～90	3.4	0.866
	乙酸正丁酯	118～128	1.0	0.872
	乙酸-1-甲氧基-2-丙酯	140～150	0.4	0.966
	乙酸-2-丁氧基乙酯	186～194	0.03	0.938
	1-硝基丙烷/硝基乙烷混合物	112～133	1.0	0.987
氢键授受型溶剂	甲醇	64～65	3.5	0.789
	乙醇	74～82	1.4	0.809
	异丙醇	80～84	1.4	0.783
	正丁醇	116～119	0.62	0.808
	1-丙氧基-2-丙醇	149～153	0.21	0.89
	2-丁氧基乙醇	169～173	0.87	0.901
	二甘醇单丁基醚	230～235	<0.01	0.956
	乙二醇	196～198	<0.01	1.114
	丙二醇	185～190	0.01	1.035

（1）蒸馏法　取适量涂料样品于圆底烧瓶内，在常压或减压下将溶剂蒸出，接收不同温度下的馏分，然后对各馏分进行谱学分析。通常是测定各馏分的红外光谱，并通过查阅红外标准谱图对溶剂进行定性与结构分析。

根据溶剂的类型和沸点控制蒸馏温度，若涂料中的溶剂为二甲苯和乙苯，则蒸馏温度宜控制在135～145℃。一些特殊的涂料，如聚氨酯漆，蒸馏温度应控制在150～160℃（压力8～9kPa），这是因为聚氨酯漆的有机溶剂是甲苯二异氰酸酯。对于橡胶漆，应注意控制蒸馏时间，防止样品在烧瓶内固化，不利于清洗。

蒸馏操作注意事项：①蒸馏溶剂的沸点在140℃以下需用水冷凝，140℃以上则用空气冷凝；②蒸馏溶剂的沸点在100℃以下需采用水浴加热，沸点在100～250℃采用油浴加热，沸点再高，采用沙浴加热；③在蒸馏烧瓶中放少量碎瓷片，防止液体暴沸；④蒸馏烧瓶中盛放的试样量不能超过烧瓶容积的2/3，也不能少于1/3；⑤所用装置和接收小瓶应洁净干燥，否则蒸馏出的有机溶剂含有水分，对红外光谱定性分析不利。

（2）气相色谱法　涂料中的溶剂通常是挥发性的有机组分，可先用有机溶剂（如二氯甲烷、丙酮、乙腈和正己烷等）将涂料中的溶剂萃取出来，再经气相色谱仪进行分离，分离后的溶剂组分一般采用保留值对照定性，内标法定量。气相色谱对混合溶剂的分离与鉴定效果最佳，但需以标样对照定性，对一些无标样的溶剂就无法鉴定。遇到这种情况，可采用气相色谱-

质谱联用技术对样品中的溶剂进行分离与鉴定。

（3）顶空-气相色谱-质谱（HS-GC-MS）联用技术　顶空技术是将涂料样品直接置于顶空瓶中加热，然后将样品释放的气体导入色谱仪进行分离，分离后的组分经质谱仪分析鉴定。使用顶空技术，可以免除冗长烦琐的样品前处理过程，避免有机溶剂带入的杂质对分析造成干扰，减少对色谱柱及进样口的污染。

（4）闪蒸气相色谱-质谱（FE-GC-MS）联用技术　利用裂解色谱仪器对涂料样品进行短时间的加热，控制加热温度在裂解温度以下，样品中的溶剂被迅速蒸出，并被载气带入色谱柱进行分离。混合溶剂中的各组分通过程序升温和毛细管色谱柱进行有效分离后进入质谱仪，逐一被质谱检测。FE-GC-MS的最大特点是涂料样品不需任何前处理，可直接进样分析，缺点是这类分析方法使用的仪器价格昂贵，普及不易。

4. 无机颜料与高聚物的分离及纯化

涂料中的颜料与其他组分大多是机械混合，可采用高速离心的方法将基料与颜料分离。对已经固化的涂膜，可用溴化钾压片法测其红外光谱，鉴别基料结构；对含有大量颜料的热塑性涂膜，可用萃取的方法分离基料与颜料；对热固性涂膜，可采用裂解的手段鉴别基料，采用灼烧的方法鉴别颜料。分离出无机颜料后，涂料中的基料可采用溶解-沉淀法分离，以得到纯的高聚物树脂。该方法是将较浓的高聚物溶液在不断搅拌下慢慢滴入沉淀剂中，沉淀剂是该高聚物的不良溶剂，其用量约为聚合物溶液量的十倍以上。聚合物溶液滴入沉淀剂后，产生絮状物或细颗粒沉淀，洗涤沉淀、过滤，即可得到较纯的聚合物树脂，而涂料中的其他助剂则留在滤液中。若涂料的成膜物是两种或两种以上聚合物的共混物，则可采用色谱法做进一步分离。

不同的溶剂对树脂的溶解度不同，常见的涂料用溶剂见表12.2。

表12.2　常见的涂料用溶剂

油漆品种	溶剂
油脂漆	200号溶剂汽油、氯仿、乙醚
天然树脂漆	200号溶剂汽油、乙醚、二甲苯
酚醛漆	二甲苯、200号溶剂汽油
沥青漆	二甲苯、200号溶剂汽油、乙醚、氯仿
醇酸漆	二甲苯、200号溶剂汽油、氯仿
氨基漆	二甲苯、200号溶剂汽油、氯仿
硝基漆	丙酮、乙酸乙酯
过氯乙烯漆	丙酮、氯仿、乙醚、二丁酯
环氧漆	二甲苯与丁醇的混合溶液

（1）无机颜料与高聚物的分离　在离心管中加入2~3mL涂料样品，根据其类型，选择适当的溶剂，加入6~8mL溶剂，搅匀，离心。每次离心时间为5~10min，转速2500r/min。第一次离心后，取上层清液（高聚物）保存在干净的磨口瓶中。再于离心管中加入4~5mL溶剂进行离心清洗，上层清液可弃去。重复操作6~8次，洗至上层清液不再变色，固体颜料呈松散状态为止。将离心管烘干，测定颜料的红外光谱，对其进行定性与结构分析。

（2）高聚物的纯化　无机颜料第一次离心后的上层清液应透明澄清，其中溶有高聚物，注意保存时不要带入杂质，先做红外谱图，以大致了解其属性，可据此选择适当的溶剂（如乙醇、石油醚等）对高聚物进行提纯。高聚物的纯化可采用溶解-沉淀法，不同系列的涂料可采用不同的沉淀剂，原则是溶于非极性溶剂的涂料采用极性溶剂作沉淀剂，溶于极性溶剂的涂料采用非极性溶剂作沉淀剂。大多数涂料可用乙醇提纯。将上述高聚物溶液在红外灯下浓缩至2~3mL，取20~30mL沉淀剂于100mL烧杯中，在搅拌下慢慢滴入浓缩后的高聚物溶液，产生沉淀，过滤并干燥沉淀，测其红外光谱，进行定性与结构分析。

（3）聚合物共混物的分离　大部分涂料并非只含一种聚合物，经常是两种或两种以上聚合物混合使用，此时需要对聚合物的共混物进行分离。常用方法有经典溶剂萃取法和柱色谱法。

① 溶剂萃取法

a. 用甲苯萃取样品，可得醇酸或丙烯酸树脂。

b. 对甲苯多次萃取后的不溶物，用乙酸乙酯溶解，可得硝酸纤维素或氨基树脂。

c. 如还混有其他树脂，可用乙酸乙酯多次萃取残留物，然后用丙酮溶解，可得其树脂。

d. 若含有松香树脂，则先用松节水萃取，可分离松香树脂，再用甲苯萃取残留物，可得到其他树脂。

② 柱色谱法　采用100~120目柱色谱硅胶，柱长15cm，内径1cm，湿法装柱。将1mL约含500mg样品的溶液加入柱头，用适当的溶剂洗脱，流速为1~1.5mL/min，每隔5min收集洗脱液于10mL烧杯中。洗脱溶剂视样品性质定，一般按极性从弱到强的顺序淋洗，采用红外光谱法鉴别各馏分。

5. 涂料中助剂的分离

涂料中的助剂用量一般小于5%，可采用各种分离手段分离富集助剂，以便进行分析鉴定。有机溶剂型涂料由于助剂与成膜树脂间的混溶性很好，加量又少，难以分离富集。而水性涂料所用助剂都是水溶性的，成膜树脂的水溶性稍差，利用它们在不同极性溶剂中的溶解性差异，采用溶解沉淀、柱色谱的方法可将树脂与各种助剂分开。例如，乳胶漆（乳胶涂料）是一种水性涂料，以水为分散介质，以合成树脂乳液为基料，把颜填料经过研磨分散后，加入各种助剂制成。乳胶漆中助剂的品种很多，经多次试验，采用图12.3所示程序处理样品可以较好地分离助剂。

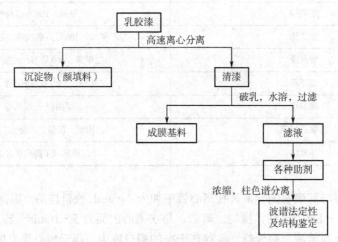

图 12.3　乳胶漆中助剂的分离程序

需注意的是，这类样品中的助剂在柱色谱分离时，淋洗液的选择非常重要。乳胶涂料中的助剂水溶性都很强，一般按淋洗液的极性从弱到强的顺序淋洗，基本上可将各种助剂分离开，然后用红外光谱及其他波谱法进行定性、定量以及分子结构鉴定。

6. 涂料中各组分的定量分析

（1）溶剂的定量测定　准确称取恒量的称量瓶，加入 1g 左右的样品，再次称量并记录。在红外灯下将样品烤至近干，然后移入 100~120℃的恒温烘箱中烘至恒量，准确称其质量，根据失重计算溶剂的质量分数。同时，计算出成膜基料、无机颜料及助剂的总质量分数。

（2）无机颜料的定量测定　取一个 10mL 的离心管，恒量后准确称量，加入约 0.5g 样品，准确称量。再加入 68mL 所选溶剂，离心 5~10min，转速为 2500r/min。吸出上层清液，再用所选溶剂洗涤沉淀，重复 5~6 次，然后将盛有无机颜料的离心管在 100~120℃恒温烘箱中烘至恒量，准确称量并记录，计算出无机颜料的质量分数。

（3）成膜基料与助剂的定量测定　用（1）测得的总质量分数减去（2）测得的无机颜料的质量分数，即得成膜基料与助剂的质量分数。

将离心后的上层清液合并，加入沉淀剂，成膜基料以沉淀形式析出，过滤，洗涤，将沉淀烘至恒量，准确称量，计算出成膜基料的质量分数，用成膜基料与助剂的质量分数减去成膜基料的质量分数即为助剂的质量分数。

概括地说，剖析一个涂料样品，首先要看外观，其次要了解它的用途、有何技术要求，这对判断涂料的组成很有帮助。对一个涂料样品进行剖析，无疑需要多种分离方法，但在着手分析前可先测定它的红外光谱，弄清所测样品进行主要成分的类型，这对选择分离方法是有益的。合适的分离方法为准确分析鉴定提供了可靠保证。

第四节　实验九十八　涂料剖析实验

一种未知水性涂料的剖析。

一、实验仪器及试剂

1. 检测设备

红外光谱仪（FI-TR）、X 射线衍射仪（XRD）、扫描电镜（SEM/EDS）、气相-质谱联用仪（GC-MS）等。

2. 辅助设备

高速离心机、马弗炉、抽滤装置、烘箱等。

3. 实验试剂

未知涂料样品、丙酮、甲苯、二甲苯、沉淀剂等，所需试剂依据样品体系及溶解性来选取。

二、实验方法

1. 未知涂料基本性能检测

对样品的基本性能进行检测，如固含量、黏度、pH 值、细度等按相关执行标准进行测试，初步掌握其物理状态。

2. 样品组分的分离

（1）水和小分子溶剂的分离　可选用常规烘箱烘烤的办法将水或溶剂成分脱除，也可采用分馏的办法将水和小分子溶剂分离出来，以备定性检测。

（2）成膜物质的分离　采用高速离心机对成膜物质进行分离，一般水性涂料大约在

15000r/min转速下即可分离，取最上层分离物少许，烘干备用；若成品漆黏度较高可适当用水稀释后再进行分离。

3. 无机填料的分离

将高速离心后离心管底部的沉淀物转移出来，并用去离子水多次洗涤烘干，可进一步置入马弗炉煅烧，一般设置温度在450℃左右，既能将黏附的有机组分去除，也不会影响其体相，然后将其收集备用。在不具备马弗炉煅烧的情况下，也可利用合适的溶剂如甲苯、二甲苯、丙酮等将有机树脂溶解，然后用去离子水逐步洗涤烘干。相比于前者，溶解洗涤的工作量较大，但洗涤至纯净终点比较容易，结果更准确。

4. 样品组分的计量

水和溶剂的挥发量记为M_1，剩余部分即为树脂固体部分和无机填料总重，记为M_2，将固体树脂部分和无机填料部分放入450℃马弗炉煅烧两小时，剩余部分即为无机填料质量，记为M_3，树脂固体部分为M_2-M_3。可粗略得到表12.3的配比。

表12.3　样品组分计量表

品名	质量分数
水+溶剂	$M_1/(M_1+M_2)$
成膜物质	$(M_2-M_3)/(M_1+M_2)$
无机填料	$M_3/(M_1+M_2)$

5. 样品组分的定性分析

（1）水和溶剂的判定　对分馏所得水和溶剂混合物进行红外光谱测试，经红外谱库检索即可得知其成分，也可利用GC-MS辅助验证。

（2）成膜物质的判定　对高速离心产物在烘干成膜后采用ATR方式进行红外光谱测试，可知其含有哪些官能团，比如纯丙烯酸类，苯丙、硅丙、聚氨酯、环氧树脂等都具有相应的特征官能团，可与同类标准产物光谱对比得出其归属类别。若想了解有机树脂的玻璃化转变温度、分解温度等信息，可结合TGA-DSC联用仪测试获得。若为复配型或反应型成膜物质则需要借助GC-MS来判定。已有文献对其裂解结果和类别做了详细归属，如表12.4所示。

表12.4　涂料树脂裂解结果分类

序号	涂料类型	基料类型	主要裂解碎片
1	沥青涂料	石油沥青	$C_3 \sim C_{25}$不同链长的一组烯烃和烷烃
		天然沥青	$C_3 \sim C_{25}$不同链长的一组烯烃和烷烃
		煤焦沥青	苊、二氢苊、芴、蒽、芘
2	酚醛涂料	苯酚甲醛树脂	苯酚、甲酚、二甲苯酚、三甲酚、氧杂蒽
		叔丁酚甲醛树脂	2-甲基叔丁酚、叔丁基酚、苯酚、甲酚、2,4-二甲基叔丁基酚
		丁醇醚化甲酚甲醛树脂	C_4H_9—O—CH_3、苯酚、甲酚、二甲苯酚、三甲酚
		环己酮甲醛树脂	环己酮、酚、甲酚、二甲苯酚
3	醇酸涂料	豆油醇酸树脂	苯甲酸甲酯、苯酐、邻苯二甲酸甲酯、亚油酸甲酯、油酸甲酯
		鱼油醇酸树脂	苯甲酸甲酯、苯酐、邻苯二甲酸甲酯、棕榈酸甲酯、肉豆蔻酸甲酯
		蓖麻油醇酸树脂	苯甲酸甲酯、苯酐、邻苯二甲酸甲酯、蓖麻油酸甲酯

序号	涂料类型	基料类型	主要裂解碎片
3	醇酸涂料	椰子油醇酸树脂	苯甲酸甲酯、苯酐、邻苯二甲酸甲酯、月桂酸甲酯
		脂肪酸醇酸树脂	苯甲酸甲酯、苯酐、邻苯二甲酸甲酯、棕榈酸甲酯
		亚麻油桐油醇酸树脂	苯甲酸甲酯、苯酐、邻苯二甲酸甲酯、亚麻酸甲酯
4	环氧酯涂料	亚油酸环氧酯	苯酚、异丙基酚、异丙烯基酚、双酚A、亚油酸甲酯、棕榈酸甲酯
		亚麻油环氧酯	苯酚、异丙基酚、异丙烯基酚、双酚A、亚油酸甲酯、棕榈酸甲酯
		鱼油环氧酯	苯酚、异丙基酚、异丙烯基酚、双酚A、棕榈酸甲酯、肉豆蔻酸甲酯
		蓖麻油桐油环氧酯	苯酚、异丙基酚、异丙烯基酚、双酚A、蓖麻油酸甲酯、亚麻酸甲酯
5	丙烯酸涂料	MMA均聚体丙烯酸	1-丁烯、甲基丙烯酸甲酯（MMA）
		MMA-BMA二元共聚丙烯酸	1-丁烯、甲基丙烯酸甲酯（MMA）、甲基丙烯酸丁酯（BMA）
		MMA-BMA-ST三元共聚丙烯酸	1-丁烯、甲基丙烯酸甲酯（MMA）、甲基丙烯酸丁酯（BMA）、苯乙烯（ST）
6	含氯聚合物涂料	氯化橡胶	HCl、CCl$_4$
		高氯乙烯	HCl、C$_6$H$_5$Cl
		氯乙烯/乙烯异丁基醚共聚	HCl、C$_4$H$_8$、C$_4$H$_9$O、C$_4$H$_{10}$O、C$_6$H$_6$、C$_4$H$_9$OC$_2$H$_3$
7	环氧涂料	双酚A环氧	环氧乙烷、烯丙醇、苯酚、甲酚、异丙烯基酚、双酚A
8	聚氨酯涂料	甲苯二异氰酸酯（TDI）	OCNC$_6$H$_3$(CH$_3$)NCO、丁二烯、二丁基醚
		己二异氰酸酯（HDI）	OCN(CH$_2$)$_6$NCO、丁二烯、(CH$_3$)$_2$C$_6$H$_9$NH
		二甲苯烷二异氰酸酯（MDI）	OCNC$_6$H$_4$CH$_2$C$_6$H$_4$NCO、丙烯、二丁基醚
		异氟尔酮二异氰酸酯（IPDI）	OCN(CH$_3$)$_3$C$_6$H$_6$CH$_2$NCO、丁二烯、(CH$_3$)$_5$C$_6$H$_7$

（3）无机填料的判定　无机物大都为晶型化合物，因此，XRD是最简单有效的检测方法。无论是一种还是多种复合均可检测。当然，若是一种化合物也可用红外光谱进行测试。填料的粒径和在漆膜中的分布可采用扫描电子显微镜来观察。若想知道填料是否经过改性也可结合SEM、EDS来辨别。若含有多种填料可利用填料的物理特性，如酸解性、碱溶性等分步分离，进一步得到各自配比，使配方还原精细化。

（4）助剂的判定　助剂在涂料中所占比例虽然不是很高，但其作用却不容忽视。在涂料成分剖析过程中也是一个难点，最有效的办法也是利用热裂解GC-MS联用仪进行分析。当然，对于一般企业因缺乏设备通常此类考评往往被忽略。对于资深的从业者也可根据自身设计经验做出合理替代，进而达到同等甚至更加优异的效果。

三、案例展示：一种未知成分的卷钢涂料

1. 样品基本性能检测
检测项目如表12.5所示。

表 12.5　未知样品基本性能检测项目

检测项目	结果	仪器或方法
黏度	106.9 KU	斯托默黏度计
固含量	39.66%	120℃烘箱烘烤 2 h
pH 值	8.16	pH 计
细度	25 μm	刮板细度计

2. 样品的分离

按上述方法分别对每个组分进行分离，最终可得粗略配比，具体如表 12.6 所示。

表 12.6　未知样品基本组分配比

品名	质量分数
水、溶剂	62.44%
填料	12.60%
颜料	适量（包含在填料中）
树脂（固体部分）	24.96%
合计	100%

3. 样品定性分析

（1）成膜物质的判定　将分离出来的树脂烘干以 ATR 方式进行红外测试，结果如图 12.4 所示。

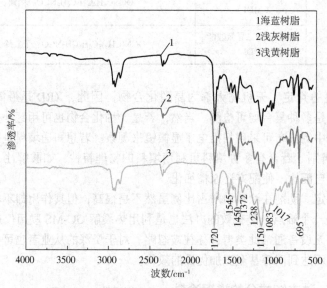

图 12.4　分离树脂的红外测试（ATR）结果

由图 12.4 的红外光谱可知，2955cm⁻¹、2875cm⁻¹ 附近为甲基和亚甲基的特征吸收峰；1720cm⁻¹ 附近为丙烯酸酯链节的 C=O 的特征吸收峰；1545cm⁻¹ 附近可能为中和剂 DMEA 中季胺的特征吸收峰；1450cm^{-1}、1372cm^{-1}附近为 C—H 的吸收峰；1238cm^{-1}、1150cm^{-1} 和 1083cm^{-1}附近为 C—O 的吸收峰。

可以发现，固化后在 3000～3600cm^{-1} 范围内未出现明显的吸收峰，说明—OH/—NH$_2$ 已经参与固化反应。和文献进行对比并结合烘烤型彩钢生产线用树脂，可得出结论：该样品是一种以羟基水性丙烯酸树脂为主成膜物，且复配少量氨基树脂的固化体系形成的涂料。

（2）无机填料的判定　将煅烧过后的填料进行 XRD 测试，并采用 jade 软件对结果进行体相分析，具体图谱见图 12.5。

XRD 分析结果显示，填料中含有三种物质，分别为碳酸钙、二氧化硅、二氧化钛（锐钛型）。

4. 配方还原

综合上述分析结果，可还原出未知样品的基准配方，如表 12.7 所示。

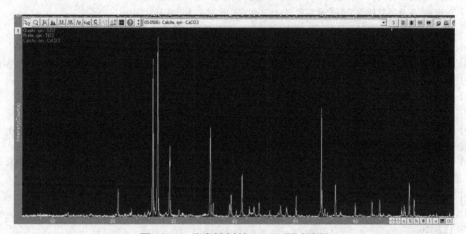

图 12.5　分离填料的 XRD 测试结果

表 12.7　未知样品解析出的基准配方

品名	质量分数
水、溶剂	62.44%
碳酸钙	
二氧化硅	12.60%
二氧化钛（锐钛型）	
颜料	适量（包含在填料中）
水性羟丙乳液（固体部分）	24.96%
合计	100%

采用薄层色谱和柱色谱可进一步完成表 12.7 未列出相关助剂的分离、定性和定量分析。

不同涂料中的助剂、树脂、颜填料存在很大的差异，是一个复杂的体系，很难通过一两种技术手段进行分析，需要结合多种仪器设备、多种技术手段共同完成剖析。随着科技水平的进步和发展，新的方法的出现，涂料剖析技术也需要不断更新和提高。通过涂料剖析技术的应用，对涂料配方进行剖析并能够真实有效地还原，体现的是我国技术水平的进步，技术人员能力的提高。

参考文献

[1] 温绍国，刘宏波，周树学.涂料及原材料质量评价 [M] .北京：化学工业出版社，2013.

[2] 甘文君，张书华，王继虎.高分子化学实验原理与技术 [M] .上海：上海交通大学出版社，2012.

[3] 陈金身.高分子材料与工程专业实验 [M] .郑州：郑州大学出版社，2017.

[4] 陈燕舞.涂料分析与检测 [M] .北京：化学工业出版社，2009.

[5] 董慧茹，王志华.复杂物质剖析技术（第2版）[M] .北京：化学工业出版社，2015.

[6] 向德轩.涂料化学及工艺学实验 [M] .沈阳：辽宁大学出版社，2019.

[7] 王海庆，李丽，庄光山.涂料与涂装技术 [M] .北京：化学工业出版社，2012.

[8] 周永强.材料剖析技术 [M] .北京：清华大学出版社，2014.

[9] 王正熙.高分子材料剖析实用手册 [M] .北京：化学工业出版社，2016.

[10] 王沛.高分子材料科学实验 [M] .大连：大连海事大学出版社，2019.

[11] 周春华.高分子材料与工程专业实验 [M] .北京：化学工业出版社，2018.

[12] 徐勇，王新龙.高分子科学与工程试验 [M] .第2版.南京：东南大学出版社，2019.

[13] 胡乔生，叶家波，王建国，等.水溶性自干醇酸树脂清漆的研制 [J] .化学建材，2007(04)：14-15.

[14] 王伟跃，李小强，李勇，等.粉末涂料用聚酯树脂合成工艺的研究 [J] .现代涂料与涂装，2021，24(04)：1-3.

[15] 邓妮.紫外光（UV）固化水性环氧丙烯酸树脂的改性研究 [D] .广州：广州大学，2016.

[16] 曾利娟.涂料中重金属的快速测定方法的研究 [J] .计量与测试技术，2005(08)：48-49.

[17] 邓晓霞.水性环氧防腐涂料的制备及性能研究 [D] .天津：天津科技大学，2019.

[18] 王怡，王春晓，王首华，等.纳米ATO透明隔热涂料的制备与性能研究 [J] .涂料工业，2019，49(10)：43-47.

[19] 江雪琴，王恩琪，伍小军.高性能水性环氧防腐涂料的研制 [J] .中国涂料，2018，33(09)：36-39.

[20] 徐瑞芬，许秀艳，付国柱.纳米TiO_2在涂料中的抗菌性能研究 [J] .北京化工大学学报（自然科学版），2002(05)：45-48.

[21] 林金峰，王胜辉.聚乙烯材料的老化和耐候性研究进展 [J] .化工装备技术，2018，39(5)：4.

[22] 敖晓娟，杨育农，王浩江，等.聚丙烯酸酯抗菌涂料研究进展 [J] .合成材料老化与应用，2019，48(05)：122-126.

[23] 杨凯，郭常青，孙琰，等.新型耐高温重防腐涂料的研制及应用 [J] .中国涂料，2020，35(6)：5.

[24] 陈雪寒.一种医疗器械用防水涂料的制备方法，CN108424701A [P] .2018.

[25] 王振田，李正博.浅谈常规扫描电子显微镜的使用 [J] .分析仪器，2016(05)：75-78.

[26] GB/T 6744—2008 色漆和清漆用漆基 皂化值的测定 滴定法 [S] .

[27] GB/T 5211.19—1988 着色颜料的相对着色力和冲淡色的测定 目视比较法 [S] .

[28] GB/T 1725—2007 色漆、清漆和塑料 不挥发物含量的测定 [S] .

[29] GB/T 611—2021 化学试剂 密度测定通用方法 [S] .

[30] GB/T 9272—2007 色漆和清漆 通过测量干涂层密度测定涂料的不挥发物体积分数 [S] .

[31] GB/T 1724—2019 色漆、清漆和印刷油墨 研磨细度的测定 [S] .

[32] GB/T 1723—1993 涂料粘度测定法 [S] .

[33] GB/T 21862—2008 色漆和清漆密度的测定 [S] .

[34] GB/T 1726—1979 涂料遮盖力测定法 [S] .

[35] GB/T 1728—2020 漆膜、腻子膜干燥时间测定法 [S] .

[36] GB/T 9264—2012 色漆和清漆 抗流挂性评定 [S] .

[37] GB/T 6753.3—1986 涂料贮存稳定性试验方法 [S] .

[38] GB/T 9268—2008 乳胶漆耐冻融性的测定 [S] .

[39] GB/T 9271—2008 色漆和清漆 标准试板 [S] .

[40] GB/T 1768—2006 色漆和清漆 耐磨性的测定 旋转橡胶砂轮法 [S] .

[41] GB/T 10125—2021 人造气氛腐蚀试验 盐雾试验 [S] .

[42] GB/T 7790—2008 色漆和清漆 暴露在海水中的涂层 耐阴极剥离性能的测定 [S] .

[43] GB/T 5370—2007 防污漆样板浅海浸泡试验方法 [S] .

[44] GB/T 25261—2018 建筑用反射隔热涂料 [S] .

[45] HB/T 3330—2012 绝缘漆漆膜击穿强度测定法 [S] .